JN409561

제 4 판

AN INTRODUCTION TO STATISTICS

통계학 입문

[이해와 응용]

나옥경 / 남경현 / 이상은 / 정유진 / 최병진 / 최현집 / 최호식

Statistics

START

SMART

BASE

TECHNOLOGY

BEST

SYNERGY

BELIEF

머리말

우리들은 정보의 홍수시대라고 할 만큼 수많은 정보의 흐름속에서 생활하고 있다. 따라서 이러한 정보들을 유용하게 사용하기 위해서는 이들 정보를 효율적으로 수집, 분석하는 방법인 통계학을 이해하고 응용할 수 있는 능력을 갖는다는 것은 매우 중요하다.

일반적으로 통계학은 수학의 한 분야로 매우 복잡하고 어려운 과목으로 잘못 인식되고 있다. 그러나 이러한 선입관은 고등학교의 교과과정에서 통계학이 수학의 한 분야로 다루고 있기 때문인 것으로 생각된다. 물론 통계학의 이론을 전공하기 위해서는 어느 정도의 수학지식이 필요하다. 그러나 통계학의 기본적인 개념을 이해하고 또 이를 응용하기 위해서는 어려운 수학이 꼭 필요한 것은 아니다.

우리들은 다음과 같은 문제들에 특별한 관심을 갖고 이 책을 집필했다

첫째, 통계학은 복잡하고 어려운 특별한 분야가 아니고, 쉽게 이해할 수 있고 또 활용할 수 있어야 한다.

둘째, 통계학은 현대인의 기본적인 상식이 되고 있다. 최소한 신문이나 TV에서 발표되는 여론조사의 결과는 이해할 수 있어야 한다.

셋째, 통계학을 공부하기 위해서는 수학이 아니고 컴퓨터의 이해가 필요하다.

넷째, 4차 산업혁명 사회에 능동적으로 대처하기 위해서는 통계학의 활용이 필수적이다.

저자들은 그동안 대학에서 강의를 하면서 느낀 점들을 토의하면서 좀 더 실용적이고 이해하기 쉬운 책을 쓰려고 노력했다. 이 책에서는 복잡한 수식의 전개나 계산과정은 거의 다 생략했다. 따라서 고등학교의 기초적인 수학지식만 있으면 이 책을 읽는데 전혀 문제가 없을 것이다.

이 책을 수정하고 보완하기 위해 애써주신 교수님들 그리고 책의 교정과 여러가지 작업에 도움을 준 대학원생 강수인, 김도혜, 엄다빈, 이수진양께 감사드리며, 특히 책의 편집을 위해 애써주신 최진희 선생님과 탐진 출판사 관계자 여러분께 감사를 드립니다.

2019년 3월

광교동산에서 저자일동

차 례

Chapter 04 확률변수와 확률분포

Chapter 05 여러 이산확률분포

Chapter 06 여러 연속확률분포

Chapter 07 표본추출과 표본통계량의 분포

Chapter 08 추 정

Chapter 09 가설검정

부 록

찾아보기 / 290

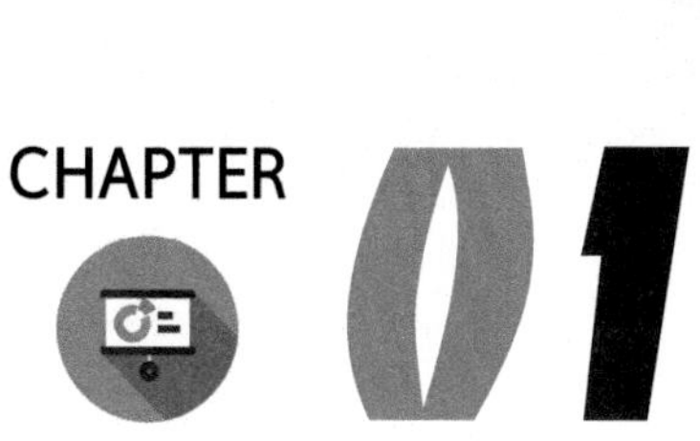

통계학 시작하기

CONTENTS

1.1 통계학이란?

우리들은 통계라는 용어를 일상생활 속에서 흔히 사용하고 있지만, 많은 사람들은 통계학이란 학문에 대해서는 상당한 거리감을 느끼고 있는 듯하다. 그러나 우리들의 일과 속에서 우리들은 거의 매일 통계학적인 방법을 응용해 가고 있다. 아침에 일어나면 날씨는 어떠할 것인가? 출근할 때는 어느 도로를 이용하는 것이 교통이 덜 혼잡할 것인가 등을 예측하게 되고, 또 야구장에서 야구 시합을 볼 때는 자기가 좋아하는 선수의 타율을 계산하기도 하고 관중수를 추정하기도 한다. 이와 같이 자료를 수집하거나 분석 · 요약 또는 해석하는 것과 관련된 모든 것이 통계학의 영역 속에 포함된다.

특히 사회가 복잡해지고 규모가 커짐에 따라 대부분의 경우 우리들이 관심을 갖는 대상 전체에 대한 정보를 모두 소유할 수 없게 되고, 따라서 제한된 정보 혹은 자료를 가지고 우리들의 행동을 결정하게 된다. 통계학(Statistics)이란 이와 같이 관심의 대상이 되는 집단에 대하여 자료를 수집하고, 정리 · 요약함과 동시에 이들에 관한 제한된 정보나 자료를 토대로 하여 과학적인 판단을 내릴 수 있는 방법을 제시해 주는 학문이라고 할 수 있다.

예를 들면, 형광등을 생산하는 공장에서 형광등의 평균 수명을 조사하는 경우를 생각할 수 있다. 이 때 가장 좋은 방법은 이 공장에서 생산된 모든 형광등을 조사하여 평균 수명을 측정하는 것이지만 이 방법은 현실적으로는 불가능하다. 그러나 이 경우에 공장에서 생산된 형광등 중에서 몇 개를 선택하여 이들의 평균 수명을 구한 후, 이를 근거로 하여 전체 형광등의 평균 수명을 추정하는 방법을 생각할 수 있다. 통계학은 이와 같은 과정을 과학적이고 효율적으로 수행하기 위하여 이용된다.

오늘날 통계학은 기업이나 정부 등 사회 각 분야에서 널리 이용되고 있으며, 경제학, 생물학, 의학, 심리학, 경영학, 사회학 등 거의 모든 학문 분야에서 이용되고 있다. 특히 생물학, 경제학, 심리학 등에서는 생물통계학(biostatistics), 계량경제학(econometrics), 계량심리학(psychometrics) 등 독자적인 학문으로 발전되고 있다.

1.2 기술통계학과 추측통계학

앞에서 서술된 것처럼 우리들은 관심의 대상이 되는 집단 전체의 특성을 파악하기 위해서 그들 중 일부를 추출하여 조사한 뒤, 그 결과를 토대로 집단 전체에 대한 의사결정을 하는 것을 통계적인 방법이라고 한다. 이 때 관심의 대상이 되는 모든 개체들의 전체 집합을 모집단(population)이라 하고, 통계적 분석을 위하여 모집단에서 추출된 일부를 표본(sample)이라고 한다. 즉, 표본은 모집단의 부분집합(subset)이다. 예를 들면, 우리들의 관심의 대상이 한국의 가구당 월평균 소득이라면 한국의 전체 가구가 모집단이 되고, 어느 회사의 형광등의 평균 수명이라면 이 회사에서 생산되는 전체 형광등의 집단이 모집단이 된다.

모집단의 평균을 모평균(이 책에서는 μ로 표기한다), 모집단의 분산을 모분산(이 책에서는 σ^2로 표기한다)이라 하며, 이 때 모평균, 모분산 등과 같이 모집단의 특성을 나타내는 값을 모수(parameter)라고 한다. 한편 표본의 평균을 표본평균(이 책에서는 $\overline{X}$로 표기한다), 표본의 분산을 표본분산(이 책에서는 S^2으로 표기한다)이라 하고, 표본평균이나 표본분산과 같이 표본의 특성을 나타내는 양을 표본통계량(sample statistic) 또는 통계량(statistic)이라고 한다.

일반적으로 우리들은 모집단의 특성을 나타내는 모수를 알기 위하여 모집단에서 추출된 표본의 통계량을 계산하고 이를 토대로 하여 모수에 대한 의사결정을 하게 된다.

모집단에서 표본이 추출되면 우리들은 먼저 이들 표본자료들을 정리 · 요약하고 분석을 하게 된다. 이와 같이 관측된 자료를 연구목적에 적합하게 정리 · 요약 · 분석하는 등의 자료처리 혹은 자료의 기술 영역에 속하는 통계학을 기술통계학(descriptive statistics)이라 하고, 모집단에서 추출된 표본의 정보를 토대로 모수를 추정하고, 합리적인 의사결정을 하는 영역에 속하는 통계학을 추측통계학(inferential statistics)이라 한다. 이와 같은 통계적 분석과정을 그림으로 나타내면 [그림 1]과 같다.

[그림 1-1] 통계적 분석 과정

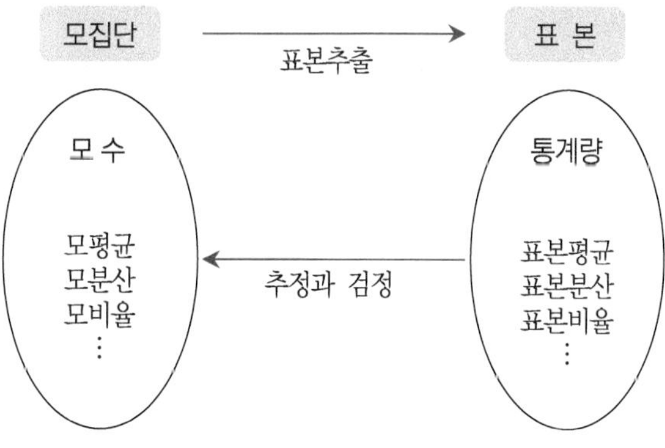

예를 들어, 전국 대학생들의 평균키를 알려고 하는 경우를 생각해보자. 먼저 전국대학생들 중에서 표본으로 100명을 추출한다. 그리고 100명의 학생들의 키의 평균과 분산, 즉 표본평균과 표본분산을 구하여 모평균을 추정하게 된다. 이 때 표본으로 추출된 학생들의 키에 대한 자료를 정리 · 요약하는 방법이 기술통계학의 영역이고, 구해진 표본평균과 표본분산을 이용하여 모평균에 대하여 추론하는 과정은 추측통계학의 영역에 속하게 된다.

이 때 모수를 추정하고 합리적인 의사결정을 하는 것을 통계적 추론(statistical inference)이라고 한다. 통계적 추론은 표본에서 얻어진 정보를 기초로 하여 이루어지기 때문에 불확실성 하에서 얻어진 결론이다. 이 결론은 어느 정도의 확실성을 가지고 성립될 뿐이므로 통계적 추론에는 항상 확률(probability)의 개념이 도입된다.

1.3 통계학의 발전과정

통계학(statistics)의 어원은 라틴어의 status(국가 또는 상태)에서 유래되었기 때문에 통계학은 원래 국가 또는 정치와 밀접한 관계가 있는 학문이었다. 고대의 통치자들은 국가의 재정 및 방위를 위하여 납세와 징병을 부과시켜야 했고, 이를 위해서 과세대장, 토지대장, 징병대장 등을 만들어 사용했으며, 이때부터 통계조사의 형태가 실시되었다고 볼 수 있다. 즉, 독일에서는 콘링(H. Conring : 1606 ~ 1681)에 의하여 창시된 국상학(staatenkunde)이 오늘날의 통계학의 성질을 갖는 학문적 체계였으며, 특히 이 학파의 대표적인 학자인 아헨발(G. Achenwall : 1719 ~ 1772)은 국상학을 계속 발전시키면서 통계학이라는 명칭을 최초로 사용하여 오늘날 그를 『통계학의 아버지』라고 부르고 있다.

독일의 국상학과 거의 동시에 영국에서 성립된 통계학의 근원적인 학문체계는 정치산술학(political arithmetics)이다. 이 학파의 대표적 학자는 그랜트(J. Graunt : 1620 ~ 1674)로써 그는 1662년 "사망표에 관한 자연적, 정치적 관찰"(Natural and political observations upon the bills of mortality)이라는 논문을 발표하였고, 이를 통하여 대량관측에서 법칙성을 발견하고자 했다. 그런데 국상학은 현상을 문장으로 기술하고자 했으나 정치산술학에서는 수량적인 자료로서 분석하고 설명하였다.

근대 통계학의 성립은 프랑스, 이탈리아, 스위스 등에서 시작된 확률론의 발달에서 비롯되었다. 베르누이(J. Bernoulli : 1654 ~ 1705)에 의해 발견된 대수의 법칙(The law of large numbers), 드 무아브르(A. De Moivre : 1667 ~ 1754)에 의해 정리된 확률이론, 라플라스(P.S. Laplace : 1749 ~ 1827)에 의해 출간된 『확률의 이론적 분석(Thèorie analytique des probability : 1882)』 등의 연구들이 통계학의 중요한 매개체로서 확률이론을 정립시켰다. 이러한 영향을 받은 케틀레(L.A.J. Quètelet : 1796 ~ 1874)는 영국의 정치산술학과 독일의 국상학을 종합하여 근대적인 수리통계학을 대성시켰다. 즉, 19세기에 들어와서 통계이론은 케틀레에 의하여 근대적 과학으로서의 통계학으로 정립된 것이다. 그래서 케틀레를 『근대통계학의 시조』라고 부른다.

현대 통계학은 20세기 초 영국의 고셋(W.S. Gosset : 1876 ~ 1937)이 표본추출에 의해 획득한 자료의 해석방법을 통계학 학술지인 'Biometrica'에 1906년 발표하여 소표본에 의한 추측통계학으로 발전되었다. 고셋의 표본추출이론은 피셔(R.A. Fisher : 1890 ~ 1962)에 의하여 모든 과학적인 조사에서 실험이론이 도입되었고, 또한 그는 귀무가설이라는 개념을 최초로 소개하였으며 분산분석에 대한 이론적 발전에 기여하였다. 특히 제2차 세계 대전을 전후하여 컴퓨터의 급속한 발달은 현대 통계학의 발전을 더욱 가속화시켰다고 할 수 있다.

1.4 본서의 구성과 요약

수집된 자료들이 모집단에서 추출된 표본이거나 혹은 모집단 자체일 때 우리들은 먼저 이들 자료들을 일목요연하게 정리 · 분석하는 기술통계 부분을 제2장에서 다루기로 한다. 그리고 표본의 통계량으로 모집단의 모수에 관한 추론을 하기 위해서는 통계량이 이루는 확률분포인 표본분포가 전제되어야 한다. 따라서 제3장에서 제7장까지는 추론을 위한 예비단계라고 할 수 있으며, 제8장에서 제10장까지는 이 책의 중심부라고 할 수 있는 통계적 추론을 다루게 된다. 여기에서는 통계적 추론의 기본개념을 점추정, 신뢰구간추정, 그리고 가설검정의 순으로 설명하게 된다.

제11장 이후에서는 통계학의 여러 응용분야를 다루게 된다. 즉 세 개 이상의 모집단간의 평균의 차이에 대한 분석방법인 분산분석을 제11장에서 다루고, 그리고 마지막 제12장에서는 여러 변수들 간에 존재하는 관련성을 분석하는 회귀 및 상관분석을 설명하게 된다.

01 장 연습문제

01 통계학이란 어떤 학문인가?

02 모수와 통계량에 대해 설명하시오.

03 기술통계학과 추측통계학에 대해서 설명하시오.

04 우리나라 가정주부들이 A회사에서 생산하는 세제를 얼마나 사용하는지를 조사하기 위해 50명을 무작위로 추출하여 조사하였더니 30명이 A회사 제품을 사용한다고 한다.

(1) 이 때 표본은 무엇인가?

(2) 이 때 모집단은 무엇인가?

(3) 통계량과 모수는 각각 무엇인가?

자료의 기술

CONTENTS

2.1 서 론

관찰이나 조사, 측정 등을 통해 얻은 자료는 여러 가지 형태를 지닌다. 예를 들어, 어떤 고등학교에서 학생 30명을 선택하여 학년, 혈액형, 키, 3월 한 달 동안 지각한 수 등을 조사한 결과 다음과 같은 자료를 얻었다고 하자.

〈표 2-1〉 고등학생 30명에 대한 자료

이 름	학 년	혈액형	키(cm)	지각 횟수(번)
김 **	1	B	170	0
최 **	2	A	165	1
⋮	⋮	⋮	⋮	⋮
이 **	3	O	180	0

<표 2-1>에서 보듯이 혈액형은 A, B, O, AB형, 즉 혈액형이 가질 수 있는 범주 중 하나의 값들을 가지게 되며, 이와 같은 자료를 범주형 자료(categorical data) 또는 질적 자료(qualitative data)라고 부른다. 학년은 혈액형과 달리 숫자로 표현이 되어 있으나 1, 2, 3은 학년을 구분하기 위한 표현이며, 숫자로서의 의미는 없다. 예컨대 1학년을 두 번 더한다고 해서 2학년이 될 수는 없다. 그러므로 학년도 범주형 자료가 된다. 그러나 혈액형과 학년은 조금 다른 성격을 지닌다. 혈액형의 경우 A, B, O, AB 사이에 순서 개념이 존재하지 않으나, 학년은 1학년, 2학년, 3학년 사이에 순서가 존재한다. 범주형 자료 중에서 혈액형처럼 범주들 사이에 순서가 없으면 명목형 자료(nominal data)라고 하고, 학년처럼 범주들 사이에 순서가 있으면 순서형 자료(ordinal data)라고 한다.

키와 지각 횟수는 자료가 취하는 값이 모두 숫자이며, 이들은 실제 숫자로써 의미가 있고 사칙연산이 가능한 값이다. 이와 같은 자료를 수치형 자료(numerical data) 또는 양적 자료(quantitative data)라고 한다. 그러나 키는 양의 실수를 모두 가질 수 있는 반면, 지각 횟수는 0 이상의 정수만을 가질 수 있다. 보통 키와 같은 자료를 연속형 자료(continuous data), 지각 횟수와 같은 자료를 이산형 자료(discrete data)라고 부른다.

<표 2-1>처럼 원자료에서는 자료가 가지는 특징을 파악하기 쉽지 않다. 그러므로 자료의 분포나 특성을 파악하기 쉽게 자료를 요약, 정리하여 나타낼 필요가 있다. 자료를 정리하는 방법은 자료의 형태에 따라 약간의 차이가 있으므로, 이 장에서는 먼저 범주형 자료를 표나 그림으로 정리하는 방법에 대해 알아보고, 그 뒤에 수치형 자료, 특히 연속형 자료를 정리하는 방법에 대해 알아보고자 한다. 그리고 수치형 자료는 사칙연산이 가능하므로 표나 그림 이외에도 자료의 분포를 대표할 수 있는 몇 개의 숫자를 계산할 수 있으며, 마지막 절에서 이에 대해 살펴본다.

2.2 도수분포표와 그림

먼저 다음 그림을 살펴보자.

[그림 2-1] 웹 브라우저 점유율 자료의 원그림

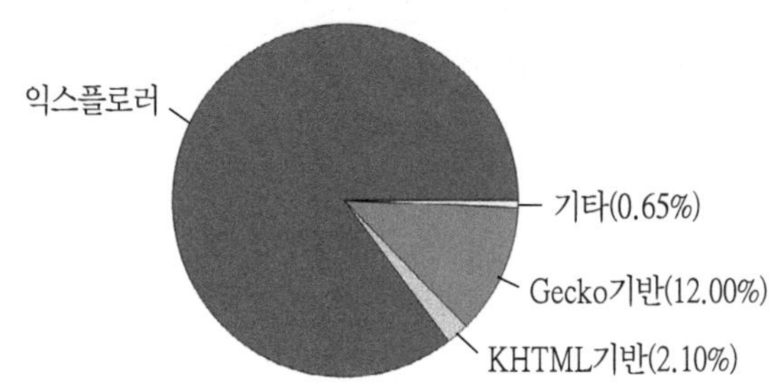

[그림 2-1]은 한 기관에서 조사한 현재 많이 사용되고 있는 여러 웹 브라우저의 사용점유율 자료를 정리한 그림으로 신문이나 방송에서 흔히 볼 수 있는 낯익은 그림이다. 이 그림은 부채꼴의 면적이 전체 자료 중 각 범주에 속하는 자료가 차지하는 비율에 비례하도록 원을 나눈 그림으로, 원그림(pie chart)이라고 부르며 범주형 자료를 요약 정리할 때 많이 사용된다. [그림 2-1]을 보면, 전체 웹 브라우저 중 익스플로러를 가장 많이 사용하고, 그 다음은 Gecko 기반이며, 대부분 익스플로러와 Gecko 기반의 웹 브라우저를 사용하고 있음을 알 수 있다. 이와 같이 우리는 원그림으로부터 각 범주가 차지하는 비율의 상대적인 크기를 쉽게 파악할 수 있다.

범주형 자료는 이 외에도 <표 2-2>나 [그림 2-2]와 같은 형태도 고려할 수 있다. <표 2-2>는 사용되고 있는 웹 브라우저의 종류를 나열하고, 각각의 사용점유율을 정리한 것으로 도수분포표(frequency distribution table)라고 부른다. 보통 전체 자료 중 각각의 범주값을 갖는 자료의 수를 도수(frequency)라고 하고, 도수를 전체 자료의 수로 나눈 값을 상대도수(relative frequency)라고 부른다. 웹 브라우저 자료에서 사용점유율은 바로 상대도수에 해당하는 것이며, 이와 같은 이유로 <표 2-2>를 도수분포표라고 부른 것이다.

〈표 2-2〉 웹브라우저 점유율

웹 브라우저	점유율(%)
익스플로러	85.25
KHTML 기반	2.10
Gecko 기반	12.00
기 타	0.65
합 계	100.00

자료출처 : http://www.upsdell.com/BrowserNews/stat.htm

[그림 2-2] 웹 브라우저 점유율 자료의 막대그림

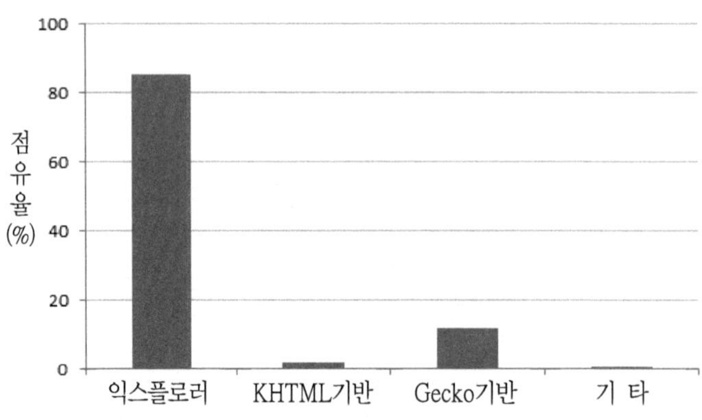

[그림 2-2]는 높이가 도수 또는 상대도수인 막대를 나열하여 작성한 그림으로 막대그림(bar chart)이라 한다. 이 때 막대의 높이를 질량(mass)이라고 하며, 막대의 높이를 비교함으로써 각각의 범주가 차지하고 있는 비율을 알 수 있다. 막대그림과 유사하게 [그림 2-3]처럼 각각의 웹 브라우저의 점유율을 X-축의 좌표에 점으로 표현한 점그림(Cleveland dot plot)도 작성할 수 있다.

[그림 2-3] 웹 브라우저 점유율 자료의 점도표

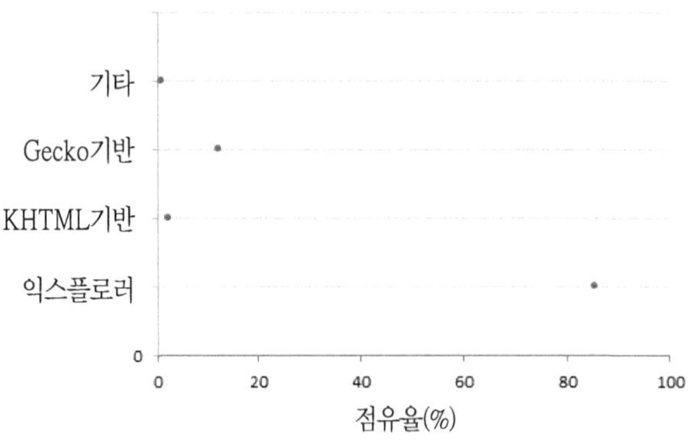

다음으로 수치형 자료 중 특히 연속형 자료를 정리하는 방법에 대해 알아보자. 아래에 주어진 자료는 한국전력에서 전력수요예측을 위하여 임의로 선정한 100가구의 전력사용량을 KW단위로 조사한 자료이다.

126	333	428	283	190	179	234	296	286	205	233	439	166
184	277	124	207	527	383	291	343	198	384	277	220	233
271	255	256	303	395	223	92	389	264	292	326	186	177
145	373	295	249	496	59	228	224	320	228	307	272	349
246	145	375	338	360	81	572	198	481	183	431	216	274
218	240	105	303	345	282	329	228	367	196	363	90	452
339	271	278	350	241	245	114	239	172	332	280	267	329
281	540	416	388	46	370	190	275	336				

범주형 자료의 경우처럼 자료가 가지는 값들을 종류별로 나열하고 그 값의 도수를 이용하여 막대그림을 그리면, 막대의 높이가 모두가 대부분 1이고, 2이상인 경우는 별로 없을 것이다. 또한 도수분포표를 작성하여도 원자료와 큰 차이가 없으므로, 이렇게 작성한 표와 그림을 통해서는 위에 주어진 자료의 분포를 제대로 파악하기 어렵다. 대신 위 자료를 몇 개의 구간으로 나누어 <표 2-3>과 같이 정리하면, 자료의 분포를 좀 더 쉽게 알 수 있다.

〈표 2-3〉 **전력사용량 자료의 도수분포표**

계 급 (전력사용량)	도 수 (가구수)	누적도수	상대도수 (비율)	누적 상대도수
0KW ≤ 전력사용량 < 100KW	5	5	5%	5%
100KW ≤ 전력사용량 < 200KW	18	23	18%	23%
200KW ≤ 전력사용량 < 300KW	40	63	40%	63%
300KW ≤ 전력사용량 < 400KW	27	90	27%	90%
400KW ≤ 전력사용량 < 500KW	7	97	7%	97%
500KW ≤ 전력사용량 < 600KW	3	100	3%	100%
합	100		100%	

<표 2-3>은 100KW구간으로 전력사용량을 구분한 뒤에 해당 전력사용량대에 속하는 가구수를 세어 작성한 도수분포표이다. 이 때 각 전력사용량대로 구분된 구간을 계급(class)이라 하고, 각 구간에 속하는 가구수를 도수, 구간별 가구수를 전체 가구수로 나눈 것을 상대도수라고 한다. <표 2-3>에서 보듯이 도수분포표에서는 계급을 구간에 속하는 값의 순서대로 위에서부터 아래 방향으로 나열하는데, 이에 해당하는 각각의 도수를 위에서부터 누적해서 더하여 얻은 값을 누적도수(cumulative frequency)라고 한다. 즉 누적도수의 두 번째 칸에 있는 23은 전력사용량이 200KW 미만인 가구의 수를 뜻한다.

우리는 <표 2-3>의 도수분포표로부터 200 ~ 300KW 정도의 전력을 사용하는 가구가 가장 많이 나타나고 500KW이상 사용하는 가구는 드물다는 것을 쉽게 알 수 있다. 즉, <표 2-3>에서

200KW ~ 300KW를 사용하는 가구수가 가장 많은 비율을 가지며 전력사용량의 분포가 대체로 왼쪽으로 치우친 형태를 갖는다는 것을 원자료에 비해 쉽게 파악할 수 있다. 정리하면, 우리는 주어진 자료가 가진 정보를 왜곡하거나 손상시키지 않고 앞에서 소개한 도수분포표를 통해 보다 쉽게 자료가 가지고 있는 기본적인 특성을 파악할 수 있다.

도수분포표를 작성할 때 계급을 정하는 특별한 규칙은 없으나, 계급의 폭이 너무 좁거나 넓으면 자료의 분포를 파악하는 것이 쉽지 않으므로, 폭을 적절히 조절하여 계급을 정해야 한다. 또한 모든 자료가 둘 이상의 계급에 동시에 속하지 않고, 하나의 계급에 빠짐없이 속하도록 계급을 정해야 한다. 보통 자료의 최댓값과 최솟값, 그리고 자료의 수를 고려하여 계급을 정한다.

이제 <표 2-3>을 그림으로 나타내어 보자.

[그림 2-4] 전력사용량 자료의 히스토그램

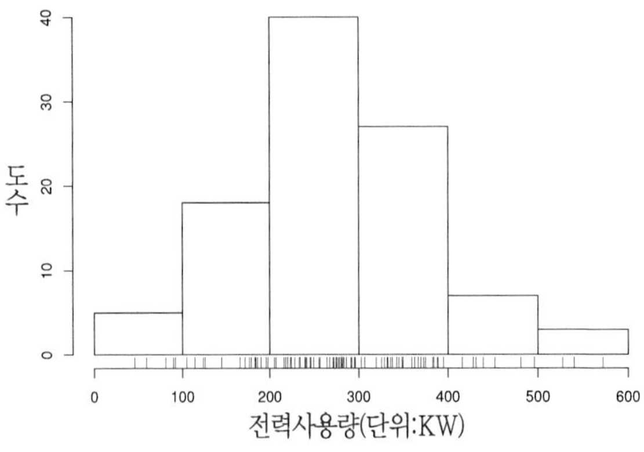

[그림 2-4]는 각각의 계급을 막대의 밑변으로 하고, 도수를 막대의 높이로 해서 그린 막대그림으로 히스토그램(histogram)이라고 부른다. 도수 대신 상대도수를 이용하여 히스토그램을 작성할 수도 있으며, 이 경우

막대의 넓이 = 계급의 폭 × 막대의 높이 = 상대도수

가 성립하도록 막대의 높이를 잡으면 된다. 전력사용량 자료의 경우, 계급의 폭이 100KW로 모두 같으므로 상대도수를 이용하여 구한 막대의 높이는 각 계급의 도수에 비례하며, [그림 2-4]와 동일한 모양을 가진다. 상대도수를 이용하여 작성한 히스토그램의 막대의 넓이를 밀도(density)라고 한다.

[그림 2-4] 역시 <표 2-3>의 도수분포표와 같은 정보를 보여주고 있다. <표 2-3>에서와 같이 200KW ~ 300KW를 사용하는 가구의 수가 가장 높은 비율을 가지는 것과 전력사용량의 분포가

대체로 약간 왼쪽으로 치우친 형태를 갖는다는 것을 [그림 2-4]를 통해서도 알 수 있다.

[그림 2-4]의 막대 아래에 나타나 있는 가는 선들은 그림의 X-축 아래에 원 자료값에 해당되는 지점에 그려진 것으로 실제 값들이 히스토그램의 구간에 얼마나 밀집되어 있는가를 나타내고 있다. 이러한 표현을 러그(rug) 표현이라고 하며, 이들을 통해 막대의 높이, 넓이와 더불어 원 자료값들이 어떻게 분포되어 있는지 보다 자세히 이해할 수 있다. 이렇듯 자료의 특징을 시각에 의해 직관적으로 파악할 수 있도록 우리는 여러 그림들을 고려할 수 있으며, [그림 2-5]도 히스토그램과 더불어 많이 사용하는 그림이다.

[그림 2-5] 전력사용량 자료의 도수다각형과 누적도수다각형

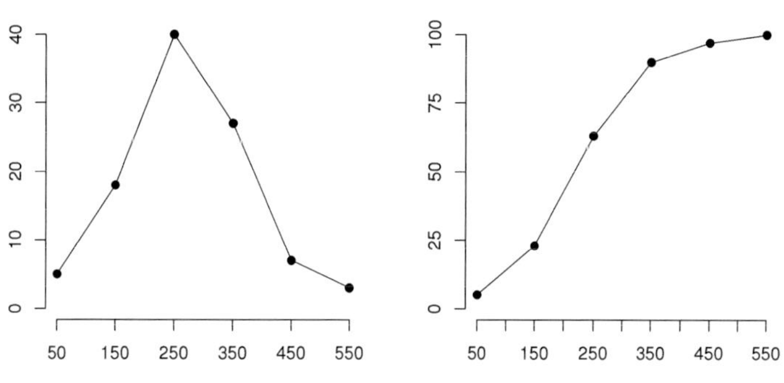

[그림 2-5]의 왼쪽 그림은 [그림 2-4]에 주어진 히스토그램의 막대의 윗변의 중점들을 직선으로 연결하여 그린 것이다. 즉 각 계급의 중간값과 도수를 순서쌍으로 하여 점을 표시하고, 이들 점을 직선으로 연결한 그림으로 도수다각형(frequency polygon)이라 한다. 그리고 오른쪽 그림은 도수 대신 누적도수를 사용하여 그린 누적도수다각형(cumulative frequency polygon)이다. 보통 각 계급의 중간값을 계급값(class value)이라고 한다.

반드시 앞에서 소개한 그림들로 자료의 특징을 정리하고 요약할 수 있는 것은 아니다. 이들 이외에도 별형 도표(star chart), 방사형 도표(radial chart), 기둥도표(block chart), 그리고 다음 절에서 소개할 상자 그림(box plot) 등 많은 그림이 이용될 수 있으며, 이들은 자료의 성격에 맞추어 자료를 왜곡하지 않도록 객관적으로 작성되어야만 한다.

예제 2-1

다음은 임의로 선택된 도시근로자 20명의 주당 평균근로시간이다.

36.4	43.4	43.9	39.9	45.4	48.3	43.1	47.4	40.8	44.4
46.4	42.3	50.5	41.0	40.3	48.2	47.8	38.1	48.9	37.7

(1) 적당한 계급을 설정하여 도수분포표를 작성하여라.

(2) 작성된 도수분포표를 바탕으로 히스토그램과 도수다각형 그리고 누적도수다각형을 작성하여라.

풀이 2-1

(1) 폭이 3인 계급을 설정하여 다음과 같은 도수분포표를 작성할 수 있다.

〈표 2-4〉 **평균근로시간 자료에 대한 도수분포표**

평균근로시간	도 수	상대도수(%)
36.0 ≤ 시간 < 39.0	3	15
39.0 ≤ 시간 < 42.0	4	20
42.0 ≤ 시간 < 45.0	5	25
45.0 ≤ 시간 < 48.0	4	20
48.0 ≤ 시간 < 51.0	4	20
합 계	20	100

(2) 앞에서 작성한 도수분포표를 바탕으로 [그림 2-6]와 [그림 2-7]처럼 히스토그램과 도수다각형을 그릴 수 있다.

[그림 2-6] **평균근로시간에 대한 히스토그램**

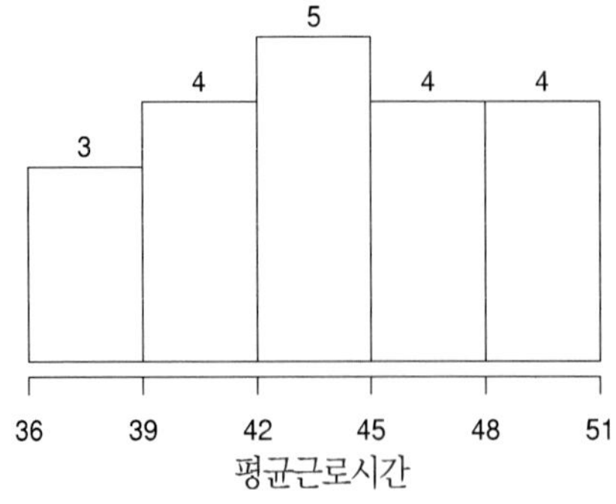

[그림 2-7] 평균근로시간에 대한 도수다각형과 누적도수다각형

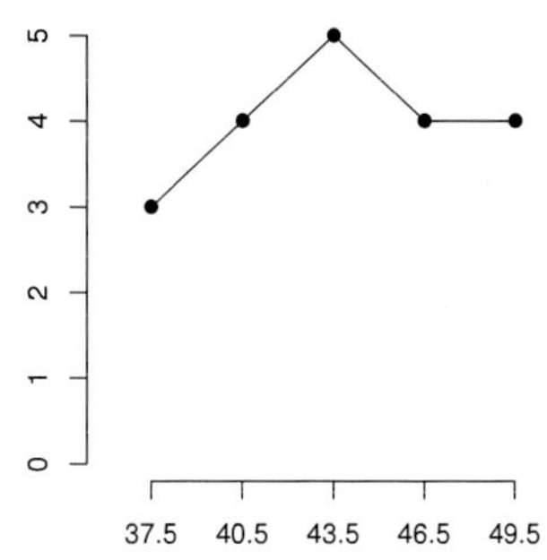

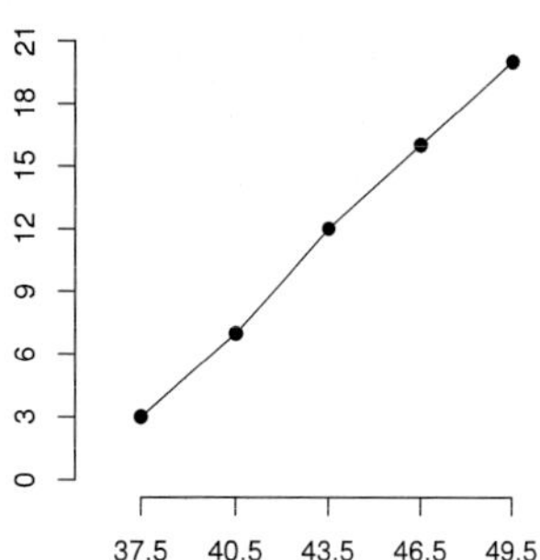

예제 2-2

다음은 한국과 중국의 2007년 기준 산업별 취업자의 상대도수이다. 이를 적절한 그림으로 작성하여 한국과 중국의 산업별 취업비율을 비교하라.

〈표 2-5〉 한국과 대만의 산업별 취업자의 상대도수

산 업	한 국	중 국
1차 산업	0.093	0.426
2차 산업	0.192	0.252
3차 산업	0.715	0.322
합 계	1.000	1.000

풀이 2-2

주어진 자료는 범주형 자료이므로 원그림과 막대그림을 작성하기로 한다.

[그림 2-8] 취업자에 대한 원그림과 막대그림

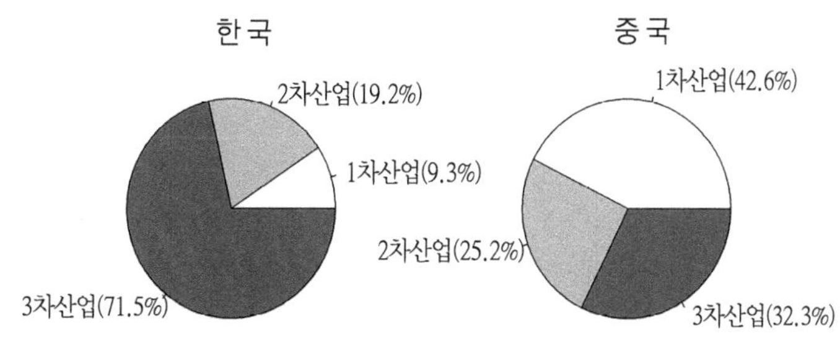

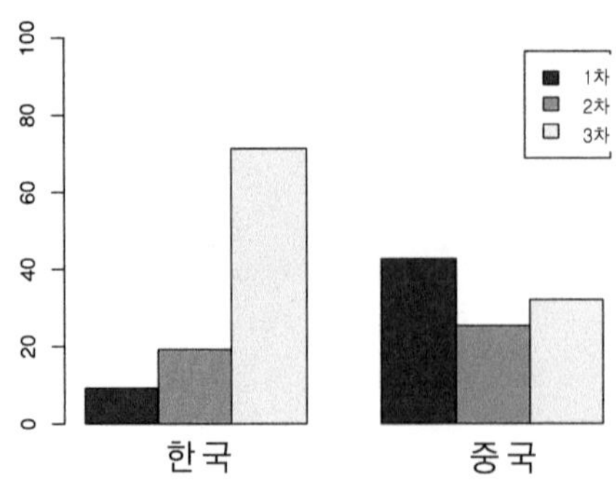

작성된 그림에서 두 국가의 산업별 취업비율을 보다 쉽게 식별할 수 있다. 특히 한국은 3차 산업(사회간접자본 및 기타 서비스업)에서 중국보다 취업비율이 높은 것을, 또 중국은 1차산업(농림어업) 취업비율이 한국에 비해 높다는 것을 알 수 있다.

이제까지 소개한 그림이나 도수분포표는 원자료로부터 표와 그림을 작성하고 나면 이들로부터 원자료의 값을 다시 알아낼 수가 없다. 따라서 자료를 그림의 형태로 정리하면서도 원자료의 값을 복원할 수 있는 그림이 제안되었으며, 이를 줄기 · 잎 그림(stem-and-leaf plot)이라고 한다.

다음은 한 호텔이 30일 동안 조사한 자료로 예약에 의해 투숙이 이루어지는 횟수를 기록한 것이다. 우리는 이 자료를 이용하여 줄기 · 잎 그림을 작성해보고자 한다.

20	14	21	29	43	17	15	26	8	14
39	23	16	46	28	11	26	35	26	28
30	22	23	7	32	19	22	18	27	9

먼저 위 자료를 줄기의 간격을 5로 하여 줄기 · 잎 그림을 작성하면 [그림 2-9]의 (가)를 얻을 수 있다.

[그림 2-9] 예약횟수에 대한 줄기 · 잎그림

(가)

줄기	잎	도수
0	789	3
1	14④	3
1	⑤6789	5
2	012233	6
2	6667889	7
3	02	2
3	59	2
4	3	1
4	6	1

(나)

줄기	잎	도수
0	789	3
1	14456789	8
2	0122336667889	13
3	0259	4
4	36	2

[그림 2-9]의 (가)에서 그림의 왼쪽 기둥을 줄기라 부르며, 도수분포표의 계급에 해당한다. 즉, 위 자료를 구간이 5인 도수분포표로 작성하였다면 줄기의 첫 1은 구간 10~15를 나타내며, 이 구간에 속하는 세 관찰값 11, 14, 14는 줄기값 10을 뺀 나머지 값 1, 4, 4를 옆으로 나열하여 적는다. 그러므로 첫 번째 동그라미 쳐진 숫자는 14 그리고 두 번째 동그라미 쳐진 숫자는 15가 된다. 옆으로 숫자를 나열하여 적은 것을 잎이라고 부르며, 잎의 길이는 도수분포표의 도수에 해당한다. (가)에서 20~30에 해당되는 도수가 가장 높을 것을 확인할 수 있다. 그러나 이들 정보는 줄기의 간격을 10으로 한 (나)에서 보다 쉽게 식별할 수 있다. (가)와 (나)는 같은 자료를 가지고 그렸지만, 그 모양이 조금 다르다. 줄기 · 잎 그림도 도수분포표나 히스토그램이 계급에 따라 모양이 달라지듯이 줄기에 따라 형태가 달라질 수 있다.

2.3 대푯값

범주형 자료와 다르게 수치형 자료는 자료가 사칙연산이 가능한 숫자로 이루어져 있으므로 표나 그림 이외에 숫자들을 이용하여 자료의 특징을 표현할 수 있다. 이 절과 다음 절에서는 표본으로부터 계산된 숫자들 중에서 자료의 중심 위치나 산포도처럼 자료의 특징을 나타낼 수 있는 대푯값들을 정의하고, 이들이 가지고 있는 특징에 대해 살펴보려 한다.

제일 먼저 자료의 중심위치를 나타낼 수 있는 대푯값 중 표본평균(sample mean)에 대해 알아보자. 이를 위해 표본조사로부터 얻은 n개의 자료를 관측한 순서에 따라

$$x_1,\ x_2,\ \cdots,\ x_n$$

이라고 표현하자. 즉, x_i는 i번째로 관측한 값을 의미한다. 관측값들이 위와 같이 주어질 때, 표본평균은 다음과 같이 정의되며, $\overline{x}$로 표기한다.

표본평균

$$\overline{x} = \frac{x_1 + x_2 + \cdots + x_n}{n} = \frac{1}{n}\sum_{i=1}^{n} x_i$$

표본평균 $\overline{x}$은 $x_1, x_2, \cdots, x_n$의 산술 평균으로, 값을 구할 때 모든 관측값들을 이용한다. 그리고 표본평균은 관측값들의 가운데에 위치하게 되는데, 단순히 순서대로 나열했을 때 가운데에 있는 값이 아닌 무게중심에 해당하는 값이 된다. 예를 들어, 5개의 관측값이 $x_1 = 5$, $x_2 = 3$, $x_3 = 1$, $x_4 = 7$, $x_5 = 9$와 같이 주어지면, 표본평균은 $\overline{x} = 5$가 된다. 그리고 $x_5 = 14$이면, 표

본평균은 $\overline{x}=6$이 된다. [그림 2-10]은 수직선 위에 관측값을 점으로 표시하고, 표본평균 위치에 세모를 표시한 그림이다. [그림 2-10]을 보면, 위쪽 그림처럼 점들이 좌우대칭인 경우엔 표본평균이 대칭점이 되고, 아래 그림처럼 오른쪽으로 멀리 떨어진 점이 있으면 관측값 자리에 동일 무게의 추를 올려놓았을 때 얻게 되는 무게중심처럼 표본평균이 오른쪽으로 조금 움직이는 것을 알 수 있다. 보통 $x_5=14$처럼 관측값들의 무리에서 떨어져 있는 값을 이상값 또는 특이값 (outlier)이라고 부르는데, 표본평균은 이상값의 영향을 많이 받는다.

[그림 2-10] 가상 자료에 대한 점그림과 표본평균

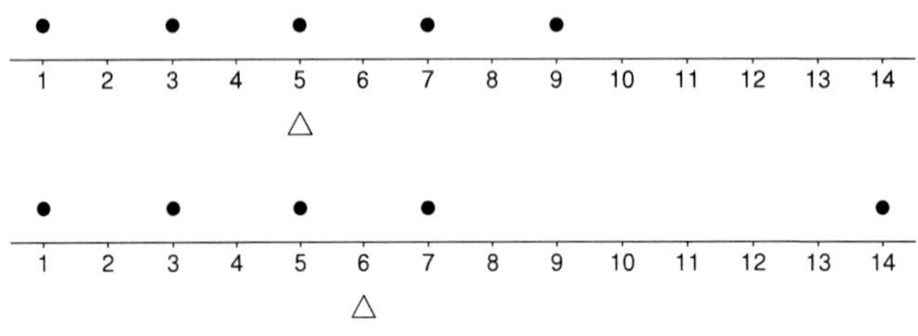

표본평균을 조금 다른 측면으로 생각해보자. 여러 개의 관측값을 하나의 숫자로 나타낼 때 어떤 값을 쓰면 좋을까? 만약 관측값이 5 한 개뿐이라고 하면, 관측값을 대표하는 하나의 숫자는 5가 될 것이다. 만약 3과 5 두 개의 관측값이 있으면, 어떤 값을 대푯값으로 쓰겠는가? 누구나 대푯값으로 4를 사용할 것이다. 왜냐하면 4는 3과 5의 정 가운데에 있는 값이기 때문이다. 또한 실수 a와 관측값 3과의 차이, 그리고 a와 5와의 차이를 동시에 고려하여 만든 함수

$$S(a)=(3-a)^2+(5-a)^2$$

가 $a=4$에서 유일하게 최솟값을 가지기 때문이다. 이제 이를 확장하여 n개의 관측값 $x_1,\ x_2,\ \cdots,\ x_n$이 주어진 경우를 생각해보자. 3과 5의 경우처럼 가운데 있는 값을 찾기는 어렵지만, $S(a)$는 쉽게 고려할 수 있다. 실수 a와 모든 관측값들과의 차이의 제곱합

$$S(a)=\sum_{i=1}^{n}(x_i-a)^2$$

는 a에 대한 이차식으로 $a=\overline{x}$에서 유일한 최솟값을 가짐을 알 수 있다. 그러므로 표본평균 $\overline{x}$는 모든 관측값들과의 거리를 동시에 고려할 때 가장 관측값들에 가까운 값이며, 대푯값으로 사용할 수 있다.

만약 주어진 자료가 전수 조사를 하여 얻은 것이라면, 자료의 산술평균은 모집단의 평균인 모평균(population mean)이 될 것이다.

모평균

$$\mu = \frac{1}{N}\sum_{i=1}^{N} x_i,$$ 여기서 N은 모집단의 구성원의 총수를 나타낸다.

표본평균 이외에 또 많이 사용하는 대푯값으로 중앙값(median)을 들 수 있다. 이를 설명하기 위해 앞에서 고려했던 자료

$$x_1 = 5,\ x_2 = 3,\ x_3 = 1,\ x_4 = 7,\ x_5 = 9$$

를 다시 생각해보자. 이 자료를 관측 순서가 아닌 크기 순서대로 나열하면,

$$1,\ 3,\ 5,\ 7,\ 9$$

가 된다. 이렇게 크기 순서대로 나열한 자료를 순서통계량(order statistics)이라고 하며, $x_{(1)} \leq x_{(2)} \leq \cdots \leq x_{(n)}$과 같은 기호를 이용하여 표현한다. $x_{(i)}$는 자료를 크기 순서대로 나열할 때 i번째에 위치하는 값으로, $x_{(1)}$은 가장 작은 값, $x_{(n)}$은 가장 큰 값이 된다. 다시 가상 예제로 돌아가서, 5개의 관측값들 중에서 가장 가운데 위치한 $x_{(3)} = 5$를 중앙값이라고 하며, 이를 Q_2라고 표시한다. 5를 중심으로 5개의 자료는 2등분 되는 것을 확인할 수 있다.

일반적으로 중앙값은 크기 순서대로 나열된 전체 자료를 2등분 하는 경계값으로 나음과 같이 조금 복잡한 방식으로 정의된다.

중앙값

전체 자료 중

(1) a보다 크거나 같은 관측값의 비율이 0.5 이상이고,

(2) a보다 작거나 같은 관측값의 비율도 0.5 이상

을 만족하는 실수 a를 중앙값이라고 한다.

중앙값을 보다 쉽게 이해하려면 아래와 같이 크기 순서대로 나열된 관측값들 중에서 가장 왼쪽과 오른쪽에 위치한 값을 하나씩 제거해보면 된다. 안 쪽 방향으로 값을 제거해나갈 때, 마지막에 남는 하나 혹은 두개 값 사이에 있는 값들이 중앙값이라는 것을 알 수 있다.

[그림 2-11] 중앙값에 대한 이해

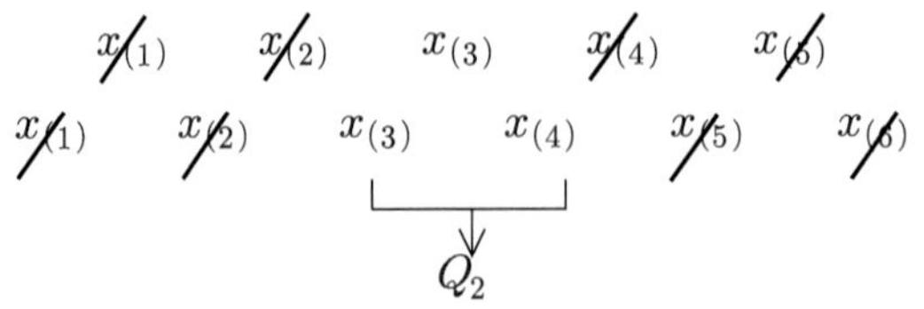

$$\not{x}_{(1)} \quad \not{x}_{(2)} \quad x_{(3)} \quad \not{x}_{(4)} \quad \not{x}_{(5)}$$

$$\not{x}_{(1)} \quad \not{x}_{(2)} \quad x_{(3)} \quad x_{(4)} \quad \not{x}_{(5)} \quad \not{x}_{(6)}$$

$$\underbrace{x_{(3)} \quad x_{(4)}}_{Q_2}$$

이와 같이 중앙값은 위 정의를 이용하면 구하기 번거로울 뿐만 아니라 여러 개의 값을 가지기도 한다. 중앙값도 표본평균처럼 또 다른 방식으로 정의할 수 있으며, 제곱합이 아닌 절댓값의 합

$$\sum_{i=1}^{n} |x_i - a|$$

이 최솟값을 갖는 a를 찾으면, 이때의 a가 중앙값이 된다. 그러나 이 정의도 앞서 비율을 가지고 정의한 것과 마찬가지로 여러 개의 중앙값이 존재할 수 있다.

[그림 2-11]에서 보듯이 자료의 수 n이 홀수이면 가운데에 한 개의 숫자만 남지만, n이 짝수이면 두 개의 숫자가 남는다. 그리고 가운데에 남은 두 개의 숫자 사이에 있는 모든 값들은 중앙값이 될 수 있다. 그러나 이는 혼란을 줄 수 있으므로, 본 교재에서는 다음과 같이 표본의 중앙값을 계산하기로 한다.

중앙값

$$Q_2 = \begin{cases} x_{(k+1)}, & n = 2k+1 \\ \dfrac{x_{(k)} + x_{(k+1)}}{2}, & n = 2k \end{cases}$$

예를 들어 5개의 자료 1, 3, 5, 7, 9의 중앙값은 $n = 5 = 2 \times 2 + 1$이므로 $x_{(2+1)} = 5$가 된다. 만약 자료가 10이 하나 더 늘어서 6개가 되면, $n = 2 \times 3$이므로 중앙값은

$$Q_2 = \frac{x_{(3)} + x_{(4)}}{2} = \frac{5+7}{2} = 6$$

이다. 만약 마지막에 추가된 자료가 10이 아니라 100이었으면 중앙값은 어떻게 될까? 결론부터 말하면, 중앙값은 변하지 않고 그대로 6이다. 왜냐하면 크기 순서대로 자료를 나열할 때, 10과 100은 오른쪽 끝에 위치하는 값이므로 두 경우 모두 가운데에 위치한 두 수 $x_{(3)}$와 $x_{(4)}$가 같기

때문이다. 이렇듯 중앙값은 표본평균과 달리 이상값의 영향을 많이 받지 않는다.

앞에서 살펴봤듯이 표본평균은 한 관측값의 이상여부에 민감하게 반응하지만 모든 관측값에 대한 정보를 포함한다. 반면에 중앙값은 크기 순서대로 나열한 뒤, 그 가운데에 위치한 한 개 또는 두 개의 값으로만 계산되므로 이상값의 영향을 받지 않는다. 그러나 중앙값은 자료의 정보를 충분히 담지 못하다.

바로 이러한 표본평균과 중앙값의 특징을 결합하여 만든 대푯값으로 절삭평균(trimmed mean)을 고려할 수 있다. 예를 들어 다음과 같이 크기 순서대로 나열된 자료를 생각해보자.

[그림 2-12] 절삭평균에 대한 이해

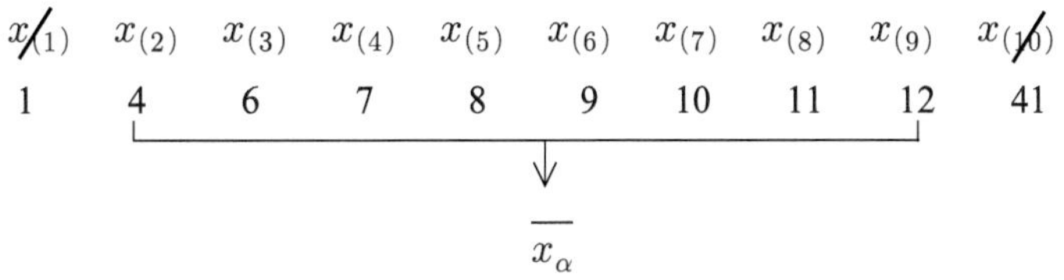

~~$x_{(1)}$~~	$x_{(2)}$	$x_{(3)}$	$x_{(4)}$	$x_{(5)}$	$x_{(6)}$	$x_{(7)}$	$x_{(8)}$	$x_{(9)}$	~~$x_{(10)}$~~
1	4	6	7	8	9	10	11	12	41

$x_{(2)}$ ~ $x_{(9)}$ → $\overline{x_\alpha}$

주어진 자료 중에서 제일 큰 값인 $x_{(10)}$은 41로 다른 관측값에 비해 큰 값으로 나타나 있다. 따라서 이 값은 잘못 관찰된 값일 가능성이 있으므로, [그림 2-12]와 같이 이 값과 반대되는 가장 작은 순서를 가진 값을 제외하고, 나머지 $x_{(2)}$부터 $x_{(9)}$까지 8개의 관측값만으로 표본평균을 구할 수 있다. 이렇게 구한 값을 절삭평균이라고 하며, 다음과 같이 정의된다.

절삭평균

$0 \leqq \alpha \leqq 0.5$에 대해, $100\alpha\%$ 절삭평균은

$$\overline{x_\alpha} = \frac{1}{n-2k} \sum_{i=k+1}^{n-k} x_{(i)}$$

이다. 여기서 $k = [n\alpha]$는 $n\alpha$ 이하의 정수 중에서 가장 큰 값을 뜻한다.

0% 절삭평균은 표본평균과 같고, 50% 절삭평균은 중앙값과 거의 비슷하다. 앞에서 살펴본 10개의 자료에서 $\alpha = 0.1$이라고 하면 $k = [10 \times 0.1] = 1$이므로, 10% 절삭평균은

$$\overline{x_{0.1}} = \frac{1}{10 - 2 \times 1} \sum_{i=1+1}^{10-1} x_{(i)} = \frac{4 + 6 + \cdots + 12}{8} = 8.375$$

이 된다.

표본평균이나 중앙값, 절삭평균 이외에도 여러 가지 대푯값들을 고려할 수 있으며, 최빈값(mode)도 이 중 하나이다. 최빈값은 관측된 자료 중에서 도수가 가장 높은 값으로, 다음과 같은 자료의 최빈값은 1.2이다.

1.0 1.1 1.2 1.2 1.2 1.4 1.4

7개의 자료 중 1.2는 3개, 1.4는 2개, 1.1과 1.0은 1개씩 있기 때문이다.

예제 2-3

한 아파트단지에서 어린이 놀이터를 만들기에 앞서 단지 내에 살고 있는 어린이들의 연령층을 파악하고자 16명을 선정하여 나이를 조사하였다. 그 결과 다음과 같은 자료를 얻었을 때, 중심 위치를 나타낼 수 있는 다양한 대푯값들을 구하고 결과를 비교하여라.

1	4	8	4	11	7	3	11	9	7	3	7	10	8	3	7

풀이 2-3

먼저 표본평균을 구하면 다음과 같다.

$$\bar{x} = \frac{1}{16}\sum_{i=1}^{16} x_i = \frac{1+4+8+\cdots+8+3+7}{16} = 6.4375$$

다음으로 중앙값을 구하기 위해 자료를 크기 순서대로 배열한다.

1 3 3 3 4 4 7 7 7 7 8 8 9 10 11 11

자료의 개수가 $n=16=2\times 8$이므로, 중앙값은 다음의 값을 가진다.

$$Q_2 = \frac{x_{(8)}+x_{(9)}}{2} = \frac{7+7}{2} = 7$$

편의상 30% 절삭평균을 구하면, $k=[16\times 0.3]=[4.8]=4$이므로, 크기 순서대로 정리된 자료에서 좌·우측으로 각각 4개의 자료를 버리면 다음과 같은 절삭평균을 구할 수 있다.

$$\overline{x_{0.3}} = \frac{1}{16-2\times 4}\sum_{i=5}^{12} x_{(i)} = \frac{4+4+\cdots+8}{8} = 6.5$$

마지막으로 최빈값은 7이 됨을 크기 순서대로 정리된 자료로부터 쉽게 알 수 있다. 표본평균 6.4375, 절삭평균 6.5, 중앙값과 최빈값 7로 4개의 대푯값에는 큰 차이가 나지 않는다.

예제 2-4

다음은 사람의 뇌의 무게를 그램(g)단위로 조사한 자료이다. 자료 중에서 1명의 자료는 AIDS로 사망한 사람의 뇌의 무게이고, 나머지 10명의 자료는 정상인의 뇌의 무게이다. 의학계에서는 AIDS가 뇌의 무게를 가볍게 한다고 믿고 있다. 여러 가지 대푯값을 구하고, AIDS로 사망한 사람의 뇌의 무게가 전체 자료에 어떻게 영향을 주고 있는지 평가하여라.

1090	1310	1560	1330	1370	1260	1350	1420	1280	1400	1370

풀이 2-4

이 자료에 대한 표본평균과 중앙값, 10% 절삭평균을 구하면 다음과 같다.

$$\overline{x} = 1340,\ Q_2 = 1350,\ \overline{x}_{0.1} = 1343.333$$

우선 최솟값인 $x_{(1)} = 1090$으로 인해 표본평균의 값이 중앙값에 비해 작으나, 최솟값을 제외하고 구한 10% 절삭평균과 큰 차이가 있지는 않다. 그러므로 이들 대푯값만으로는 AIDS환자의 뇌의 무게로 의심되는 $x_{(1)} = 1090$이 자료에 영향을 주고 있다고 판단하기는 어렵다.

2.4 산포도

표본평균과 중앙값과 같은 대푯값만으로 자료의 특징을 모두 설명할 수 있을까? 이에 답하기 전에 아래와 같은 두 가지 자료를 살펴보자.

자료 1 : 5 10 15 20 25
자료 2 : 13 14 15 16 17

두 자료의 표본평균은 15로 같다. 그러나 자료들을 좀 더 자세히 살펴보면, 자료 1은 5부터 25까지 넓은 범위의 값을 갖지만, 자료 2는 13부터 17까지 표본평균 근처에 값들이 밀집되어 있음을 알 수 있다. 다시 말해, 두 자료의 경우 자료의 중심은 같지만, 자료가 흩어져 있는 정도가 다르므로 서로 다른 특징을 가진다. 이와 같이 표본평균과 같은 대푯값만으로는 자료의 분포를 설명하기에 부족하며, 또 다른 대푯값도 필요하다. 보통 자료의 분포는 자료의 중심 위치와 흩어져 있는 정도로부터 대략적으로 파악할 수 있다. 자료가 흩어져 있는 정도를 산포(dispersion)라고 하며, 여기에서는 산포를 나타내는 다양한 측도들에 대해 알아보기로 한다. 그리고 앞 절과 마찬가지로 n개의 관측값을 $x_1, x_2, \cdots, x_n$으로 표기하고, 이들을 크기 순서대로 정리한 순서통계량을 $x_{(1)} \leq x_{(2)} \leq \cdots \leq x_{(n)}$이라고 표시한다.

산포를 나타내는 가장 직관적인 방법으로 자료의 최댓값과 최솟값의 차이를 생각할 수 있다. 이 값을 범위(range)라고 하며, 다음처럼 정의할 수 있다.

범 위

$$R = x_{(n)} - x_{(1)}$$

이 절의 처음에 소개한 두 자료의 경우, 자료 1의 범위는 $R = 25 - 5 = 20$이고, 자료 2의 범위는 $R = 17 - 13 = 4$로 자료 1이 자료 2에 비해 산포도가 큼을 확인할 수 있다. 그러나 범위는 최댓값과 최솟값만을 이용하여 계산하므로 이상값이 존재하는 경우 결과가 쉽게 왜곡될 수 있다.

산포를 측정하는 또 다른 도구로 사분위간 범위(IQR : inter quartile range)와 중간범위(mid range) 등을 고려할 수 있으며, 이는 범위의 단점을 보완하여 만든 측도이다. 이를 위해서 먼저 자료의 분위수(quantile)부터 정의한다.

분위수

$0 \leq p \leq 1$에 대해, 전체 자료 중

(1) a보다 크거나 같은 관측값의 비율이 $1 - p$ 이상이고,

(2) a보다 작거나 같은 관측값의 비율도 p 이상

을 만족하는 실수 a를 p-분위수라고 하며, x_p라고 표기한다.

보통 p-분위수는 $100p\%$-백분위수라고도 하며, 자료를 크기 순서대로 나열할 때 p-지점, 즉 왼쪽과 오른쪽에 존재하는 자료의 비율이 $p : (1 - p)$가 되도록 나누는 경계점을 의미한다. 예를 들어, $x_{0.1}$과 $x_{0.9}$는 크기 순으로 나열된 자료에서 각각 1/10 지점과 9/10 지점에 위치하는 값이다.

특히 0.5-분위수 $x_{0.5}$는 앞 절에서 정의한 중앙값과 같은 값이다. 그리고 0.25, 0.50, 0.75 분위수 세 개는 크기 순으로 나열된 전체 자료를 4등분하는 세 개의 경계값으로, 보통 이들을 사분위수(quartile)라고 한다. 사분위수는 순서대로 Q_1, Q_2, Q_3라고 표기하며, $Q_1 = x_{0.25}$를 제1사분위수, $Q_2 = x_{0.5}$를 제2사분위수, $Q_3 = x_{0.75}$를 제3사분위수라고 부른다.

실제 자료로부터 위에 주어진 정의대로 분위수를 구하는 것은 번거로운 일이며, 분위수가 구간으로 나타나기도 한다. 따라서 여기에서는 중앙값처럼 분위수를 계산하는 또 다른 방법을 소개하고자 한다. 다양한 방법들이 존재하지만, 우리는 다음과 같은 방식으로 p-분위수를 계산한다.

$$x_p = x_{(k)} + \{(n+1)p - k\} \times (x_{(k+1)} - x_{(k)}),\ k = [(n+1)p]$$

여기서 n은 자료의 개수이고, k는 $(n+1)p$ 이하의 정수 중 가장 큰 값이다. 예를 들어, 자료의 수가 $n=5$이고, $p=0.5$이면 $(n+1)p=3$이므로

$$x_{0.5} = x_{(3)} + (3-3) \times (x_{(4)} - x_{(3)}) = x_{(3)}$$

이 되고, 자료의 수가 $n=6$이면 $(n+1)p=3.5$이므로

$$x_{0.5} = x_{(3)} + (3.5-3) \times (x_{(4)} - x_{(3)}) = \frac{x_{(3)} + x_{(4)}}{2}$$

이 성립한다. 이는 앞 절에서 중앙값을 구하는 방법과 같다.

사분위수로부터 사분위간 범위를 다음처럼 정의할 수 있다.

사분위간 범위

$$IQR = Q_3 - Q_1$$

사분위수 정의에 따라 제1사분위수 Q_1과 제3사분위수 Q_3 사이에 전체 자료 중 50%의 자료가 존재하며, 사분위간 범위는 이 50% 자료의 범위를 뜻한다. 이와 유사하게 두 분위수 $x_{0.1}$과 $x_{0.9}$의 차이 $x_{0.9} - x_{0.1}$은 전체 자료 중 가운데에 존재하는 80% 자료의 범위를 뜻하는 값으로 중간범위라고 하며, 이를 이용하여 산포를 측정하기도 한다.

사분위간 범위와 중앙값을 이용하면 [그림 2-13]과 같은 그림을 그릴 수 있다. 이 그림을 상자그림(box plot)이라고 부르며, 제2.2절에서 배운 히스토그램과 더불어 자료의 분포를 파악하기 위해 많이 사용한다.

다음과 같은 자료를 가지고 상자그림을 그려보자.

1 2 3 4 5 6 7

자료의 개수가 $n=7$이므로 $8 \times 0.25 = 2$, $8 \times 0.5 = 4$, $8 \times 0.75 = 6$이 된다. 따라서 사분위수는

$$Q_1 = x_{(2)} = 2,\ Q_2 = x_{(4)} = 4,\ Q_3 = x_{(6)} = 6$$

이고, 사분위간 범위는

$$IQR = Q_3 - Q_1 = 6 - 2 = 4$$

가 된다. $Q_1 = 2$부터 $Q_3 = 6$까지의 구간에 상자를 그리고, 상자 안에 중앙값 $Q_2 = 4$을 표시한다. 그리고 최솟값 1부터 $Q_1 = 2$까지, $Q_3 = 6$부터 최댓값 7까지 선을 그리면, [그림 2-13]과 같은 형태의 상자그림을 그릴 수 있다.

[그림 2-13] 상자그림

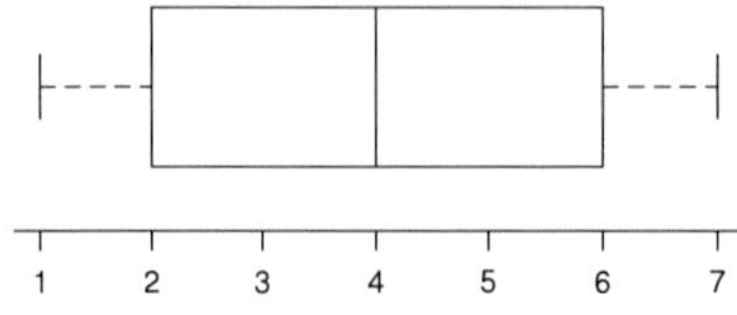

[그림 2-14] 상자그림의 구성

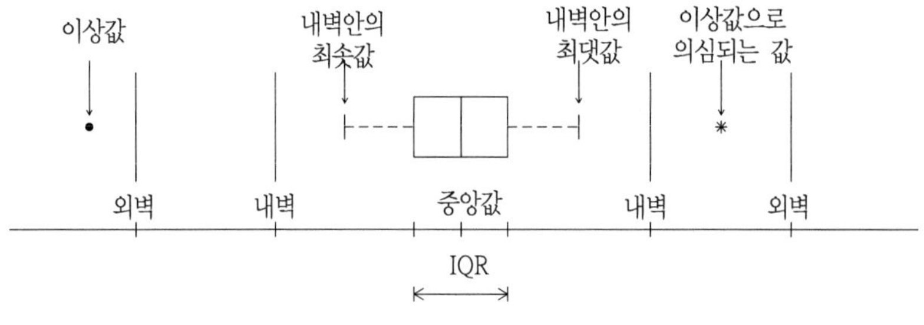

[그림 2-14]는 상자그림을 구성하는 각 값과 형태를 설명하고 있다. 상자그림의 첫 번째 구성요소는 Q_1부터 Q_3까지의 구간에 그려진 상자와 상자 안의 중앙값이다. 사분위수의 의미를 고려할 때, 상자 안에 전체 자료 중 50%에 해당하는 자료가 들어있다고 생각할 수 있다. 두 번째 구성요소는 수염(whisker)이다. 이는 상자에서 뻗어나간 좌우의 선을 말하며, 수염의 끝 값은 [그림 2-14]에서 보듯이 내벽 안에 존재하는 자료 중 최솟값과 최댓값을 나타낸다. 내벽(inner fence)은 상자에서 사분위간 범위의 1.5배만큼 떨어진 지점을 의미하며, 식으로 표현하면 다음과 같다.

$$\text{좌측 내벽} = Q_1 - 1.5 \times IQR,$$
$$\text{우측 내벽} = Q_3 + 1.5 \times IQR,$$

그리고 외벽(outer fence)은

$$\text{좌측 외벽} = Q_1 - 3 \times IQR,$$
$$\text{우측 외벽} = Q_3 + 3 \times IQR,$$

과 같다. 보통 대부분의 자료는 내벽 안에 있다고 생각하며, 내벽과 외벽 사이에 존재하는 관측값을 보통이상값(mild outlier), 외벽을 벗어나는 관측값을 극단이상값(extreme outlier)이라고 하며, 점의 모양을 구분하여 표시한다. [그림 2-13]의 경우 자료 중에 특별히 크거나 작은 값이 없으므로 내벽을 벗어난 점이 없었으며, 수염의 양 끝이 전체 자료의 최솟값과 최댓값이 되었던 것이다.

이제 이러한 상자그림의 구성요소에 따라 (예제 2-4)에서 고려했던 뇌 무게 자료를 가지고 상자그림을 작성하면 다음 그림과 같다.

[그림 2-15] 뇌 무게 자료의 상자그림

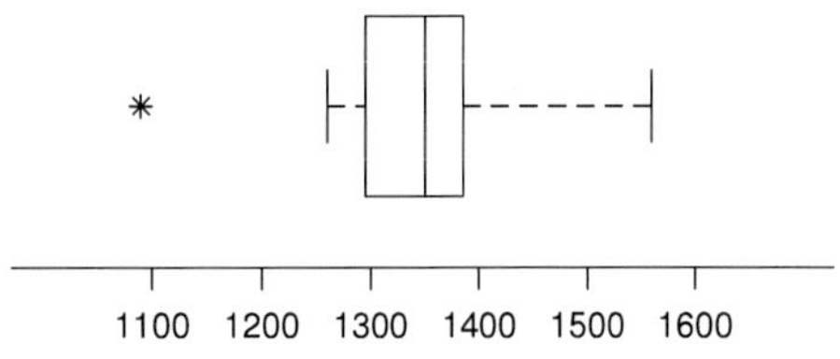

[그림 2-15]에서 보듯이 최솟값인 $x_{(1)}=1090$이 내벽에서 벗어난 것을 알 수 있다. 따라서 $x_{(1)}$은 AIDS환자의 뇌 무게로 의심되며, 정상인의 뇌무게에 비해 가볍다는 의학계의 믿음을 확인할 수 있다.

이제까지 우리가 고려했던 방법들은 모두 자료를 크기 순서대로 나열한 뒤에 적절한 위치에 위치한 두 관측값의 차이를 이용하여 산포를 측정하였다. 여기에서는 이와는 조금 다른 방법으로 관측값과 표본평균의 차이를 이용하여 산포도를 구하고자 한다.

개별 관측값과 표본평균의 차이 $x_i - \overline{x}$를 편차(deviation)라고 부르며, n개의 관측값 $x_1, x_2, \cdots, x_n$이 주어지면 편차도 n개 구할 수 있다. 편차는 관측값의 위치를 표본평균을 기준으로 다시 구한 것으로, 편차가 양수이면 수직선에서 표본평균의 오른쪽에 관측값이 위치하고, 편차가 음수이면 표본평균의 왼쪽에 있음을 의미한다. 그리고 편차의 절댓값이 크면 관측값이 표본평균으로부터 멀리 떨어져 있고, 편차의 절댓값이 작으면 표본평균에 가깝다는 뜻이다. 편차는 자료의 개수만큼 존재하므로, 보통 제곱합을 이용하여 하나의 숫자로 표현하며 편차의 제곱합

$$\sum_{i=1}^{n}(x_i - \overline{x})^2$$

을 변동(variation)이라고 부른다. 자료가 넓게 흩어져 있으면 변동이 크고, 표본평균 근처에 밀집

되어 있으면 변동이 작다. 이는 <표 2-6>을 통해서 확인할 수 있다. <표 2-6>은 앞에서 살펴보았던 자료

자료 1 : 5 10 15 20 25
자료 2 : 13 14 15 16 17

의 편차와 변동을 계산하여 정리한 표이며, 자료 1의 변동이 자료 2의 변동에 비해 큰 값을 가짐을 알 수 있다.

〈표 2-6〉 가상자료의 편차와 변동

자료1	편 차	편차제곱	자료2	편 차	편차제곱
5	-10	100	13	-2	4
10	-5	25	14	-1	1
15	0	0	15	0	0
20	5	25	16	1	1
25	10	100	17	2	4
합 계	0	250	합 계	0	10

또한 <표 2-6>에서 편차의 합은 항상 0이 됨을 알 수 있다. 그러므로 편차의 합 대신 제곱합을 이용하여 변동을 정의한 것이다. 그리고 이런 편차의 성질에 의해 n개의 편차 중 $n-1$개의 값만 알면, 나머지 1개의 편차는 저절로 알 수 있다. 여기에 나타난 $n-1$이라는 값을 통계용어로 자유도(degrees of freedom)라고 한다.

위 자료처럼 자료의 개수가 5개로 동일하면, 변동만으로도 두 자료의 산포를 비교할 수 있다. 그러나 변동은 정의에서 보듯이 자료가 많이 흩어져 있지 않아도, 즉 편차의 절댓값들이 크지 않아도 자료의 개수가 많으면 그 값이 크다. 그러므로 자료의 개수가 다른 여러 자료들의 산포를 비교할 때 변동을 그대로 사용하기 어렵다. 이 때 통계학에서는 변동 대신 변동을 자유도로 나눈 값을 사용하며, 이 값을 표본분산(sample variance)이라고 한다.

표본분산

$$s^2 = \frac{1}{n-1}\sum_{i=1}^{n}(x_i - \overline{x})^2$$

편차의 자유도 $n-1$은 편차의 개수 n과 비슷한 값으로, 표본분산 s^2은 편차의 제곱값들의 평균이라고 생각할 수 있다. 그러나 표본분산은 편차를 제곱하여 계산한 값이기 때문에 자료와

단위가 다르다. 보통 자료와 단위를 같게 해주기 위해 표본분산에 양의 제곱근을 취한 값 $s=\sqrt{s^2}$ 을 고려하는데, 이를 표본표준편차(sample standard deviation)라고 한다.

표본표준편차

$$s = \sqrt{s^2} = \sqrt{\frac{1}{n-1}\sum_{i=1}^{n}(x_i-\overline{x})^2}$$

일반적으로 산포의 척도로서 분산보다는 표준편차가 많이 이용되며, 표준편차는 관측값들이 표본평균으로부터 떨어져 있는 평균 거리라고 해석한다. <표 2-6>으로부터 자료 1과 자료 2의 경우 자유도가 $5-1=4$이므로 다음처럼 표본분산과 표본표준편차를 계산할 수 있다.

자료 1 : 표본분산 $s^2=\frac{250}{4}$, 표본표준편차 $s=\sqrt{\frac{250}{4}}$

자료 2 : 표본분산 $s^2=\frac{10}{4}$, 표본표준편차 $s=\sqrt{\frac{10}{4}}$

예제 2-5

아래 자료는 한 호텔의 광고전과 광고후의 객실 투숙률을 조사한 자료이다. 두 자료에 대한 산포도를 다양한 방법으로 구하고, 결과를 비교하여라.

광고전 투숙률(%)	86	92	83	88	79	81	90	76	80	91	85	89	77	91	83
광고후 투숙률(%)	88	94	97	99	89	93	92	98	90	97	91	87	89	88	96

풀이 2-5

여러 산포도를 계산하기 전에 두 자료를 크기 순서대로 나열하면,

광고전 : 76 77 79 80 81 83 83 85 86 88 89 90 91 91 92

광고후 : 87 88 88 89 89 90 91 92 93 94 96 97 97 98 99

와 같다. 이로부터 산포도를 계산하는데 필요한 몇 가지 통계값들을 구하여 정리하면 다음과 같다.

〈표 2-7〉 광고 전과 후 자료의 여러 통계값

	광고전	광고후
최솟값	76	87
최댓값	92	99
제1사분위수	80	89
제2사분위수	85	92
제3사분위수	90	97
표본평균	84.73	92.53
자료의 수	15	15

<표 2-7>에 의하면, 광고전과 광고후 투숙률에 대한 범위는

$$R_{전} = 92 - 76 = 16,\ R_{후} = 99 - 87 = 12$$

이고, 사분위간 범위는

$$IQR_{전} = 90 - 80 = 10,\ IQR_{후} = 97 - 89 = 8$$

이 된다. 그리고 표본표준편차를 구하면

$$s_{전} = \sqrt{\frac{(86-84.73)^2 + \cdots + (83-84.73)^2}{14}} = \sqrt{28.64} = 5.35$$

$$s_{후} = \sqrt{\frac{(88-92.53)^2 + \cdots + (96-92.53)^2}{14}} = \sqrt{16.55} = 4.07$$

와 같다. 이들 값에 의하면, 광고전에 비해 광고후에 투숙률의 산포가 줄어들었다는 것을 알 수 있다.

[그림 2-16] 광고전과 후의 투숙률 상자그림

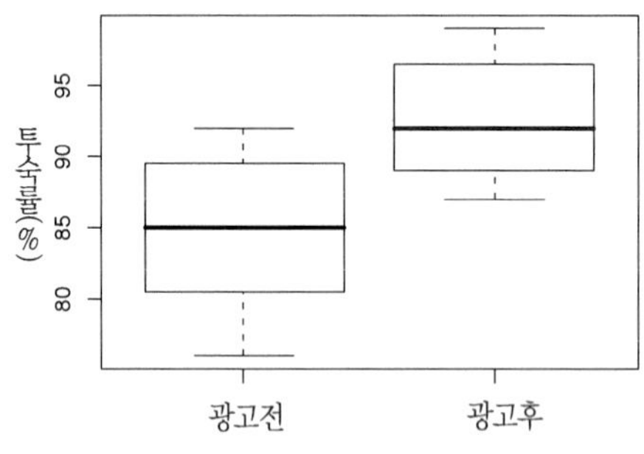

마지막으로 두 자료에 대한 상자그림을 작성하여 두 자료의 산포 정도를 비교해보자. [그림 2-16]에서 보듯이 광고후 투숙률에 대한 상자그림의 상자와 수염의 길이가 광고전에 비해 짧다는 것을 발견할 수 있으며, 이는 광고후에 산포가 줄어들었음을 의미한다.

02장 연습문제

01 경기주식회사에서는 근로자의 생산성 향상을 위한 교육을 실시한 후, 100명의 노동자에 대해 2주간 조사한 생산량의 일별평균이 다음과 같았다. (단위 : 10개)

3.6	6.7	4.3	2.8	5.6	7.9	8.4	4.9	3.6	6.5
8.2	2.2	6.2	5.5	7.2	6.8	4.0	3.7	7.8	4.3
6.5	7.3	5.7	3.9	4.6	5.7	5.6	6.0	5.0	8.8
4.5	5.6	7.5	4.0	5.1	7.0	7.4	7.6	4.8	5.5
3.4	7.4	5.3	6.4	8.0	3.2	6.3	5.2	6.2	3.5
5.1	3.5	4.4	4.5	5.4	5.1	5.5	4.8	6.0	7.6
6.8	8.5	6.0	7.7	6.1	3.3	4.5	6.1	5.3	2.1
4.7	5.2	6.8	5.2	6.9	4.2	6.7	3.4	5.3	4.5
5.4	4.1	5.9	5.3	5.0	7.3	6.1	5.5	6.5	6.2
7.0	3.8	5.0	4.7	3.5	2.6	5.8	8.2	7.4	4.1

(1) 이 값들을 구간폭이 1이 되도록 7개의 계급으로 나누어 도수분포표를 작성하시오.

(2) 위 자료에 따라 히스토그램을 그리시오.

(3) 위 자료에 따라 누적도수를 구하고 누적도수다각형을 그리시오.

02 다음은 20명 남학생들의 분당 심장 박동수이다. 이 자료에 대한 줄기-잎 그림표를 작성하시오.

82	74	77	62	78	58	85	74	66	71
58	80	65	60	54	75	71	74	73	82

03 다음 자료들에 대하여 평균, 중앙값, 범위, 사분위간범위, 분산, 표준편차를 구하시오.

(1) 10명의 학생들의 퀴즈점수

7 2 3 7 6 9 10 8 9 9

(2) 어느 중소기업 사무직원들의 월 평균보수액

258 266 242 195 350

04 어느 대학 입학생중 20명을 뽑아서 졸업후 진로에 대한 희망을 조사한 결과, 다음 표를 얻었다.

학생	진로 희망	학생	진로 희망	학생	진로 희망
1	취 직	8	대 학 원	15	해 외 유 학
2	대 학 원	9	취 직	16	군 입 대
3	군 입 대	10	대 학 원	17	취 직
4	대 학 원	11	해 외 유 학	18	대 학 원
5	해 외 유 학	12	취 직	19	취 직
6	취 직	13	군 입 대	20	대 학 원
7	군 입 대	14	대 학 원		

위 자료에 대한 도수분포표를 작성하고 원그림을 그리시오.

05 기상대에서는 과거 50년간 6월에 비가 내린 일수를 조사하기 위해 계급을 0 ~ 5, 6 ~ 10, 12 ~ 17, 18 ~ 23, 23 ~ 30으로 나누었다. 이 경우 발생하는 문제점에 대하여 설명하시오.

06 어떤 반의 한 학생은 3차에 걸친 시험에서 80, 85, 90점을 받았다. 담당교수는 학점을 결정하는데 있어서, 두 번째 시험을 첫 번째 시험보다 2배가 중요하고, 세 번째 시험은 두 번째 시험보다 3배가 중요하다고 생각한다고 할 때, 이 학생의 3차에 걸친 시험의 평균을 구하시오.

07 화씨온도로 주어진 자료들에서 다음과 같은 통계량을 얻었다.

$$\bar{x} = 40.2\ ,\ s = 3.0\ , s^2 = 9.0$$

같은 자료를 섭씨온도로 바꾼 후의 표본평균, 표본표준편차, 표본분산을 구하시오. [Hint : 섭씨온도 $= \frac{5}{9}$(화씨온도-32)]

08 변동계수 혹은 변이계수(coefficient of variation)는 두 종류의 자료의 산포를 비교함에 있어 두 종류 자료값의 차이가 클 때 유용하게 쓰이며, 그 값은 백분율로 나타내고 다음과 같이 계산한다.

$$\frac{s}{\bar{x}} \times 100$$

다음 자료 1은 5명의 신생아의 몸무게이고, 자료 2는 5명의 성인의 몸무게이다. 각각의 자료에 대한 변동계수를 구하고 어떤 자료가 자료값들 간의 변동이 더 심한지 설명하시오.

자료 1 :	4.0	3.0	3.5	3.4	3.6
자료 2 :	71.0	64.0	67.0	66.0	59.0

확 률

CONTENTS

3.1 서 론

출근을 준비하는 아침 시간은 단 몇 분도 매우 소중하다. 그래서인지 아침잠은 매우 달지만 심각한 교통체증을 생각하면 기껏 5분을 더 자는 것마저 쉽지가 않다. 일상에 젖어 있는 현대인들의 하루는 단 몇 분의 여유도 없이 쫓기듯 이렇게 시작한다.

7시 10분에 집에서 나서면 회사까지 걸리는 시간은 40분, 그러나 7시 15분에 나서면 교통 상황에 따라 소요되는 시간은 40~50분이라고 하자. 출근시간은 8시, 지각을 하지 않고 조금의 여유를 가지려면 7시 10분에 나서야 하지만 5분을 더 자면 자칫 지각을 할 수도 있다. 맛있는 5분의 잠을 더 즐기고 7시 15분에 출근을 해도 지각을 하지 않을 확률은 얼마나 될까? 이렇듯 확률은 불확실한 상황에서 가능성을 점쳐 보는 유용한 도구로 가벼운 의사결정문제에 있어서도 우리와 매우 친숙해져 있다. 하지만 확률을 계산하고, 계산된 확률을 바르게 해석하는 문제에는 대부분 당황해 한다.

주어진 문제에 알맞게 확률을 계산하고 해석하기 위해서는 먼저 확률에 대한 개념을 명확히 할 필요가 있다. 제3.2절에서는 확률을 보다 체계적으로 설명하기 위해 표본공간과 사건에 대해 알아볼 것이다. 그리고 이를 바탕으로 제3.3절에서 확률을 정의한다. 특히 확률의 공리에 대하여 자세히 다루고, 또한 공리로부터 파생되는 여러 법칙에 대하여 살펴볼 것이다. 마지막으로 제3.4절에서 조건부 확률과 사건의 독립성에 대해 설명한다.

3.2 표본공간과 사건

통계학에서 실험(experiment)이란 매우 광범위하고 자유로운 의미로 쓰이며, 관찰이나 측정의 과정으로 본다. 동전을 던져서 나온 결과를 관찰하거나 학생들의 출석일수를 조사하는 것, 또는 형광등의 수명을 측정하거나 어떤 질병의 원인을 조사하는 일 등을 모두 실험이라 부른다.

이러한 통계적 실험(statistical experiment)에서 얻을 수 있는 가장 기본적인 결과를 표본점(sample point), 한 개의 표본점으로 이루어진 집합을 근원사건(elementary event)이라고 부른다. 그리고 통계적 실험에서 얻을 수 있는 모든 표본점들의 집합을 표본공간(sample space)이라 부르며 보통 S로 표기한다. 예컨대 동전을 한 번 던지는 실험은 앞면과 뒷면이라는 두 개의 표본점을 가지므로 표본공간은

$$S = \{\text{앞면, 뒷면}\}$$

과 같은 집합으로 표시되며, 집합 {앞면}과 {뒷면}이 근원사건들이다. 또 다른 예로 한 개의 주사위를 던지는 실험의 표본공간은

$$S = \{⚀, ⚁, ⚂, ⚃, ⚄, ⚅\}$$

으로 6개의 표본점을 가지며, 흰 색과 검은 색 두 개의 주사위를 동시에 던지는 실험에서의 표본공간은 다음과 같은 36개의 표본점으로 구성된다.

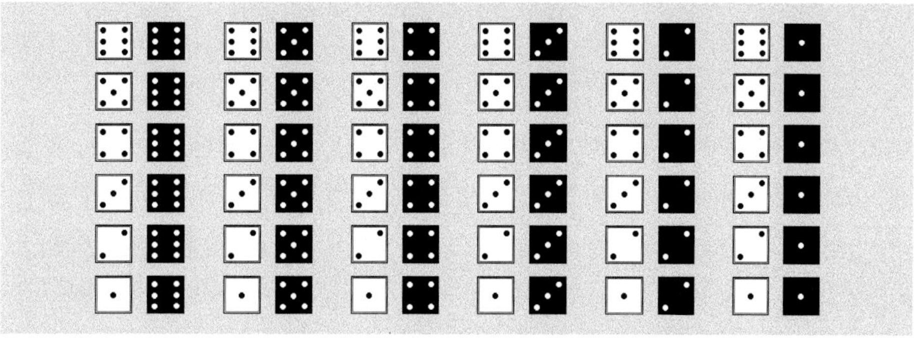

표본공간은 동전이나 주사위를 던지는 실험처럼 유한개의 표본점으로 이루어질 수도 있고, 다음 예제처럼 무한개의 표본점으로 이루어질 수도 있다. 예를 들어 지하철 3호선의 배차 간격이 5분(300초)이라고 하면, 지하철을 기다리는 데 필요한 시간(단위 : 초)을 측정하는 실험에서의 표본공간은

$$S = \{t \mid 0 \leq t \leq 300,\ t\text{는 실수}\}$$

으로 표본점의 개수가 무한개이다. 그리고 전구를 만드는 어떤 회사에서 5개의 불량품이 만들어질 때까지 만든 전구의 개수를 조사하는 실험에서는

$$S = \{5, 6, 7, 8, \cdots\}$$

이 표본공간이다.

이제 표본공간에 속하는 하나의 결과뿐만 아니라 특정한 조건을 만족하는 결과들의 집합에 대하여도 관심을 가질 수 있는데, 이 집합은 표본공간의 부분집합이 된다. 통계적 실험에서 표본공간의 부분집합을 사건(event) 혹은 사상이라고 부르며, 어떤 사건에 속하는 한 표본점을 실험의 결과로 얻을 때 해당 사건이 일어났다고 한다. 예를 들어 한 개의 주사위를 던지는 실험에서 짝수의 눈이 나오는 사건을 A라고 하면, 사건 A는

$$A = \{⚁, ⚃, ⚅\}$$

이고, 주사위를 던진 결과 ⚁, ⚃, ⚅ 중 하나가 나오면 사건 A가 일어났다고 말한다. 표

본공간 S와 공집합 $\varnothing$은 S의 부분집합이므로 사건이며, 각각 전사건(complete event)과 공사건(null event)이라고 부른다.

표본점, 표본공간, 사건은 각각 집합론에서의 원소, 전체집합, 부분집합에 해당하는 개념이므로 여러 사건들을 다룰 때 집합의 연산을 그대로 사용할 수 있다. 사건 A가 일어나지 않는 사건을 A의 여사건(complementary event)이라 하고 A^c로 표시한다. 즉, 주사위를 한 번 던지는 실험에서 짝수의 눈이 나타나는 사건 A의 여사건은 홀수의 눈이 나타나는 경우로

A^c = {⚀, ⚂, ⚄}

이다. 사건 A가 일어나거나 또는 사건 B가 일어나는 사건을 A와 B의 합사건(union)이라고 부르고 $A \cup B$로 표시하며, 이는 A와 B의 합집합을 의미한다. 그리고 두 사건 A와 B가 동시에 일어나는 사건은 교사건(intersection)이라고 하며, 이는 두 사건의 교집합을 나타내므로 $A \cap B$로 표기한다. 만약 두 사건 A와 B의 교사건이 공사건, 즉 $A \cap B = \varnothing$이면, 사건 A와 B는 서로 배반(mutually exclusive)이라고 하며, 두 사건이 동시에 일어날 수 없음을 의미한다. 보통 둘 이상의 사건들의 합사건이나 교사건 등으로 만들 수 있는 사건을 복합사건(compound event)이라고 하며, 이러한 복합사건을 구할 때 다음과 같은 집합연산에 관한 법칙을 적용할 수 있다.

▷ 교환법칙(commutative laws)

$A \cup B = B \cup A, \quad A \cap B = B \cap A$

▷ 결합법칙(associative laws)

$(A \cup B) \cup C = A \cup (B \cup C) = A \cup B \cup C,$

$(A \cap B) \cap C = A \cap (B \cap C) = A \cap B \cap C$

▷ 배분법칙(distributive laws)

$A \cap (B \cup C) = (A \cap B) \cup (A \cap C),$

$A \cup (B \cap C) = (A \cup B) \cap (A \cup C)$

▷ 드 모르간의 법칙(De Morgan's laws)

$(A \cup B)^c = A^c \cap B^c, \quad (A \cap B)^c = A^c \cup B^c$

3.3 확률의 정의

다시 앞에서 다룬 지각 문제를 생각해보자. 정말 지각을 하지 않을 확률은 얼마나 되고, 지각할 확률을 어떻게 계산하여야 할까? 가장 쉽게 먼저 생각할 수 있는 확률계산방법은 7시 15분에 출근하면 "지각" 혹은 "정시 출근"이라는 두 가지 결과를 얻을 수 있고, "정시 출근"은 두 결과

중 하나이므로 1/2이라고 계산하는 것이다. 이는 동전을 한 번 던져 앞면이 나올 확률을 계산하는 방법과 동일하게 확률을 계산한 결과이다. 하지만 동전의 앞면이 나올 확률과 지각하지 않을 확률을 같다고 생각하는 것은 어쩐지 석연치 않은 느낌이 든다. 그럼 먼저 동전의 앞면이 나올 확률을 계산하는 방법을 생각해보기로 한다.

동전을 한 번 던지면 앞면이 나올 확률은 1/2이라고 대부분 아무런 의심 없이 받아들인다. 이는 앞면과 뒷면이 나올 가능성이 같다고 생각하기 때문이다. 앞면과 뒷면이 나올 가능성이 동일하다면 관심을 가지고 있는 앞면이 나타날 확률은 두 가지 결과 중 하나이므로 1/2로 계산한다. 이러한 확률을 고전적 관점에서의 수학적 확률(mathematical probability)이라고 하며, 일반적으로 다음과 같이 쓸 수 있다.

수학적 확률

표본공간 S에 속하는 표본점의 개수가 유한이고, 각각의 근원사건이 일어날 가능성이 동일할 때 사건 A가 일어날 확률 $P(A)$는 다음과 같다.

$$P(A) = \frac{A\text{에 속하는 표본점의 개수}}{S\text{에 속하는 표본점의 개수}}$$

이제 수학적 확률을 이용하여 지각하지 않을 확률을 계산해보자. 동전을 한 번 던질 때처럼 일어날 수 있는 총 경우의 수는 2이다. 그러므로 만약 지각할 가능성과 지각하지 않을 가능성이 같다면 지각하지 않을 확률은 동전에서와 마찬가지로 1/2이라고 쉽게 계산할 수 있다. 하지만 지각할 가능성과 지각하지 않을 가능성이 정말 같을까? 일반적으로 그렇지 않을 것이며, 이 경우 수학적 확률을 이용하여 지각하지 않을 확률을 계산하는 것은 불가능하다. 이렇듯 수학적 확률을 현실 문제에 직접 적용하는 것에는 제약이 있으며, 확률을 계산할 수 있는 또 다른 방법이 필요하다.

출근을 준비하는 대부분의 사람들은 경험적으로 지각하지 않고 출근할 수 있는 시간을 알고 있기 마련이다. 이는 많은 시행착오를 거쳐 직접 겪어보고 자연히 알게 되는 경험이다. 이제 이를 조금 다른 각도에서 해석해보기로 한다. 이제까지 경험에 의하면 7시 15분에 집을 나설 때 10번 중 3번은 지각하지 않고 정시에 출근했다고 하자. 따라서 7시 15분에 출근하면 지각하지 않을 확률이 3/10이라고 계산할 수 있다.

동전을 한 번 던지는 문제에도 역시 이 사실을 적용할 수 있다. 앞면이 나올 확률을 알기 위해서 동전 한 개를 던지는 실험을 반복적으로 여러 번 시행하고, 전체 실험 중 앞면이 나온 경우가 차지하는 상대도수를 바탕으로 확률을 계산하는 것이다.

이제 동전을 10회 던지는 모의실험(simulation)을 수행해보자. 실제로 공정한 동전을 10번 던질 수도 있지만, 여기에서는 부록 <표 1>의 난수표를 이용하여 모의실험을 수행한다. 난수표를 이용하여 0부터 9까지의 정수 중 하나의 숫자를 선택하고, 이 숫자가 4 이하이면 앞면, 5 이상이면 뒷면이라고 생각한다. 난수표의 첫 행에서 다음과 같은 10개의 난수가 얻어진다.

0 4 4 3 3 8 0 6 7 4

이로부터 전체 10번의 실험 중에서 앞면으로 나타나는 도수는 7이고, 상대도수는 7/10임을 알 수 있다. 마찬가지 방법으로 50회 던지는 실험과 100번 던지는 실험에서의 앞면에 대한 상대도수를 얻을 수 있으며, <표 3-1>과 [그림 3-1]은 이를 표와 그림으로 정리한 것이다.

〈표 3-1〉 **동전을 던지는 모의실험에서의 상대도수**

	상 대 도 수		
	$n=10$	$n=50$	$n=100$
앞 면	7/10	29/50	48/100
뒷 면	3/10	21/50	52/100
합	1	1	1

<표 3-1>과 [그림 3-1]에서 보는 바와 같이 전체 실험의 횟수 n이 커짐에 따라 상대도수의 변화가 안정되고 점차 1/2로 수렴하는 것을 알 수 있다. 상대도수의 극한값 1/2은 앞서 수학적 확률로 계산한 앞면의 확률과 일치한다. 이렇듯 통계적 실험을 반복적으로 수행하여 얻은 상대도수의 극한값을 바탕으로 확률을 정의할 수 있으며, 이를 경험적 확률(empirical probability)이라고 부른다. 경험적 확률은 다음처럼 상대도수의 극한값으로 정의되므로 해석을 할 때도 상대도수처럼 해석한다. 즉 공정한 동전을 던질 때 앞면이 나타날 확률이 1/2이라는 것은 동전을 무한히 많이 던진다면 앞면이 절반만큼 나오며, 앞면과 뒷면이 나오는 횟수가 같음을 의미한다.

[그림 3-1] 동전을 던지는 실험의 상대도수 막대그림표

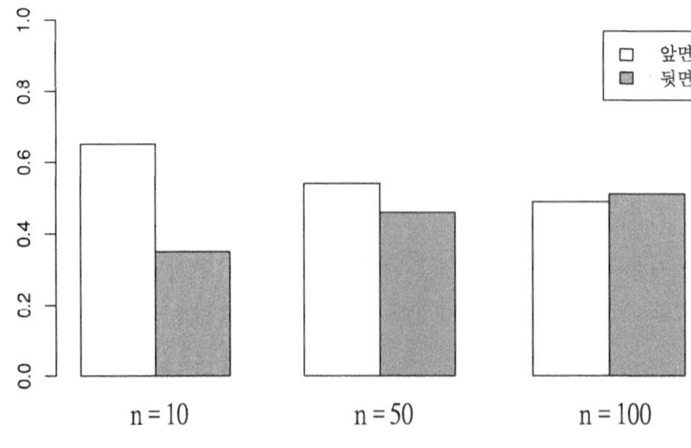

경험적 확률

통계적 실험을 n번 반복했을 때 사건 A가 일어나는 도수를 f_n이라고 하면, 사건 A가 일어날 확률 $P(A)$는 다음과 같다.

$$P(A) = \lim_{n \to \infty} \frac{f_n}{n}$$

지각 문제에서 지각하지 않을 경험적 확률 역시 7시 15분에 여러 번 출근해보고 정시에 출근한 횟수를 바탕으로 계산할 수 있다. 그러나 경험적 확률이 상대도수의 극한값으로 정의되므로 무한히 많은 횟수만큼 출근을 해야만 정확한 값을 알 수 있다. 현실적으로 출근을 무한번 하는 것은 불가능하기 때문에 유한한 횟수만큼 출근을 해서 구한 상대도수를 대신 사용해야 할 것이다. 이 때 사건이 일어나는 확률과 상대도수의 값이 비슷하기 위해서는 통계적 실험을 충분히 많이 반복해야 하지만, 실험에 소요되는 비용과 시간 또한 반복횟수에 비례하여 증가하기 때문에 실험의 반복수를 잘 조절해야 한다.

사람에 따라서는 같은 일을 바라보는 시각이 그의 성격에 따라 많이 다를 수가 있다. 마찬가지로 확률을 바라보는 시각도 개인에 따라 달라질 수 있다. 앞에서 다루었던 지각문제를 다시 한 번 생각해 보자. 성격이 낙관적이고 매사 여유가 있는 사람은 5분을 잠을 더 즐기기로 결정하면서 '오늘은 교통상황이 좋아 7시 15분에 출근해도 지각할 가능성은 그리 많지 않을 거야'라고 판단할 수 있고, 반면에 꼼꼼하고 정확한 성격을 가진 사람은 5분의 잠에 대해 다른 판단을 할 수도 있다. 즉, 전자는 후자에 비해 지각하지 않을 확률을 좀 더 높게 생각할 수 있다. 이렇듯 불확실성에 대하여 개인적 또는 주관적 평가로 확률을 정의할 수 있는데 이를 주관적 확률(subjective probability)이라 한다. 주관적 확률은 개인적 경험, 가치관, 성격, 직관 등의 요인에 의해 결정되며, 같은 사건이라도 사람마다 주관적으로 확률을 다르게 계산할 수 있다는 단점을 가진다.

이제까지 우리는 확률을 정의하는 여러 시각에 대해 살펴보았나. 그러나 다양한 사긴에 대한 확률을 계산하고, 확률을 보다 수학적으로 다루기 위해서는 수학적 확률과 경험적 확률, 그리고 주관적 확률까지 모두 수용할 수 있는 일반적인 정의가 필요하다. 이제 확률의 공리에 대하여 자세히 다루고, 또한 공리로부터 파생되는 여러 법칙에 대하여 살펴보고자 한다.

수학적 확률이나 경험적 확률을 잘 살펴보면 표본공간 S에 포함되는 모든 사건 A에 대해 사건 A가 일어날 확률 $P(A)$가 정의되어 있고, $P(A)$는 0 이상 1 이하의 실수임을 알 수 있다. 즉 확률 P란 집합 $\{A|A \subset S\}$을 정의역으로 하고 실수 집합 $\mathbb{R}$을 공역으로 하는 함수이고, $P(A)$는 사건 A에 대한 함수 값에 불과하다. 콜모고로프(Kolmogorov)는 상대도수가 가지고 있는 성질을 바탕으로 다음과 같은 세 가지 공리를 제시하고, 확률이란 세 가지 공리를 모두 만족하는 함수 $P:\{A|A \subset S\} \to \mathbb{R}$ 라고 정의하였다. 보통 이를 확률의 공리적 정의라고 말한다.

확률의 공리

공리 1. 임의의 사건 $A \subset S$에 대하여 $P(A) \geq 0$이다.

공리 2. $P(S) = 1$이다.

공리 3. 서로 배반인 사건들 $A_1, A_2, \cdots$이 유한개이거나 셀 수 있는 무한개이면

$$P(A_1 \cup A_2 \cup \cdots) = P(A_1) + P(A_2) + \cdots$$

이 성립한다.

공리 1은 어떤 사건이든지 그 사건이 일어날 확률은 0 이상이라는 것을 의미한다. 그리고 공리 2는 전사건이 일어날 확률은 1, 즉 전사건 S는 반드시 일어난다는 것을 뜻한다. 공리 3의 가장 간단한 경우는 서로 배반인 두 개의 사건에 대한 것으로, 공리 3에 의하면 $A \cap B = \varnothing$을 만족하는 두 사건 A와 B의 합사건이 일어날 확률을 다음처럼 계산할 수 있다.

$$P(A \cup B) = P(A) + P(B)$$

예컨대 한 학생이 통계학 과목에서 A학점과 B학점을 받을 확률이 각각 0.13과 0.29일 때 이 학생이 A 또는 B학점을 받게 될 확률은 $0.13 + 0.29 = 0.42$와 같이 구할 수 있다는 뜻이다.

앞에서 다루었던 수학적 확률이나 경험적 확률 모두 확률의 공리 세 가지를 만족함을 쉽게 확인할 수 있다. 이제 우리는 세 공리를 이용하여 확률이 가지고 있는 중요한 성질 몇 가지를 유도할 것이다. 이들은 확률을 이해하고 여러 사건들의 확률을 계산하는 데 중요한 역할을 한다.

확률의 성질

(1) 공사건의 확률은 $P(\varnothing) = 0$이다.

(2) $A \subset B$이면 $P(A) \leq P(B)$이다.

(3) 사건 A의 여사건이 일어날 확률은 다음과 같다.

$$P(A^c) = 1 - P(A)$$

(4) 임의의 사건 A와 B에 대하여 다음이 성립한다.

$$P(A \cup B) = P(A) + P(B) - P(A \cap B)$$

증명 (1) S와 $\varnothing$은 서로 배반이고, $S \cup \varnothing = S$이므로 공리 2와 공리 3에 의해

$$1 = P(S) = P(S \cup \varnothing) = P(S) + P(\varnothing) = 1 + P(\varnothing)$$

이 성립한다. 그러므로 $P(\varnothing) = 0$이다.

(2) $A \subset B$이므로 $B = A \cup (A^c \cap B)$이다. 그리고 $A \cap (A^c \cap B) = \varnothing$이므로 두 사건 A와 $A^c \cap B$에 공리 3을 적용하면

$$P(B)=P(A\cup(A^c\cap B))=P(A)+P(A^c\cap B)$$

이다. 공리 1에 의해 $P(A^c\cap B)\geq 0$이므로 $P(B)\geq P(A)$이 성립한다.

(3) 사건 A와 여사건 A^c는 $A\cap A^c=\varnothing$과 $A\cup A^c=S$을 만족한다. 그러므로 공리 2와 공리 3에 의해

$$1=P(S)=P(A\cup A^c)=P(A)+P(A^c)$$

이고, 따라서 $P(A^c)=1-P(A)$이 성립한다.

(4) 아래의 벤다이어그램을 살펴보면, 사건 $A\cap B$, $A\cap B^c$, $A^c\cap B$는 서로 배반이고 $A\cup B=(A\cap B)\cup(A\cap B^c)\cup(A^c\cap B)$와 $A=(A\cap B)\cup(A\cap B^c)$, 그리고 $B=(A\cap B)\cup(A^c\cap B)$가 성립함을 알 수 있다.

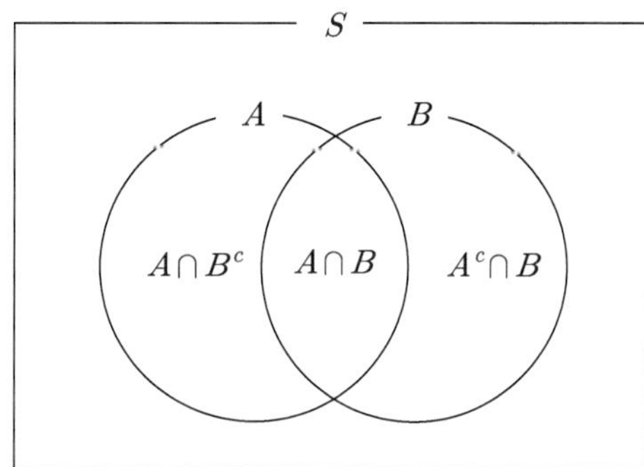

그러므로 공리 3에 의해

$$\begin{aligned}P(A\cup B)&+P(A\cap B)\\&=\{P(A\cap B)+P(A\cap B^c)+P(A^c\cap B)\}+P(A\cap B)\\&=\{P(A\cap B)+P(A\cap B^c)\}+\{P(A\cap B)+P(A^c\cap B)\}\\&=P(A)+P(B)\end{aligned}$$

이고, 따라서 (4)번이 성립한다.

위의 기술된 확률의 성질 중 (4)번 성질은 확률의 덧셈법칙(addition law of probability)이라고 하며, 서로 배반인 두 사건 A와 B에 대해서는 $A\cap B=\varnothing$이므로 자연히 공리 3과 같아진다. 덧셈법칙은 두 사건의 합사건이 일어날 확률을 계산할 때 유용하게 쓰이며, 세 사건의 경우로 확장하면 다음과 같다.

$$\begin{aligned}P(A\cup B\cup C)=&\ P(A)+P(B)+P(C)\\&-P(A\cap B)-P(B\cap C)-P(C\cap A)+P(A\cap B\cap C)\end{aligned}$$

이는 $A\cup B\cup C=A\cup(B\cup C)$라는 사실을 이용하면 성질 (4)번으로부터 유도할 수 있다(연습

문제 12).

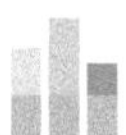

예제 3-1

한 TV 퀴즈쇼 제작진은 1부터 100까지의 숫자가 적힌 공 100개가 들어있는 검은 색 상자를 준비하고, 출연자에게 상자 안을 보지 않은 채 공을 골고루 섞은 후 하나의 공을 뽑도록 한다. 만약 출연자가 뽑은 공에 적힌 숫자가 9 또는 12로 나뉘면, 제작진은 출연자에게 동남아시아 여행권을 선물로 준다. 이 경우 출연자가 여행권을 받을 확률은 얼마일까?

풀이 3-1

출연자는 1부터 100까지의 숫자가 적힌 공 중 한 개를 선택하므로 표본공간은 $S=\{1,2,\cdots,100\}$이다. 그리고 상자 안에 들어 있는 100개의 공은 뽑힐 가능성이 모두 동일하므로 수학적 확률을 이용하여 확률을 계산할 수 있다.
이제 출연자가 뽑은 공에 적힌 숫자가 9로 나뉘는 사건을 A, 12로 나뉘는 사건을 B라고 하면, 두 사건 A와 B는 각각

$$A=\{9, 18, 27, 36, 45, 54, 63, 72, 81, 90, 99\}$$
$$B=\{12 ,24, 36, 48, 60, 72, 84, 96\}$$

이고, 교사건은 $A\cap B=\{36, 72\}$이다. 그러므로 각 사건이 일어날 확률을 구하면 다음과 같다.

$$P(A)=\frac{11}{100},\ P(B)=\frac{8}{100},\ P(A\cap B)=\frac{2}{100}$$

출연자가 동남아시아 여행권을 받는 사건은 $A\cup B$이므로, 확률의 덧셈법칙에 의해 출연자가 여행권을 받을 확률은

$$P(A\cup B)=\frac{11}{100}+\frac{8}{100}-\frac{2}{100}=\frac{17}{100}$$

이다.

예제 3-2

어떤 사람이 서울에서 부산을 갈 때 비행기를 타고 갈 확률이 0.17, KTX를 타고 갈 확률이 0.61이라고 한다. 이 사람이 비행기나 KTX 이외의 교통수단을 이용하여 부산에 갈 확률은 얼마인가?

풀이 3-2

서울에서 비행기를 타고 부산에 가는 사건을 A, KTX를 타고 가는 사건을 B라고 할 때, 비행기나

KTX 이외의 교통수단을 이용하는 사건은 $(A\cup B)^c$가 된다. 그리고 비행기와 KTX를 동시에 탈 수는 없으므로 $A\cap B=\varnothing$이다. 그러므로 문제에서 구하고자 하는 확률은

$$P((A\cup B)^c)=1-P(A\cup B)=1-\{P(A)+P(B)\}$$
$$=1-(0.17+0.61)=0.22$$

이다.

3.4 조건부 확률과 베이즈 정리

이제까지 고려했던 확률을 좀 더 특수한 상황에 적용시켜보기로 한다. 두 개의 주사위를 던지는 실험에서 첫 번째 주사위가 ⚂ 의 눈금을 가질 때 두 번째 던진 주사위와의 눈금의 합이 8일 확률을 구하는 문제를 살펴보자.

먼저 두 개의 주사위를 던지는 실험에서 첫 번째 주사위가 ⚂ 의 눈금을 가질 때 두 번째 주사위의 눈금이 나타날 수 있는 총 경우를 나타내기로 하자. 아래 그림에서 보듯이 두 개의 주사위를 던지는 실험에서 나타날 수 있는 36개의 결과들 중에서 우리가 관심을 갖고 있는 결과들은 직사각형으로 표시된 6개의 결과뿐이다. 그리고 이 중에서 두 주사위의 눈금의 합이 8인 경우는 ⚂, ⚄ 한 개뿐이다. 그러므로 우리가 구하고자 하는 확률은 1/6이다.

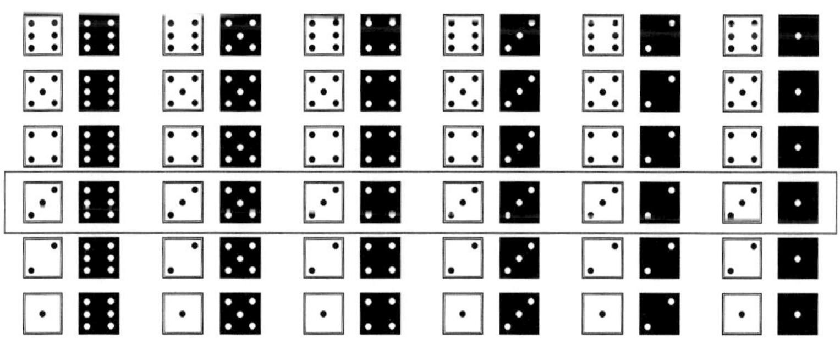

여기서 첫 번째 주사위가 ⚂ 의 눈을 가지는 경우를 사건 A라 하고, 두 주사위의 눈금의 합이 8인 사건을 B라고 하자. 앞의 문제는 사건 A가 일어난 경우 중에서 사건 B가 일어날 확률을 구하는 문제로, 주어진 조건인 사건 A가 새로운 표본공간이 된다. 따라서 원래의 표본공간 S에서의 확률이 아닌 축소된 표본공간 A에서의 확률이 필요하며, 이러한 확률을 조건부 확률(conditional probability)이라고 부른다.

조건부 확률을 정의하기 전에 앞의 문제에서 구한 확률 1/6의 의미를 잘 생각해보자. 분모의 6은 조건으로 주어진 사건 A에 속하는 표본점의 개수이고, 분자의 1은 교사건 $A\cap B$의 원소의

개수이다. 그리고 1/6의 분자와 분모를 원 실험의 표본공간의 원소의 개수 36으로 나누면,

$$\frac{1}{6}=\frac{1/36}{6/36}=\frac{P(A\cap B)}{P(A)}$$

이 성립한다. 따라서 사건 A가 주어졌을 때 사건 B가 일어날 조건부 확률은 $P(B|A)$로 표기하고, 다음과 같이 정의한다.

조건부 확률

사건 A가 주어졌을 때, 사건 B가 일어날 조건부 확률은

$$P(B|A)=\frac{P(A\cap B)}{P(A)}$$

이다. 단, $P(A)>0$이다.

예제 3-3

두 개의 동전을 동시에 던진 결과 적어도 하나의 앞면이 나왔다고 하자. 이 때, 두 개의 동전이 같은 면이 나올 확률은 얼마인가?

풀이 3-3

두 개의 동전을 던졌을 때, 표본공간은

$$S=\{(\text{앞면},\text{앞면}),(\text{앞면},\text{뒷면}),(\text{뒷면},\text{앞면}),(\text{뒷면},\text{뒷면})\}$$

이고, 4개의 근원사건이 일어날 가능성은 모두 동일하다. 두 개의 동전 중 적어도 하나가 앞면이 나오는 사건을 A, 두 개가 같은 면이 나오는 사건을 B라고 하면,

$$A=\{(\text{앞면},\text{앞면}),(\text{앞면},\text{뒷면}),(\text{뒷면},\text{앞면})\}$$

$$B=\{(\text{앞면},\text{앞면}),(\text{뒷면},\text{뒷면})\}$$

이고, $A\cap B=\{(\text{앞면},\text{앞면})\}$이 된다. 그러므로 문제에서 구하고자 하는 조건부 확률은

$$P(B|A)=\frac{P(A\cap B)}{P(A)}=\frac{1/4}{3/4}=\frac{1}{3}$$

이다.

조건부 확률의 정의로부터 다음과 같은 공식을 바로 얻을 수 있는데, 이를 확률의 곱셈법칙(multiplication law of probability)이라고 부른다.

곱셈법칙

$P(A) > 0$일 때,

$$P(A \cap B) = P(B|A) \times P(A)$$

이 성립하다.

곱셈법칙은 여러 사건들의 교사건이 일어날 확률을 계산할 때 유용하게 사용된다. 그리고 $P(B) > 0$이면, 사건 B가 주어졌을 때 사건 A가 일어날 조건부 확률은

$$P(A|B) = \frac{P(A \cap B)}{P(B)}$$

이 되므로, 확률의 곱셈법칙은

$$P(A \cap B) = P(A|B) \times P(B)$$

과 같이 바꾸어 쓸 수도 있다.

예제 3-4

100개의 제비 중 두 개를 순서대로 뽑는다고 하자. 100개 중 당첨제비는 단 10개라고 할 때, 두 개가 모두 당첨제비일 확률은 얼마인가?

풀이 3-4

첫 번째로 뽑은 제비가 당첨제비일 사건을 A, 두 번째가 당첨제비일 사건을 B라고 하면, 우리가 구하려는 확률은 $P(A \cap B)$이다. 여기에서 100개 중 10개가 당첨제비이고 각각의 제비가 뽑힐 가능성은 동일하므로

$$P(A) = \frac{10}{100}$$

이다. 그리고 첫 번째에 당첨제비를 뽑게 되면 남은 제비는 99개이고 이 중에서 당첨제비는 9개이므로,

$$P(B|A) = \frac{9}{99}$$

가 된다. 그러므로 확률의 곱셈법칙에 의해

$$P(A \cap B) = P(B|A) \times P(A) = \frac{9}{99} \times \frac{10}{100} = \frac{1}{110}$$

이 두 개가 모두 당첨제비일 확률이다.

조건부 확률과 곱셈법칙을 활용하면 여러 가지 확률을 편리하게 계산할 수 있다. 예를 들어 도핑테스트 문제를 생각해 보자. 올림픽에 출전하는 선수들은 의무적으로 도핑테스트를 받으며, 테스트 결과 양성 판정을 받으면 올림픽에 출전할 수 없게 된다. 그런데 종종 양성으로 판정을 받은 선수가 도핑테스트 결과에 불만을 토로하며 도핑을 하지 않았다고 주장하는 경우가 있다. 이에 테스트를 실시한 연구소에서는 도핑을 했을 때 양성으로 판정받을 확률이 0.99이고, 도핑을 하지 않았을 때 음성으로 결과가 나올 확률도 0.99이므로 테스트 결과가 틀렸을 가능성은 거의 없다고 반박하곤 한다. 그럼 선수의 주장처럼 도핑테스트 결과 양성일 때 도핑을 하지 않았을 확률은 얼마일까?

이 문제를 풀기 전에 먼저 도핑테스트 결과 양성 판정을 받을 확률부터 구해보자. 편의상 선수가 도핑을 한 사건을 A라 하고, 도핑테스트 결과 양성일 사건을 B라고 하면, 도핑을 하지 않은 사건은 A^c이고, 테스트 결과 음성일 사건은 B^c이다. $A \cap A^c = \varnothing$이고 $A \cup A^c = S$이므로, 두 사건 $A \cap B$와 $A^c \cap B$는 서로 배반이고

$$(A \cap B) \cup (A^c \cap B) = (A \cup A^c) \cap B = S \cap B = B$$

을 만족한다. 그러므로 확률의 공리 3과 곱셈법칙에 의해

$$P(B) = P(A \cap B) + P(A^c \cap B) = P(B|A) \times P(A) + P(B|A^c) \times P(A^c)$$

이 된다. 연구소의 주장에 의하면

$$P(B|A) = 0.99,\ P(B^c|A) = 0.01,\ P(B^c|A^c) = 0.99,\ P(B|A^c) = 0.01$$

이므로, 만약 선수들이 도핑을 할 확률이 $P(A) = 0.3$이라고 가정하면,

$$P(B) = 0.99 \times 0.3 + 0.01 \times 0.7 = 0.304$$

이 된다.

이제 도핑테스트 결과 양성 판정을 받은 선수가 도핑을 하지 않았을 확률을 구하면, 조건부 확률의 정의와 곱셈법칙으로부터

$$P(A^c|B) = \frac{P(A^c \cap B)}{P(B)} = \frac{P(B|A^c) \times P(A^c)}{P(B)} = \frac{0.01 \times 0.7}{0.304} = 0.023$$

임을 알 수 있다.

우리는 도핑테스트 문제에서 A와 A^c과 같이 서로 배반이면서 합사건이 표본공간이 되는 사건들을 표본공간 S의 분할이라고 하며, 일반적으로 모든 $i \neq j$에 대해 $A_i \cap A_j = \varnothing$이고, $A_1 \cup A_2 \cup \cdots \cup A_k = S$를 만족하는 k개의 사건 $A_1, A_2, \cdots, A_k$을 말한다. 그리고 조건부 확률 $P(B|A)$와 $P(B|A^c)$로부터 양성 판정을 받을 확률 $P(B)$를 구하는 과정에서 전확률 공식을 일반화하여 얻을 수 있으며, 다음과 같다.

전확률 공식

사건 $A_1, A_2, \cdots, A_k$이 표본공간 S의 분할이고, 모든 i에 대해 $P(A_i) > 0$이면,

$$P(B) = P(B|A_1) \times P(A_1) + \cdots + P(B|A_k) \times P(A_k)$$

이다.

조건부 확률과 곱셈법칙, 전확률 공식으로부터 다음에 기술된 베이즈 정리를 얻을 수 있는데, 이는 도핑테스트 예제에서 양성 판정을 받은 선수가 도핑을 하지 않을 조건부 확률을 구하는 것과 관련되어 있다.

베이즈 정리

사건 $A_1, A_2, \cdots, A_k$이 표본공간 S의 분할이고, 모든 i에 대해 $P(A_i) > 0$라고 하자. $P(B) > 0$일 때,

$$P(A_j|B) = \frac{P(B|A_j) \times P(A_j)}{P(B|A_1) \times P(A_1) + \cdots + P(B|A_k) \times P(A_k)}$$

이다.

베이즈 정리를 활용하는 또 다른 예제들을 살펴보자.

예제 3-5

컴퓨터를 판매하는 한 상점에서는 A, B, C 세 회사에서 생산되는 제품을 팔고 있다. 과거의 자료를 확인한 결과 각 회사의 시장점유율이 각각 50%, 30%, 20%이고, 일 년 이내에 고장수리를 요청하는 비율이 각각 25%, 20%, 10%이었다.

(1) 상점에서 컴퓨터 한 대를 구매한 고객이 일 년 이내에 고장수리를 요청할 확률은 얼마인가?

(2) 판매한지 일 년 이내에 고장수리가 요청된 컴퓨터가 A 회사에서 만든 컴퓨터일 확률은 얼마인가?

풀이 3-5

먼저 A, B, C 회사에서 제조한 컴퓨터를 고객이 구매하는 사건을 각각 D_1, D_2, D_3라고 하고, 일 년 이내에 고장수리가 요청되는 사건을 E라고 하자. 주어진 시장점유율과 고장수리 요청비율로부터 다음을 알 수 있다.

$$P(D_1) = 0.5,\ P(D_2) = 0.3,\ P(D_3) = 0.2$$

$$P(E|D_1) = 0.25,\ P(E|D_2) = 0.2,\ P(E|D_3) = 0.1$$

(1) 전확률 공식에 의해

$$P(E) = P(E|D_1) \times P(D_1) + P(E|D_2) \times P(D_2) + P(E|D_3) \times P(D_3)$$

$$= 0.25 \times 0.5 + 0.2 \times 0.3 + 0.1 \times 0.2 = 0.205$$

이다.

(2) 베이즈 정리에 의해, 구하고자 하는 조건부 확률은

$$P(D_1|E) = \frac{P(E|D_1) \times P(D_1)}{P(E)} = \frac{0.125}{0.205} = 0.61$$

이 된다.

예제 3-6

한 자동차 공장에서는 생산차량의 배기가스 방출검사를 실시하여 차량의 출고를 결정한다. 이 공장에서 생산되는 자동차는 25%가 오염물질을 방출하는 것으로 조사되어 있다. 실제 오염물질을 방출하는 차는 99%가 출고에 실패하는데, 오염물질을 방출하지 않는 차도 17%는 출고에 실패한다. 출고에 실패한 차가 실제로 오염물질을 방출하게 될 확률을 구하라.

풀이 3-6

어떤 자동차가 출고에 실패하는 사건을 A, 오염물질을 방출하는 사건을 B라고 하자. 그러면 베이즈 정리에 의해

$$P(B|A) = \frac{P(A|B) \times P(B)}{P(A|B) \times P(B) + P(A|B^c) \times P(B^c)}$$

$$= \frac{0.99 \times 0.25}{0.99 \times 0.25 + 0.17 \times 0.75} = 0.66$$

이다.

사건 A가 일어날 확률이 $0 < P(A) < 1$이라고 하자. 이 경우 $P(B|A)$와 $P(B|A^c)$ 두 개의 조건부 확률을 모두 정의할 수 있는데, 다음과 같은 특별한 상황이 성립한다고 가정하자.

$$P(B|A) = P(B|A^c)$$

이는 사건 A가 일어났을 때 사건 B가 일어날 확률과 사건 A가 일어나지 않았을 때 사건 B가 일어날 확률이 같은 것으로 사건 A의 발생 여부는 사건 B가 일어날 확률에 영향을 주지 않는다고 해석할 수 있으며, 보통 통계학에서는 이와 같은 상황을 사건 B가 사건 A와는 독립

적으로 일어난다고 한다.

그리고 이 경우, 전확률 공식에 의해

$$\begin{aligned} P(B) &= P(B|A)\times P(A) + P(B|A^c)\times P(A^c) \\ &= P(B|A)\times\{P(A)+P(A^c)\} \\ &= P(B|A) \end{aligned}$$

가 성립하고, 여기에 확률의 곱셈법칙을 적용하면

$$P(A\cap B) = P(A)\times P(B|A) = P(A)\times P(B)$$

을 얻을 수 있다. 보통 독립사건은 조건부 확률이 포함되지 않은 마지막 등식을 이용하여 다음처럼 정의한다.

> **독립 사건**
>
> 두 사건 A와 B가
>
> $$P(A\cap B) = P(A)\times P(B)$$
>
> 를 만족하면, 사건 A와 B는 서로 독립(mutually independent)이다.

예제 3-7

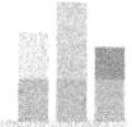

주사위를 두 번 던져서 첫 번째 눈금이 ⚃ 인 사건을 A, 두 번째 눈금과의 합이 6인 사건을 B, 그리고 두 번째 눈금과의 합이 7인 사건을 C라고 하자.

(1) A와 B은 독립인가?

(2) A와 C는 독립인가?

풀이 3-7

먼저 사건 A, B, C가 일어날 확률을 각각 구하면, 다음과 같다.

$$P(A) = \frac{1}{6},\ P(B) = \frac{5}{36},\ P(C) = \frac{1}{6}$$

(1) A와 B의 교사건이 일어날 확률은

$$P(A\cap B) = \frac{1}{36} \neq \frac{1}{6}\times\frac{5}{36} = P(A)\times P(B)$$

이므로, 두 사건 A와 B는 독립이 아니다.

(2) 그러나 A와 C에 대해서는

$$P(A \cap C) = \frac{1}{36} = \frac{1}{6} \times \frac{1}{6} = P(A) \times P(C)$$

이므로, 두 사건 A와 C는 서로 독립이다.

이 예제에서 A와 B이 서로 독립이 아님을 직관적으로 이해하려면 다음처럼 생각해보면 알 수 있다. 처음 눈금이 ⚃ 라면 합이 6이 될 가능성이 있지만 처음의 눈금이 ⚅ 이라면 합이 6이 될 가능성은 없다. 즉, 합이 6이 되는 사건 B가 발생할 가능성에 사건 A가 영향을 주고 있다는 것이다.

두 사건 A와 B가 독립이면, 사건 A^c과 B도 독립이다. 왜냐하면

$$\begin{aligned} P(A^c \cap B) &= P(B) - P(A \cap B) = P(B) - P(A) \times P(B) \\ &= \{1 - P(A)\} \times P(B) = P(A^c) \times P(B) \end{aligned}$$

이기 때문이다. 마찬가지로 A와 B^c도 독립 사건이고, A^c와 B^c도 독립이다.

두 사건의 독립성은 일반적으로 k개의 사건으로 확장할 수 있으며 다음과 같다. 사건 $A_1, A_2, \cdots, A_k$가

$$\begin{cases} P(A_i \cap A_j) = P(A_i) \times P(A_j), \ 1 \leqq i < j \leqq k \\ P(A_i \cap A_j \cap A_m) = P(A_i) \times P(A_j) \times P(A_m), \ 1 \leqq i < j < m \leqq k \\ \quad \vdots \\ P(A_1 \cap A_2 \cap \cdots \cap A_k) = P(A_1) \times P(A_2) \times \cdots \times P(A_k) \end{cases}$$

을 만족하면, k개의 사건들이 서로 독립이라고 한다.

03장 연습문제

01 다음 중 확률이 될 수 없는 값들을 고르시오.

$$1,\ 2,\ 0.1,\ 5,\ 0.9999,\ 1.001,\ \sqrt{2},\ -\frac{1}{2},\ \frac{77}{75},\ \frac{9}{10}$$

02 (1) 만일 사건 A가 반드시 일어난다면 그때의 $P(A)$를 구하시오.

(2) 만일 사건 A가 발생하는 것이 불가능하다면 그때의 $P(A)$를 구하시오.

(3) 무작위로 선출된 80명의 헌혈자 중 36명은 O형의 혈액형을 가진 것으로 판명되었을 때 그들 중 어떤 사람이 O형의 혈액형을 가질 근사적 확률을 구하시오.

03 어느 부부가 4명의 자녀를 갖기로 하였을 때,

(1) 그 부부가 가질 수 있는 모든 가능한 경우를 나열하시오.

(2) 4명의 자녀가 모두 딸을 가질 확률을 구하시오.

(3) 4명의 자녀 중 아들과 딸이 최소한 하나 이상일 확률을 구하시오.

(4) 4명의 자녀 중 아들과 딸이 각각 2명일 확률을 구하시오.

04 다음 각각의 두 사건들이 서로 배반사건인지 구별하시오.

(1) 어느 사람이 컴퓨터를 소유하고 있는 사건과 DVD를 소유하고 있는 사건

(2) 어느 학생이 입학시험에서 낮은 성적을 가진 사건과 대학에서 장학생이 될 사건

(3) 어느 사람의 머리색이 노란색일 사건과 검은색일 사건

(4) 어느 사람이 미혼인 사건과 직업을 가진 배우자를 가지고 있을 사건

05 다음은 사고사로 사망한 사람들을 연령별로 분류한 도수분포표이다. 이 표를 보고 다음 확률을 구하시오.

연 령	명 수
0 - 4	3,843
5 - 14	4,226
15 - 24	19,975
25 - 44	27,201
45 - 64	14,733
65 - 74	8,499
75이상	16,800

(1) 나이가 5살보다 작거나 74살보다 많은 사람이 뽑힐 경우

(2) 15살과 64살 사이의 사람이 뽑힐 경우

(3) 45살 미만이거나 혹은 25살과 74살 사이에서 뽑힐 경우

06 다음 두 사건들이 서로 독립사건인지 아닌지를 밝히시오.

(1) 어느 사람이 현금을 가진 사건과 어느 사람이 안경을 낀 사건

(2) 사지선다형 시험에서 1번문제를 추측해서 정답을 맞춘 사건과 똑같은 시험에서 2번문제를 추측해서 정답을 맞춘 사건

(3) $P(A)=0.4,\ P(B)=0.6,\ P(A\cap B)=0.2$

(4) $P(A)=0.2,\ P(B)=0.3,\ P(A\cap B)=0.06$

07 어떤 회사에서 근무하는 사무원 20명에 대하여 머리색과 체중을 조사하여 다음 표를 얻었다.

체 중 \ 머리색	담 흑 색	황 색
과 잉 체 중	10	3
정 상 체 중	5	2

(1) 한 명의 사무원을 임의로 뽑았을 때 그 사람이 과잉체중이면서 담흑색 머리일 확률을 구하시오.

(2) 한 명의 사무원을 뽑으니 과잉체중이라 한다. 그 사람이 담흑색머리일 확률을 구하시오.

08 불량품이 10개, 양품이 40개로 구성되어 있는 상품들 중에서 비복원추출로 2개를 취할 때 다음 확률을 구하시오.

(1) 둘 다 불량품일 확률

(2) 두 번째 뽑은 것이 불량품일 확률

09 $P(A \cup B) = \frac{79}{100}$, $P(A) = \frac{11}{24}$, $P(B) = \frac{17}{40}$일 때 A와 B가 동시에 일어날 확률을 구하시오.

10 주머니 안에 n개의 공이 있어 1부터 n까지의 번호가 적혀 있다. 임의로 한 개의 공을 집어내어 그 번호를 조사한 후 다시 넣기로 한다. 이것을 m회로 되풀이해서 집어낸 공의 번호의 최대값을 X로 나타낼 때,

(1) $P(X \le k)$을 구하시오. (단, $1 \le k \le n$)

(2) $P(X = k)$을 구하시오.

11 두 사건 A, B가 서로 배반이고 $P(A) = 0.123$, $P(B) = 0.456$일 때 다음 확률을 계산하시오.

(1) $P(A \cap B)$

(2) $P(A \cup B)$

(3) $P(A \cap B^c)$

12 다음을 증명하시오.

$$P(A \cup B \cup C) = P(A) + P(B) + P(C) - P(A \cap B) - P(B \cap C) - P(C \cap A) + P(A \cap B \cap C)$$

13 $P(A) = \frac{3}{4}$, $P(B) = \frac{5}{6}$일 때 다음 조건에서 $P(A \cap B)$를 구하시오.

(1) A와 B가 서로 독립일 때

(2) $P(B \mid A) = \frac{1}{2}$

(3) $P(A \mid B) = \frac{1}{3}$

(4) $P(A \mid B) = P(A)$

14 (1) 세 개의 사건 A, B, C가 독립사건일 때의 정의를 말하시오.

(2) 두 사건씩은 독립이지만 셋 모두는 독립이 아닌 예를 들어보시오.

15 중고차 시장의 차는 A, B, C회사의 차이고, 각기 50%, 30%, 20%이며 각각의 15%, 40%, 60%는 소형차이다. 임의로 한 대의 차를 샀을 때 다음의 확률을 구하시오.

(1) 소형차일 확률

(2) 소형차라는 조건에서 그 차가 B회사의 차일 확률

16 어느 공업 단지의 주민은 약 1%가 직업병을 갖고 있다고 한다. 이 직업병을 조기 진단하는 새로운 진단법이 개발되었다. 이 진단법에 의하면, 이 병을 갖고 있는 사람 중 97%는 양성반응을 보이고 나머지 3%는 음성반응을 보인다고 한다. 그러나 이 병을 갖고 있지 않은 사람도 이 진단법으로 5%가 양성반응을 보이고 95%는 음성반응을 보인다고 한다.

(1) 주민 중 한 사람이 이 진단법으로 검사해서 양성반응을 보일 확률을 구하시오.

(2) 양성반응을 보인 어떤 사람이 실제 이 병에 걸렸을 확률을 구하시오.

CHAPTER 04

확률변수와 확률분포

CONTENTS

4.1 서 론

통계적 실험에서 우리는 여러 가지 특성을 관찰하거나 측정한다. 이 때 실험의 결과는 전구의 수명을 측정하거나 불량품의 개수를 셀 때처럼 숫자인 경우도 있고, 동전을 던지거나 혈액형, 지각 여부를 알아보는 실험처럼 숫자가 아닌 범주를 나타내는 경우도 있다. 보통 실험의 결과가 숫자가 아닌 경우 다루기가 복잡하므로 숫자로 바꾸어 표현하기도 한다. 예를 들면, 지각 문제에서 "정상 출근"은 숫자 1, "지각"은 숫자 0으로 나타내는 것이다. 그리고 두 개의 동전을 동시에 던지는 실험에서 (앞면, 앞면), (앞면, 뒷면) 등의 결과가 아닌, 이로부터 계산되는 앞면의 개수에 더 많은 관심을 갖기도 한다. 이들은 모두 표본공간에 속하는 표본점들과 실수를 대응시킨 함수로 이해할 수 있으며, 보통 확률변수라고 부른다. 이 장에서는 확률변수를 정의하고, 확률변수의 확률분포와 기댓값에 대해 자세하게 알아보고자 한다.

4.2 확률변수

확률변수에 대해 알기 쉽게 설명하기 위하여 공정하게 제작된 동전을 두 번 던지는 실험을 고려하기로 하자. 이 때 표본공간은

$$S = \{(앞면, 앞면), (앞면, 뒷면), (뒷면, 앞면), (뒷면, 뒷면)\}$$

이며, 총 4개의 표본점을 가진다. 이 실험에서 우리가 관심을 가지는 특징을 앞면의 수라고 하고 이를 변수 X라 하자. 변수 X는 표본공간에 속하는 각각의 표본점에 대하여 다음과 같은 값을 가지게 된다.

〈표 4-1〉 두 개의 동전을 던지는 실험의 표본점과 변수의 값

표본점	(앞면, 앞면)	(앞면, 뒷면)	(뒷면, 앞면)	(뒷면, 뒷면)
변수의 값	2	1	1	0

<표 4-1>에서 보듯이 변수 X는 표본점에 따라 여러 가지 값을 가진다. 이제 표본점이 w일 때 변수 X가 가지는 값을 $X(w)$라고 표기하면,

$$X((앞면, 앞면)) = 2,\ X((앞면, 뒷면)) = 1$$
$$X((뒷면, 앞면)) = 1,\ X((뒷면, 뒷면)) = 0$$

과 같이 쓸 수 있다. 이 표현에서 변수 X는 실험에서 얻을 수 있는 모든 결과에 실수를 대응시키는 함수, 즉 표본공간 S를 정의역으로 하는 실수값 함수임을 알 수 있다.

확률변수

표본공간 S가 정의역이고, 실수집합 $\mathbb{R}$이 공역인 함수 X를 확률변수(random variable)라고 한다.

앞에서 살펴 본 동전을 두 번 던지는 실험에서의 확률변수 X는 가질 수 있는 값이 0, 1, 2 뿐이다. 이처럼 확률변수가 가질 수 있는 값들이 유한개이거나 셀 수 있는 무한개인 경우를 이산확률변수(discrete random variable)라고 한다. 반면에 한강에서 임의로 한 지점을 선택하여 수심을 측정할 때, 확률변수 X를 한강의 수심이라고 하면 X는 최저수심부터 최고수심 사이의 모든 값을 가질 수 있다. 이와 같이 확률변수가 가질 수 있는 값이 구간으로 표시되거나 연속적인 값을 취할 때 이를 연속확률변수(continuous random variable)라고 한다.

확률변수가 가질 수 있는 값들이 무엇이며, 그 값을 가질 가능성 또는 확률이 어떻게 흩어져 있는지를 합이 1인 0 이상의 실수로 나타낸 것을 확률분포(probability distribution)라고 한다. 확률분포를 나타내는 방법은 이산확률변수와 연속확률변수인 경우 차이가 있으며, 먼저 이산확률변수의 확률분포부터 알아보고자 한다.

4.3 이산확률변수의 확률분포

앞 절에서 정의했듯이 확률변수 X는 표본공간 S를 정의역으로 하는 함수이다. 그러므로 확률변수 X가 가질 수 있는 모든 값들의 모임은 함수 $X: S \to \mathbb{R}$의 치역과 같은 것이며, $X(S)$라고 표시할 수 있다. 이산확률변수란 바로 $X(S)$가 유한집합이거나 셀 수 있는 무한집합인 경우를 말하는 것이다. 예를 들면, 두 개의 동전을 던지는 실험에서 앞면의 개수를 X라고 하면, $X(S) = \{1, 2, 3\}$으로 유한집합이다. 그러므로 앞면의 개수 X는 이산확률변수이다. 또한 한 개의 주사위를 던질 때 나오는 눈의 수를 X라고 하면, $X(S) = \{1, 2, 3, 4, 5, 6\}$이므로 이 역시 이산확률변수가 된다. 그리고 전구를 만드는 한 회사에서 5개의 불량품이 만들어질 때까지 만든 전구의 개수를 X라고 하면 $X(S) = \{5, 6, 7, \cdots\}$로 무한집합이지만 셀 수 있으므로 전구의 개수 X도 이산확률변수이다.

자 그럼 이산확률변수의 확률분포는 어떻게 구할 수 있을까? 이를 위해 앞에서 다루었던 두 개의 동전을 던지는 실험과 앞면의 개수를 나타내는 이산확률변수 X를 다시 생각해보자. 확률변수 X가 가질 수 있는 모든 값들의 집합, 즉 $X(S)$는 $\{0, 1, 2\}$이므로, X가 0, 1, 2 이외의 다른 실수값을 가질 가능성은 없다. 그러므로 X의 확률분포를 구하기 위해서

$$P(X = x),\ \ x = 0,1,2$$

만 고려해도 좋다. 여기서 $P(X=x)$는 확률변수 X가 실수 x를 값으로 가질 확률을 나타낸다.

먼저 $P(X=0)$부터 구해보자. <표 4-1>을 보면 표본공간에 속하는 표본점들 중 변수 X의 값이 0인 경우는 (뒷면, 뒷면) 뿐이다. 다시 말해

$$\{w \in S | X(w)=0\} = \{(\text{뒷면}, \text{뒷면})\}$$

이므로, $X=0$일 확률과 두 개의 동전을 던지는 실험에서 사건 {(뒷면, 뒷면)}이 일어날 확률은 같다. 두 개의 동전을 던지는 실험에서 4개의 근원사건이 일어날 가능성이 모두 같으므로,

$$P(X=0) = P(\{(\text{뒷면}, \text{뒷면})\}) = \frac{1}{4}$$

이라고 할 수 있다.

마찬가지로 $\{w \in S | X(s)=1\} = \{(\text{앞면}, \text{뒷면}), (\text{뒷면}, \text{앞면})\}$이므로

$$P(X=1) = P(\{(\text{앞면}, \text{뒷면}), (\text{뒷면}, \text{앞면})\}) = \frac{2}{4}$$

이다. 그리고 $\{w \in S | X(w)=2\} = \{(\text{앞면}, \text{앞면})\}$이므로

$$P(X=2) = P(\{(\text{앞면}, \text{앞면})\}) = \frac{1}{4}$$

이 된다.

이제까지 살펴본 내용을 정리하여 확률변수 X가 가질 수 있는 값들과 이 값에 대응되는 확률을 표와 그림으로 나타내면 <표 4-2>와 [그림 4-1]와 같다. 보통 <표 4-2>를 확률분포표, [그림 4-1]을 확률막대그림이라고 부르며, 이들을 보면 확률변수가 가지는 값과 이에 대응하는 확률값이 어떻게 퍼져 있는지 알 수 있다.

〈표 4-2〉 두 개의 동전을 던지는 실험에서의 X의 확률분포표

x	0	1	2	합
$P(X=x)$	1/4	2/4	1/4	1

[그림 4-1] 두 개의 동전을 던지는 실험에서의 X의 확률막대그림

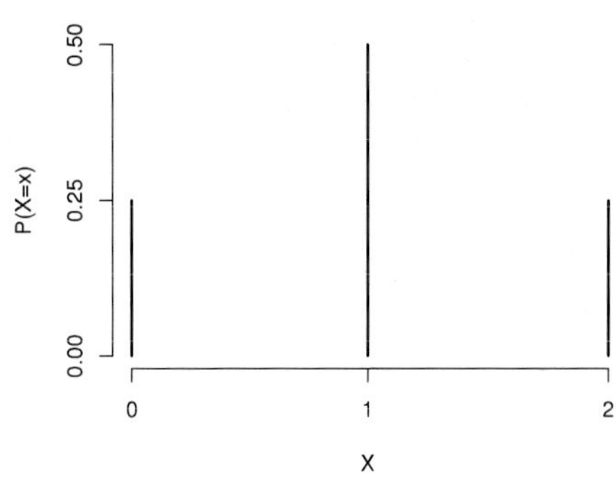

이렇듯 이산확률변수 X의 확률분포는 X가 가질 수 있는 모든 값들의 집합 $X(S)$를 구하고, $x \in X(S)$에 대응하는 확률 $P(X=x)$을 구함으로써 얻을 수 있다. 그리고 모든 $x \in X(S)$에 대해 집합 $\{w \in S | X(w)=x\}$은 표본공간 S에 포함되는 사선이므로 표본공간 S에 징의되어 있는 확률을 이용하여

$$P(X=x) = P(\{w \in S | X(w)=x\})$$

와 같이 구할 수 있다.

보통 <표 4-2>나 [그림 4-1]처럼 이산확률변수 X의 확률분포를 표시하기 위해 확률분포표나 확률막대그래프를 이용할 수 있다. 그러나 이들 방법은 두 개의 동전을 던질 때 얻게 되는 앞면의 개수처럼 $X(S)$의 원소의 개수가 적을 때는 작성하기 쉽지만, 불량품이 5개가 나올 때까지 제조된 전구의 수처럼 $X(S)$가 무한집합이거나 유한이라도 원소의 개수가 많은 경우엔 불편하다. 그러므로 많은 경우 표나 그림 대신 확률질량함수(probability mass function)라고 부르는 함수를 이용하여 이산확률변수의 확률분포를 표현한다.

확률질량함수

이산확률변수 X의 확률질량함수는 다음과 같다.

$$p(x) = P(X=x) = P(\{w \in S | X(w)=x\}), \quad x \in X(S)$$

동전을 두 번 던지는 실험에서 앞면의 개수를 나타내는 확률변수 X의 확률분포표는 <표 4-2>에 주어져 있으며, X의 확률질량함수를 구하면

$$p(x)=\begin{cases}\frac{1}{4}, & x=0\\ \frac{1}{2}, & x=1\\ \frac{1}{4}, & x=2\end{cases}$$

이 된다. 이를 살펴보면, 확률질량함수 $p(x)$의 값이 모두 양수이고, 함수의 값을 모두 더했을 때 1이 됨을 알 수 있다. 이는 이산확률변수의 확률질량함수가 가지는 중요한 특성이며, 일반적으로 다음과 같이 쓸 수 있다.

확률질량함수의 특성

이산확률변수 X의 확률질량함수 $p(x)$는 다음을 만족한다.

(1) 모든 값 $x\in X(S)$에 대하여 $p(x)\geq 0$이다.

(2) $p(x)$의 총합은 1이다. 즉 $\sum_{x\in X(S)} p(x)=1$이다.

증명) 모든 $x\in X(S)$에 대해 $p(x)$는 사건 $\{w\in S|X(w)=x\}$이 일어날 확률이므로, 확률의 첫 번째 공리로부터 $p(x)\geq 0$임을 알 수 있다.

또한 확률변수 X가 표본공간 S에서 정의된 함수이므로 $x,y\in X(S)$가 서로 다른 값이면

$$\{w\in S|X(w)=x\}\cap\{w\in S|X(w)=y\}=\varnothing$$

이다. 그러므로 사건들 $\{w\in S|X(w)=x\}$, $x\in X(S)$은 서로 배반이고,

$$\bigcup_{x\in X(S)}\{w\in S|X(w)=x\}=S$$

이 성립한다. 따라서 확률의 공리 2와 공리 3에 의해, 확률질량함수는

$$\sum_{x\in X(S)} p(x)=\sum_{x\in X(S)} P(\{w\in S|X(w)=x\})$$

$$=P(\bigcup_{x\in X(S)}\{w\in S|X(w)=x\})=P(S)=1$$

을 만족한다.

이제 반대의 상황을 생각해보자. 예를 들어 함수

$$p(x)=\begin{cases}0.7, & x=1\\ 0.3, & x=5\end{cases}$$

는 0 이상의 값을 가지며, 함수값을 모두 더하면 1이 된다. 즉 앞에서 살펴 본 확률질량함수의 특성을 만족한다. 이 경우 $p(x)$는 실제 확률질량함수가 될 수 있을까? 다시 말해 $p(x)$를 확률

질량함수로 갖는 이산확률변수가 존재할까? 이를 위해 흰 공 7개, 검은 공 3개가 들어있는 주머니에서 한 개의 공을 꺼내는 실험을 수행한다. 이 때 꺼낸 공이 흰 색이면 사탕 1개, 검은 색이면 사탕 5개를 받는다고 하자. 확률변수 X를 받을 수 있는 사탕의 수라고 하면, X의 확률질량함수가 위에 주어진 $p(x)$와 같다는 것을 어렵지 않게 계산할 수 있다.

이렇듯 앞에서 살펴 본 확률질량함수의 두 가지 특성은 어떤 함수가 확률질량함수가 되기 위한 충분조건이기도 하다.

예제 4-1

다음에 주어진 함수는 확률질량함수가 될 수 있을까?

$$p(x) = \frac{x+3}{15} \;, \; x = 1, 2, 3$$

풀이 4-1

먼저 $p(1) = \frac{4}{15}$, $p(2) = \frac{5}{15}$, 그리고 $p(3) = \frac{6}{15}$ 이므로 이들은 모두 양수이다. 그리고

$$\sum_{x=1}^{3} p(x) = \frac{4}{15} + \frac{5}{15} + \frac{6}{15} = 1$$

이다. 따라서 $p(x)$는 확률질량함수의 두 가지 조건을 모두 만족하므로 확률질량함수가 된다.

다시 동전을 두 번 던지는 실험으로 돌아가서 앞면의 개수가 0개 이상이고, 1개 이하일 확률을 구해보자. 앞면의 수 X가 가질 수 있는 값들 중에서 0 이상이고, 1 이하인 경우는 0과 1뿐이며, $X=0$인 사건과 $X=1$인 사건이 서로 배반이므로

$$P(0 \le X \le 1) = P(X=0 \text{ or } X=1) = P(X=0) + P(X=1)$$

$$= p(0) + p(1) = \frac{3}{4}$$

이다. 즉, X가 1 이하의 값을 가질 확률은 X가 가질 수 있는 값 중에서 1 이하인 것에 대응하는 확률질량함수의 값들을 더한 것과 같으며, 식으로 표현하면

$$P(0 \le X \le 1) = \sum_{y \in [0,1] \cap X(S)} p(y)$$

과 같다. 일반적으로 우리는 이산확률변수에 대한 여러 가지 확률들을 확률질량함수로부터 다음과 같이 계산할 수 있다.

이산확률변수의 확률

임의의 집합 $A \subset \mathbb{R}$에 대하여, 이산확률변수 X가 A에 속하는 값을 가질 확률은

$$P(X \in A) = \sum_{y \in A \cap X(S)} p(y)$$

이다. 여기서, $p(x)$는 X의 확률질량함수이다.

또한 이산확률변수 X의 확률질량함수 $p(x)$를 알면, 임의의 실수 x에 대하여 X가 x보다 작거나 같은 값을 가질 확률은

$$P(X \leq x) = \sum_{y \leq x, y \in X(S)} p(y)$$

처럼 구할 수 있다. 즉 $P(X \leq x)$는 X가 가질 수 있는 가장 작은 값부터 x까지 해당하는 확률질량함수의 값을 누적해서 더한 것이다. 그러므로 함수 $F(x)$을

$$F(x) = P(X \leq x), \ \ x \in \mathbb{R}$$

라고 정의하면, X가 이산확률변수인 경우

$$F(x) = \sum_{y \leq x, y \in X(S)} p(y), \ \ x \in \mathbb{R}$$

이 성립하고, 보통 $F(x)$를 X의 누적분포함수(cumulative distribution function)라고 부른다.

앞에서 다룬 동전을 두 번 던지는 실험에서 앞면의 개수 X의 누적분포함수를 구하면 다음과 같으며, [그림 4-2]는 이를 그림으로 그린 것이다.

$$F(x) = \begin{cases} 0, & x < 0 \\ 1/4, & 0 \leq x < 1 \\ 3/4, & 1 \leq x < 2 \\ 1, & 2 \leq x \end{cases}$$

[그림 4-2] 두 개의 동전을 던지는 실험에서 X의 누적분포함수

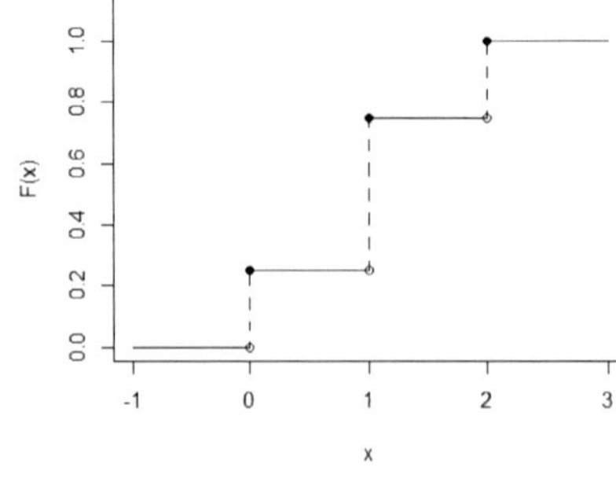

[그림 4-2]을 보면 $F(x)$의 그래프는 오른쪽으로 가면서 증가하는 계단형태임을 알 수 있는데, 이는 이산확률변수의 누적분포함수의 큰 특징이다. 그리고 x가 0, 1, 2일 때에만 $F(x)$는 불연속이며, 이 때 확률질량함수 $p(x)$는

$$p(x) = F(x) - \lim_{y \to x^-} F(y), \quad x = 0, 1, 2$$

임을 알 수 있다. 여기서 $\lim_{y \to x^-} F(y)$는 x에서의 함수 F의 좌극한 값을 의미한다. 예를 들어, $x = 1$에서의 누적분포함수값은

$$F(1) = \frac{3}{4} = P(X \leq 1)$$

이고, 좌극한 값은

$$\lim_{y \to 1} F(y) = \frac{1}{4} = P(X < 1)$$

이 된다. 그러므로

$$F(1) - \lim_{y \to 1^-} F(y) = \frac{3}{4} - \frac{1}{4} = \frac{2}{4} = p(1)$$

이 성립한다. 일반적으로 이산확률변수의 누적분포함수는 0부터 시작하여 1까지 오른쪽으로 가면서 올라가는 계단형태이며, $x \in X(S)$에서만 불연속이다. 그리고 확률질량함수는

$$p(x) = F(x) - \lim_{y \to x^-} F(y), \quad x \in X(S)$$

처럼 누적분포함수를 이용하여 계산할 수 있다. 이처럼 확률질량함수를 알면 누적분포함수를 계산할 수 있고, 누적분포함수를 알면 확률질량함수를 구할 수 있다.

예제 4-2

두 개의 주사위를 던져 나오는 눈금의 합을 확률변수 X라고 하자.

(1) 확률변수 X의 확률분포표를 구하여라.

(2) $x = 3, 5$에서의 누적분포함수값을 구하여라.

(3) $P(3 < X \leq 5)$를 구하여라.

풀이 4-2

두 개의 주사위를 던지는 실험에서 나올 수 있는 총 경우의 수는 36개이고, 각각의 경우가 나올 가능성은 동일하다. 두 눈의 합이 가질 수 있는 값의 범위는 2부터 12까지이며, 36개의 결과 중 두 눈의 합이 2가 되는 경우는 한 가지뿐이므로 $X=2$일 확률은 1/36이다. 마찬가지로 나머지 값들에 대해서도 경우의 수를 세어 확률을 계산하면, 다음과 같은 확률분포표를 작성할 수 있다.

x	2	3	4	5	6	7	8	9	10	11	12
$P(X=x)$	1/36	2/36	3/36	4/36	5/36	6/36	5/36	4/36	3/36	2/36	1/36

(2) 누적분포함수와 확률질량함수의 관계를 이용하면

$$F(3)=p(2)+p(3)=\frac{3}{36},\quad F(5)=p(2)+p(3)+p(4)+p(5)=\frac{10}{36}$$

과 같이 계산할 수 있다.

(3) 확률과 확률질량함수의 관계를 이용하면 구하고자 하는 확률은

$$P(3<X\leq 5)=p(4)+p(5)=\frac{7}{36}$$

이다. 참고로 (2)번의 풀이과정을 보면

$$P(3<X\leq 5)=P(X\leq 5)-P(X\leq 3)=F(5)-F(3)=\frac{7}{36}$$

과 같이 확률을 구할 수도 있다.

4.4 연속확률변수의 확률분포

이산확률변수의 확률분포는 확률질량함수와 확률막대그림을 이용하여 표현할 수 있음을 앞 절에서 배웠다. 그러나 연속확률변수는 모든 실수 x에 대하여 확률변수 X가 x일 확률이 0이므로 확률질량함수를 통해서 확률분포를 표현할 수 없다. 하지만 이산확률변수의 확률막대그림이 2장에서 배운 상대도수 막대그림과 같은 개념임을 고려하면, 연속확률변수의 확률분포는 히스토그램으로 설명할 수 있지 않을까라고 생각할 수 있다. 이 절에서는 연속확률변수의 확률분포를 나타낼 수 있는 방법에 대해서 알아보기로 한다.

이를 위해 먼저 제2장에서 살펴본 전력사용량 자료에 대한 도수분포표를 다음과 같이 계급의 폭을 150KW로 변형시켜 다시 작성하고, 이 표를 바탕으로 히스토그램을 그려보자.

〈표 4-3〉 전력사용량에 대한 도수분포표

전 력 사 용 량	가구수	상대도수
0KW ≤ 전력사용량 < 150KW	11	0.11
150KW ≤ 전력사용량 < 300KW	52	0.52
300KW ≤ 전력사용량 < 450KW	31	0.31
450KW ≤ 전력사용량 < 600KW	6	0.06
	100	1

[그림 4-3] 전력사용량 자료의 히스토그램

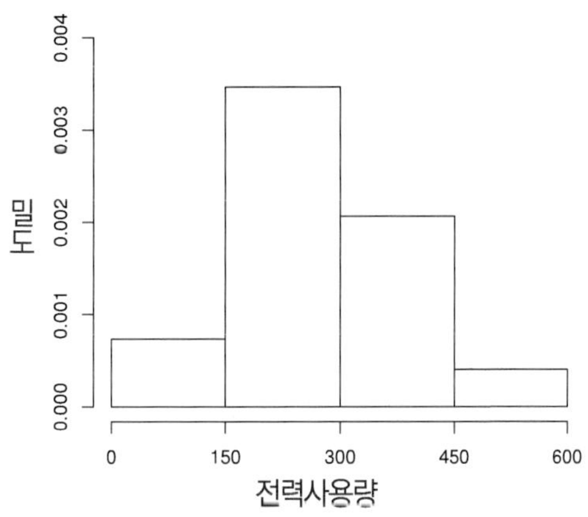

[그림 4-3]의 히스토그램은 상대도수를 이용하여 그린 히스토그램으로 각각의 사각형의 넓이는 전력사용량이 해당 계급에 속할 비율과 같은 값이다. 사각형의 넓이 총 합은 1이며, 이 히스토그램을 이용하면 전력사용량이 300KW 이상 600KW 미만일 비율은 4개의 사각형 중 오른쪽 2개의 넓이의 합인 0.37과 같음을 계산할 수 있다. 이 그림과 제2장의 [그림 2-1]에 주어진 히스토그램을 비교하면, 전력사용량이 같은 구간에 속할 비율, 예를 들면 300KW 이상 600KW 미만의 구간에 속할 비율은 0.37로 같은 값이지만, [그림 2-4]의 히스토그램이 [그림 4-3]의 히스토그램보다 같은 구간에 해당하는 사각형의 개수가 더 많고, 사각형의 폭이 좁다는 것을 알 수 있다. 이는 [그림 4-3]은 계급의 폭이 150KW으로 넓고, [그림 2-4]는 계급의 폭이 100KW로 좁기 때문이다. 이처럼 계급의 폭을 150KW, 100KW, 50KW로 줄여나가면 다음 그림의 왼쪽에서 오른쪽 방향으로 히스토그램이 변해갈 것이다.

[그림 4-4] 전력사용량 자료에 대한 여러 형태의 히스토그램

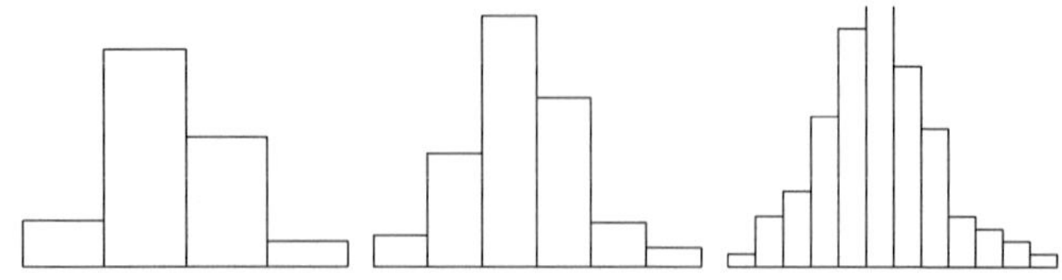

그럼 계급의 폭을 0에 가깝도록 세분하면 어떻게 될까? 히스토그램이 어떤 곡선에 가까워지고, 이 곡선의 아래 부분의 전체 넓이는 1일 것임을 짐작할 수 있다. 그리고 앞에서 그린 히스토그램처럼 곡선과 $x=300$부터 $x=600$까지의 구간에 해당하는 부분의 넓이는 전력사용량이 이 구간에 속할 비율 0.37과 같은 값을 가짐을 예상할 수 있을 것이다.

연속확률변수의 경우 상대도수 대신 확률을 이용하여 히스토그램을 그릴 수 있다. 이 때 계급을 점점 더 세분하여 계급의 폭이 0이 되도록 줄이면, 확률히스토그램의 극한에 해당하는 함수 $f(x)$를 얻을 수 있다. 보통 이 함수를 확률밀도함수(probability density function)라고 부르며, 일반적으로 다음과 같이 정의한다.

확률밀도함수

연속확률변수 X에 대하여

(1) 모든 실수 x에 대하여 $f(x) \geq 0$이고, $\int_{-\infty}^{\infty} f(x)dx = 1$이며,

(2) $a \leqq b$인 임의의 실수 a와 b에 대하여

$$P(a \leqq X \leqq b) = \int_a^b f(x)dx$$

을 만족하는 함수 $f(x)$가 존재한다. 이 때, 함수 $f(x)$를 확률변수 X의 확률밀도함수라고 한다.

확률밀도함수의 정의에 있는 (1)번 조건은 제4.3절에서 살펴 본 확률질량함수의 특성과 같으며, (2)번 조건은 이산확률변수의 확률을 확률질량함수의 합으로 계산하는 것과 유사하다. 이렇듯 연속확률변수의 확률밀도함수는 이산확률변수의 확률질량함수에 해당하는 개념이므로, 확률밀도함수의 값 $f(x)$는 연속확률변수 X가 x의 값을 가질 가능성이라고 해석한다. 즉 확률밀도함수 $f(x)$의 그래프를 그렸을 때, 그래프의 높이가 높은 부분은 X가 그 부분의 값을 가질 가능성이 높고, 그래프의 높이가 낮은 부분은 X가 그 부분의 값을 가질 가능성이 낮음을 의미한다. 그리고 이산확률변수의 경우와 마찬가지로 조건 (1)은 함수 $f(x)$가 어떤 확률변수의 확률밀도함수가

되기 위한 충분조건이다.

또한 조건 (2)번에 의하면, 연속확률변수 X가 a 이상 b 이하의 값을 가질 확률은 이차원 좌표평면에 확률밀도함수 그래프를 그렸을 때 $y=f(x)$, 두 수직선 $x=a$, $x=b$, 그리고 수평선 $y=0$에 의해서 만들어지는 도형의 넓이와 같다. 이에 대한 이해를 돕기 위하여 간단한 예를 들어보기로 한다. 배차 간격이 5분인 지하철을 타고 등교하는 학생이 있다. 이 학생이 3분 이상 지하철을 기다리게 될 확률은 얼마나 될까? 편의상 지하철은 8시 30분과 35분에 출발하며, 학생은 8시 30분과 35분 사이에 랜덤하게 도착한다고 가정한다. 따라서 학생이 전철을 타기 위해 기다리는 시간 X는 구간 $[0, 5]$안의 모든 값을 가질 수 있으며, 그 가능성 또한 동일하다. 확률밀도함수의 조건 (1)에 의하면,

$$f(x)=\begin{cases} \frac{1}{5}, & 0 \leqq x \leqq 5 \\ 0, & x<0 \text{ or } x>5 \end{cases}$$

가 X의 확률밀도함수가 됨을 유도할 수 있다. 그러므로 학생이 3분 이상 기다릴 확률은 확률밀도함수의 조건 (2)에 의해

$$P(X \geqq 3)=\int_3^{\infty} f(x)dx=\int_3^5 \frac{1}{5}dx=\frac{2}{5}$$

이 되고, 다음에 주어진 [그림 4-5]에서 회색으로 색칠된 사각형의 넓이 $2 \times 1/5$와 같다.

[그림 4-5] 3분 이상 지하철을 기다리는 확률

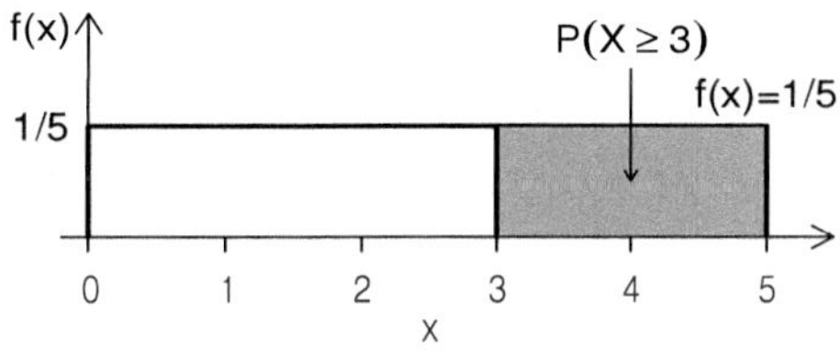

예제 4-3

다음은 한 대학의 전산실습실에서 조사한 학생들의 1회 컴퓨터 이용시간에 대한 확률밀도함수를 그림으로 나타낸 것이다. 그리고 0.3935, 0.2387, …의 숫자는 시간을 30분 간격으로 나누었을 때, 컴퓨터 이용시간이 각각의 시간 구간에 속할 확률을 뜻한다. 이 때 다음의 확률을 구하라.

(1) 1회 이용시간이 150분 이상이 될 확률은 얼마인가?

(2) 1회 이용시간이 30분에서 90분 사이일 확률은 얼마인가?

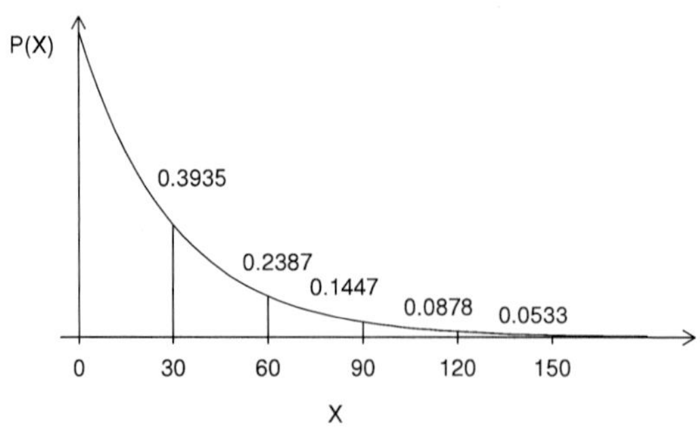

풀이 4-3

(1) 연속확률분포에서 전체 확률의 합, 즉 면적의 합은 1이므로

$$P(X \geq 150) = 1 - P(X < 150) = 1 - (0.3935 + \cdots + 0.0533) = 0.082$$

이 된다.

(2) 그리고 컴퓨터 이용시간이 30분과 90분 사이일 확률은

$$\begin{aligned} P(30 \leq X \leq 90) &= P(30 \leq X \leq 60) + P(60 < X \leq 90) \\ &= 0.2387 + 0.1447 = 0.3834 \end{aligned}$$

이다.

이제 연속확률변수의 누적분포함수를 구해보자. 연속확률변수 X의 확률밀도함수가 $f(x)$라고 하면, 확률밀도함수의 정의로부터 X의 누적분포함수는

$$F(x) = P(X \leq x) = \int_{-\infty}^{x} f(y)dy, \ \ x \in \mathbb{R}$$

이 된다. 따라서 앞에서 다룬 지하철 예제에서 학생이 지하철을 기다리는 시간 X의 누적분포함수는

$$F(x) = \begin{cases} 0, & x < 0 \\ \dfrac{x}{5}, & 0 \leq x \leq 5 \\ 1, & x > 5 \end{cases}$$

과 같이 구할 수 있다.

연속확률변수가 특정 구간에 속할 확률을 계산할 때 확률밀도함수 대신 누적분포함수를 이용할 수 있다. 예컨대 지하철 예제에서 X가 1 이상 3 이하일 확률은 확률밀도함수로부터

$$P(1 \leqq X \leqq 3) = \int_{1}^{3} \frac{1}{5} dx = \frac{2}{5}$$

처럼 계산할 수도 있고, [그림 4-6]에서와 같이 누적분포함수를 이용하여

$$P(1 \leqq X \leqq 3) = P(X \leqq 3) - P(X \leqq 1) = F(3) - F(1) = \frac{3}{5} - \frac{1}{5} = \frac{2}{5}$$

로 구할 수도 있다.

[그림 4-6] 누적확률분포와 확률

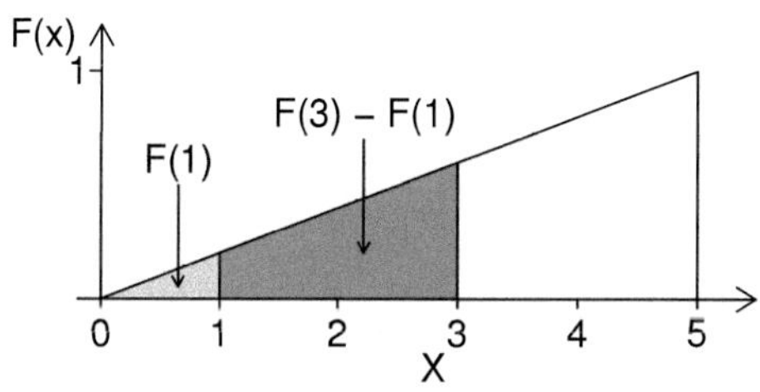

앞 절에서 이산확률변수의 확률질량함수를 누적분포함수로부터 구할 수 있음을 확인한 바 있다. 마찬가지로 연속확률변수의 확률밀도함수도 누적분포함수를 이용하여 구할 수 있다. 누적분포함수가 임의의 실수 x에 대해

$$F(x) = \int_{-\infty}^{x} f(y) dy$$

을 만족하므로, 미적분의 기본정리에 의해 확률밀도함수는 누적분포함수의 도함수와 같다. 즉, 거의 모든 점 x에서

$$f(x) = \frac{d}{dx} F(x)$$

이다.

예제 4-4

다음 함수가 확률밀도함수가 되기 위한 실수 a를 구하여라. 그리고 $f(x)$에 대응하는 누적분포함수를 구하여라.

$$f(x) = ax, \ 0 \leqq x \leqq 2$$

풀이 4-4

먼저 $0 \leqq x \leqq 2$를 만족하는 모든 x에 대하여 $f(x) \geqq 0$이어야 하므로 $a \geqq 0$이다. 그리고

$$\int_{-\infty}^{\infty} f(x)dx = \int_{0}^{2} axdx = \left[\frac{a}{2}x^2\right]_0^2 = 2a = 1$$

이므로, $a = \frac{1}{2}$일 때 $f(x)$가 확률밀도함수가 된다.

이 경우 누적분포함수는

$$F(x) = \int_{-\infty}^{x} f(y)dy = \begin{cases} 0, & x < 0 \\ \frac{x^2}{4}, & 0 \leqq x \leqq 2 \\ 1, & 2 < x \end{cases}$$

이 된다.

4.5 확률변수의 기댓값

지금까지 확률변수를 정의하고, 확률변수가 가지는 확률분포에 대해 알아보았다. 이제 확률분포의 특징을 나타내는 대푯값인 확률변수의 기댓값과 분산에 대해 알아보고자 한다.

먼저 동전을 두 번 던지는 예제를 다시 생각해보자. 여기에서 앞면의 수 X에 대해 확률변수 X가 가질 수 있는 값들과 이에 대응하는 확률질량함수 값을 각각 곱한 후 모두 더하면,

$$0 \times \frac{1}{4} + 1 \times \frac{2}{4} + 2 \times \frac{1}{4} = 1$$

이 된다. 이 값은 X가 가질 수 있는 값들 0, 1, 2 중에서 가운데에 위치하는 값이며, 제2장에서 배운 자료의 표본평균과 비슷하다. 그러므로 여기서 계산한 1을 확률변수 X의 평균(mean) 또는 기댓값(expected value)이라고 부르며, X의 확률분포에서 가운데 중심위치를 의미하는 대푯값으로 사용한다. 일반적으로 확률변수 X의 기댓값은 $E(X)$라고 표기하고, X가 이산확률변수인 경우 기댓값 $E(X)$는 다음처럼 정의한다.

이산확률변수의 기댓값

X가 이산확률변수이고 $p(x)$가 X의 확률질량함수라고 하자. 만약

$$\sum_{x \in X(S)} |x| p(x) < \infty$$

이면, X의 기댓값이 존재하고 이 경우 X의 기댓값은 다음과 같다.

$$E(X) = \sum_{x \in X(S)} x p(x)$$

연속확률변수의 기댓값도 이와 유사하게 정의할 수 있다.

연속확률변수의 기댓값

연속확률변수 X의 확률밀도함수가 $f(x)$이고,

$$\int_{-\infty}^{\infty} |x| f(x) dx < \infty$$

라 가정하자. 그러면 X의 기댓값이 존재하고, 다음과 같은 값을 가진다.

$$E(X) = \int_{-\infty}^{\infty} x f(x) dx$$

예제 4-5

확률변수 X의 확률밀도함수가 다음과 같을 때, X의 기댓값을 구하여라.

$$f(x) = \frac{x}{2}, \quad 0 \leq x \leq 2$$

풀이 4-5

기댓값의 정의에 따라

$$E(X) = \int_{-\infty}^{\infty} x f(x) dx = \int_{0}^{2} x \times \frac{x}{2} dx = \left[\frac{x^3}{6} \right]_0^2 = \frac{2^3}{6} - \frac{0^3}{6} = \frac{4}{3}$$

과 같이 X의 기댓값을 계산할 수 있다.

확률변수 X가 주어졌을 때, X 자체보다 X^2과 같이 확률변수의 함수에 더 관심을 갖는 경우도 있다. 이 때 X가 표본공간에서 정의된 실함수이고, X^2은 X와 함수 $g(x) = x^2$의 합성함수로 표현할 수 있으므로 X^2 또한 표본공간을 정의역으로 하는 실함수가 된다. 즉, X^2도 확률

변수이므로 우리는 X^2의 확률분포와 기댓값을 구할 수 있다. X^2의 확률분포는 X의 확률분포와 깊은 관계를 가지고 있으므로 다음과 같은 방식으로 X^2의 기댓값을 구할 수도 있다.

확률변수의 함수의 기댓값

확률변수 X와 실함수 $g:\mathbb{R}\rightarrow\mathbb{R}$ 이 주어졌을 때, $g(X)$도 확률변수가 되며, 이 때 $g(X)$의 기댓값 $E\{g(X)\}$는 다음처럼 계산할 수 있다.

(1) X가 이산확률변수이고 $p(x)$가 X의 확률질량함수이면

$$E\{g(X)\}=\sum_{x\in X(S)} g(x)p(x),$$

(2) X가 연속확률변수이고 $f(x)$가 X의 확률밀도함수이면

$$E\{g(X)\}=\int_{-\infty}^{\infty} g(x)f(x)dx.$$

이로부터 우리는 기댓값이 다음과 같은 성질을 가짐을 어렵지 않게 유도할 수 있다.

기댓값의 성질

확률변수 X가 주어졌을 때, 임의의 두 실수 a, b에 대하여

$$E(a\times X+b)=a\times E(X)+b$$

이다. 일반적으로 두 함수 $g(x)$와 $h(x)$에 대해서

$$E\{a\times g(X)+b\times h(X)\}=a\times E\{g(X)\}+b\times E\{h(X)\}$$

이 성립한다.

자 이제 확률변수의 분산(variance)을 정의하자.

확률변수의 분산

확률변수 X의 분산은 $V(X)$라고 표기하며, 다음과 같이 정의된다.

$$V(X)=E\{(X-\mu)^2\}$$

여기서 μ는 X의 기댓값 $E(X)$를 뜻한다.

확률변수의 분산은 제2장에서 배운 자료의 표본분산과 유사한 개념으로 확률분포가 퍼져있는 정도를 나타내는 대푯값이다. 또한 표본표준편차처럼 확률변수의 표준편차 $sd(X)$도

$$sd(X)=\sqrt{V(X)}$$

와 같이 정의할 수 있으며, 이는 확률변수가 평균으로부터 떨어져 있는 평균 거리를 의미한다.

이제 동전 예제에서 앞면의 개수 X에 대한 분산을 계산해보자. X의 기댓값이 1이므로, 분산

의 정의로부터 다음처럼 계산할 수 있다.

$$V(X) = E\{(X-1)^2\}$$
$$= (0-1)^2 \times \frac{1}{4} + (1-1)^2 \times \frac{2}{4} + (2-1)^2 \times \frac{1}{4} = \frac{1}{2}$$

확률변수의 분산을 구할 때 앞의 예제처럼 정의를 이용하면, 계산이 복잡한 경우가 많다. 다음에 소개하는 방법을 이용하면 분산을 조금 편리하게 계산할 수 있다. 앞서 배운 기댓값의 성질을 이용하면 X의 분산은

$$V(X) = E\{(X-\mu)^2\} = E(X^2 - 2\mu X + \mu^2) = E(X^2) - 2\mu \times E(X) + \mu^2$$

과 같이 쓸 수 있고, $E(X) = \mu$이므로

$$V(X) = E(X^2) - \{E(X)\}^2$$

을 만족한다. 이 공식은 분산을 계산할 때 많이 사용하며, 이를 활용하면 확률분포를 몰라도 확률변수에 대한 두 가지 기댓값 $E(X)$와 $E(X^2)$만 알면 분산을 계산할 수 있다.

이 외에도 확률변수의 분산은 몇 가지 성질을 더 만족하는데, 대표적인 것을 정리하면 다음과 같다.

분산의 성질

(1) 확률변수 X의 분산은 0 이상이다. 즉 $V(X) \geq 0$이다.

(2) 확률변수 X의 분산이 0이면,

$$P(X=a) = 1$$

을 만족하는 실수 a가 존재한다.

(3) 확률변수 X가 주어졌을 때, 임의의 실수 a, b에 대해

$$V(aX+b) = a^2 \times V(X)$$

가 성립한다.

첫 번째와 두 번째 성질은 분산의 정의로부터 바로 얻을 수 있다. 그리고 세 번째 성질은 분산의 정의와 기댓값의 성질을 활용하면 증명할 수 있고, 이는 연습문제로 남긴다. 또한 세 번째 성질로부터

$$sd(aX+b) = |a| \times sd(X)$$

이 성립함을 바로 알 수 있다.

확률변수 X의 기댓값을 μ, 표준편차를 σ라고 하자. 만약 $\sigma > 0$이면,

$$Z = \frac{X - \mu}{\sigma}$$

와 같이 X로부터 새로운 확률변수를 정의할 수 있다. 확률변수 Z의 기댓값과 분산을 구하면,

$$E(Z) = E\left(\frac{X-\mu}{\sigma}\right) = E\left(\frac{1}{\sigma} \times X - \frac{\mu}{\sigma}\right) = \frac{1}{\sigma} \times E(X) - \frac{\mu}{\sigma} = 0$$

$$V(Z) = V\left(\frac{1}{\sigma} \times X - \frac{\mu}{\sigma}\right) = \frac{1}{\sigma^2} \times V(X) = 1$$

임을 알 수 있다. 그러므로 보통 Z를 표준화 변수라고 부른다.

예제 4-6

(예제 4-2)에 주어진 확률변수 X, 즉 두 개의 주사위를 던져서 나오는 눈금의 합에 대한 기댓값과 분산을 구하여라.

풀이 4-6

(예제 4-2)에서 구한 확률분포표를 이용하면 기댓값은

$$E(X) = \sum_{x=2}^{12} xp(x) = 2 \times \frac{1}{36} + 3 \times \frac{2}{36} + \cdots + 12 \times \frac{1}{36} = 7$$

이다. 그러므로 분산은 정의에 의해

$$\begin{aligned} V(X) &= \sum_{x=2}^{12} (x-7)^2 p(x) \\ &= (2-7)^2 \times \frac{1}{36} + (3-7)^2 \times \frac{2}{36} + \cdots + (12-7)^2 \times \frac{1}{36} \\ &= 5.8333 \end{aligned}$$

과 같이 구할 수 있다.

예제 4-7

(예제 4-4)에 주어진 확률변수의 분산을 구하여라.

풀이 4-7

X의 확률밀도함수가 $f(x)=\frac{x}{2}$, $0 \le x \le 2$이므로

$$E(X^2)=\int_0^2 x^2 \times \frac{x}{2}dx=\left[\frac{x^4}{8}\right]_0^2=2$$

가 된다. (예제 4-4)에서 구한 것처럼 $E(X)=4/3$이므로 X의 분산은

$$V(X)=E(X^2)-\{E(X)\}^2=2-\left(\frac{4}{3}\right)^2=\frac{2}{9}$$

이다.

4.6 두 확률변수의 결합분포

이제까지 한 개의 확률변수만을 고려하였으나, 하나의 표본공간에 두 개 이상의 확률변수를 정의할 수 있다. 예를 들어 동전을 두 번 던지는 실험에서 앞면의 개수 X뿐만 아니라 다음과 같은 확률변수 Y와 Z도 고려할 수 있다.

$$Y=\begin{cases}1, & \text{첫 번째 결과가 앞면일 때}\\0, & \text{그렇지 않을 때}\end{cases}$$

$$Z=\begin{cases}1, & \text{두 번째 결과가 앞면일 때}\\0, & \text{그렇지 않을 때}\end{cases}$$

확률변수 X의 확률분포는 <표 4-2>에 주어져 있고, Y의 확률분포를 구하면 다음과 같으며, Z의 확률분포는 Y의 확률분포와 동일하다.

〈표 4-4〉 Y의 확률분포

y	0	1	합
$P(Y=y)$	1/2	1/2	1

이들로부터 $P(X=1)=1/2$이고 $P(Y=1)=1/2$임을 알 수 있다. 그럼 두 확률변수 X와 Y

가 동시에 1일 확률, 즉 $P(X=1, Y=1)$은 얼마일까? $X=1$인 경우와 $Y=1$인 경우를 각각 구하면

$$\{w \in S \mid X(w)=1\} = \{(\text{앞면}, \text{뒷면}), (\text{뒷면}, \text{앞면})\},$$
$$\{w \in S \mid Y(w)=1\} = \{(\text{앞면}, \text{앞면}), (\text{앞면}, \text{뒷면})\}$$

이다. 그러므로

$$\{w \in S \mid X(w)=1\} \cap \{w \in S \mid Y(w)=1\} = \{(\text{앞면}, \text{뒷면})\}$$

이 성립하고, 따라서 구하고자 하는 확률은

$$P(X=1, Y=1) = P(\{(\text{앞면}, \text{뒷면})\}) = \frac{1}{4}$$

이다. 마찬가지로 X, Y가 가질 수 있는 모든 값들에 대해 확률

$$P(X=x, Y=y),\ \ x=0,1,2,\ \ y=0,1$$

을 계산하여 표로 정리하면 다음과 같다.

〈표 4-5〉 **확률** $P(X=x, Y=y)$

		x			합
		0	1	2	
y	0	1/4	1/4	0	1/2
	1	0	1/4	1/4	1/2
합		1/4	2/4	1/4	1

이와 같이 두 개 이상의 확률변수가 동시에 어떤 값들을 가질 확률을 합이 1인 0 이상의 실수로 나타낸 것을 결합확률분포(joint probability distribution)라고 한다. 바로 앞에서 본 것처럼 고려 중인 두 확률변수 X와 Y가 모두 이산확률변수인 경우에는

$$p(x, y) = P(X=x, Y=y),\ \ x \in X(S),\ \ y \in Y(S)$$

처럼 정의되는 결합확률질량함수(joint probability mass function) $p(x, y)$를 이용하여 결합확률분포를 나타낼 수 있다. 여기서 $X(S)$와 $Y(S)$는 각각 확률변수 X와 Y가 가질 수 있는 값들의 집합을 뜻한다.

그리고 두 확률변수가 모두 연속확률변수인 경우에는 결합확률밀도함수(joint probability density function) $f(x, y)$를 이용하여 결합확률분포를 표현하며, 결합확률밀도함수 $f(x, y)$는 다음 조건을 만족한다.

결합확률밀도함수

(1) 모든 실수 x, y에 대하여 $f(x,y) \geq 0$이고,

$$\int_{-\infty}^{\infty}\int_{-\infty}^{\infty} f(x,y)dxdy = 1$$

이다.

(2) $a \leqq b$, $c \leqq d$인 임의의 실수 a, b, c, d에 대하여

$$P(a \leqq X \leqq b, c \leqq Y \leqq d) = \int_c^d\int_a^b f(x,y)dxdy$$

이 성립한다.

<표 4-5>를 보면 X와 Y의 결합확률질량함수로부터

$$p_1(x) = \sum_{y=0}^{1} p(x,y) = \sum_{y=0}^{1} P(X=x, Y=y), \ \ x=0,1,2$$

$$p_2(y) = \sum_{x=0}^{2} p(x,y) = \sum_{x=0}^{2} P(X=x, Y=y), \ \ y=0,1$$

의 두 가지 함수를 얻을 수 있는데, $p_1(x)$와 $p_2(y)$는 각각 X와 Y의 확률질량함수와 같음을 알 수 있다. 보통 $p_1(x)$과 $p_2(y)$를 각각 X와 Y의 주변확률질량함수(marginal probability mass function)라고 부른다. 이렇듯 두 확률변수의 결합분포를 알면 확률변수 각각의 확률분포를 구할 수 있다. 그러나 확률변수 각각의 확률분포를 안다고 해서 두 확률변수의 결합분포는 구할 수 없으며, 추가로 다른 조건이 필요하다.

이제 Y와 Z의 결합확률분포를 구해보자. $Y=1$이고 동시에 $Z=1$인 경우는 (앞면, 앞면) 뿐이므로,

$$P(Y=1, Z=1) = P(\{(\text{앞면}, \text{앞면})\}) = \frac{1}{4}$$

이다. 이와 같은 방식으로 모든 $y=0,1$와 $z=0,1$에 대해 $P(Y=y, Z=z)$을 구하여 정리하면 다음과 같다.

〈표 4-6〉 Y와 Z의 결합확률분포

		y = 0	y = 1	합
z	0	1/4	1/4	1/2
	1	1/4	1/4	1/2
합		1/2	1/2	1

<표 4-6>을 살펴보면, 모든 y와 z에 대해

$$P(Y=y, Z=z) = P(Y=y) \times P(Z=z)$$

이 성립함을 알 수 있다. 이는 모든 y와 z에 대해 $Y=y$인 사건과 $Z=z$인 사건이 서로 독립임을 뜻하는 것이며, 따라서 두 확률변수 Y와 Z가 서로 독립이라고 말한다. 두 확률변수 X와 Y의 경우, <표 4-5>에 나타나 있듯이

$$P(X=0, Y=0) = \frac{1}{4} \neq \frac{1}{4} \times \frac{1}{2} = P(X=0) \times P(Y=0)$$

이므로 위 성질을 만족하지 못한다. 이런 경우, X와 Y는 서로 종속이라고 한다. 일반적으로 두 확률변수의 독립성은 다음처럼 정의한다.

두 이산확률변수의 독립성

두 이산확률변수 X와 Y의 결합확률질량함수를 $p(x, y)$라 하고, X와 Y에 대한 주변확률질량함수를 각각 $p_1(x)$, $p_2(y)$라고 하자. 만약 모든 x와 y에 대해

$$p(x,y) = p_1(x) \times p_2(y)$$

이면, X와 Y는 서로 독립이라고 한다.

이와 유사하게 X와 Y가 모두 연속확률변수이면, 결합확률밀도함수 $f(x,y)$가 모든 실수 x와 y에 대해

$$f(x,y) = f_1(x) \times f_2(y)$$

을 만족하면, 두 확률변수는 서로 독립이라고 정의한다. 여기서 $f_1(x)$와 $f_2(y)$는 주변확률밀도함수로 $f_1(x) = \int_{-\infty}^{\infty} f(x,y)dy$이고, $f_2(y) = \int_{-\infty}^{\infty} f(x,y)dx$이다.

서로 독립인 확률변수들에 대한 결합확률은 각각의 확률을 이용하여 구할 수 있다. 두 이산확률변수 X와 Y가 독립이면, 임의의 집합 $A, B \subset \mathbb{R}$에 대하여

$$P(X \in A, Y \in B) = \sum_{x \in A} \sum_{y \in B} p(x,y) = \sum_{x \in A} \sum_{y \in B} p_1(x) \times p_2(y)$$

$$= \sum_{x \in A} p_1(x) \times \sum_{y \in B} p_2(y) = P(X \in A) \times P(Y \in B)$$

이 성립하기 때문이다.

예제 4-8

흰 색과 검은 색 주사위 두 개를 동시에 던질 때, 두 확률변수를

$X =$ 흰 색 주사위에서 나오는 눈의 수

$Y = \begin{cases} 1, & \text{두 주사위에서 나오는 눈이 같을 때} \\ 0, & \text{두 주사위에서 나오는 눈이 다를 때} \end{cases}$

와 같이 정의하자.

(1) 두 확률변수 X와 Y는 서로 독립인가?

(2) $P(X \leq 3, Y=1)$을 구하여라.

풀이 4-8

(1) 먼저 X와 Y의 결합확률분포를 구하면 다음과 같다.

〈표 4-7〉 X와 Y의 결합확률분포

		x						합
		1	2	3	4	5	6	
y	0	5/36	5/36	5/36	5/36	5/36	5/36	5/6
	1	1/36	1/36	1/36	1/36	1/36	1/36	1/6
합		1/6	1/6	1/6	1/6	1/6	1/6	1

<표 4-7>에서 보듯이 모든 x와 y에 대해 $p(x,y) = p_1(x) \times p_2(y)$이 성립하므로, X와 Y는 서로 독립이다.

(2) $P(X \leq 3) = 3/6$, $P(Y=1) = 1/6$이고, 두 확률변수가 서로 독립이므로

$$P(X \leq 3, Y=1) = P(X \leq 3) \times P(Y=1) = \frac{3}{6} \times \frac{1}{6} = \frac{3}{36}$$

이 된다.

4.7 두 확률변수의 상관계수

두 확률변수 X, Y에 대해 $X+Y$나 XY와 같이 두 확률변수의 함수를 고려할 수 있는데, 이 역시 확률변수가 되며 기댓값을 정의할 수 있다. 그리고 제4.5절에서 확률변수의 함수의 기댓값처럼 X와 Y의 결합확률분포를 이용하여 직접 계산할 수 있다.

두 확률변수의 함수의 기댓값

두 확률변수 X와 Y가 모두 이산확률변수이고 $p(x,y)$를 결합확률질량함수로 가진다고 할 때, 임의의 함수 $g:\mathbb{R}^2 \to \mathbb{R}$에 대하여 다음이 성립한다.

$$E\{g(X,Y)\}=\sum_x \sum_y g(x,y)p(x,y)$$

마찬가지로 두 연속확률변수 X, Y의 결합확률밀도함수가 $f(x,y)$이면, $g(X,Y)$의 기댓값은

$$E\{g(X,Y)\}=\int_{-\infty}^{\infty}\int_{-\infty}^{\infty} g(x,y)f(x,y)dxdy$$

와 같이 계산할 수 있다.

이로부터 임의의 실수 a, b와 함수 g, h에 대해

$$E\{a\times g(X,Y)+b\times h(X,Y)\}=a\times E\{g(X,Y)\}+b\times E\{h(X,Y)\}$$

가 성립함을 알 수 있다. 앞 절에서 살펴본 동전을 두 번 던지는 실험에서 정의한 세 확률변수 X, Y, Z는 $X=Y+Z$를 만족한다. 그러므로

$$E(X)=E(Y+Z)=E(Y)+E(Z)$$

이 성립하게 되는데, 이는 $E(X)=1$, $E(Y)=E(Z)=1/2$로부터 바로 확인할 수 있다.

두 확률변수 X와 Y에 대한 함수 중에서 $(X-\mu_1)\times(Y-\mu_2)$를 고려하자. 여기서 μ_1과 μ_2는 각각 X와 Y의 기댓값을 의미한다. 만약 X가 μ_1보다 클 때 Y도 μ_2보다 크고, X가 μ_1보다 작을 때 Y가 μ_2보다 작을 가능성이 높으면, 곱 $(X-\mu_1)\times(Y-\mu_2)$이 양수일 가능성이 높으므로 곱의 기댓값은 양수일 것이다. 반대로 X와 Y가 자신의 평균으로부터 반대 위치에 있을 가능성이 높으면, 곱의 기댓값은 음수일 것이다. 그러므로 두 확률변수의 관계와 확률분포를 곱의 기댓값

$$E\{(X-\mu_1)\times(Y-\mu_2)\}$$

을 통해 대략적으로 파악할 수 있으며, 보통 이 값을 공분산(covariance)이라고 한다.

두 확률변수의 표준편차가 모두 양수일 때, 확률변수를 각각 표준화하여 구한 공분산을 상관

계수(correlation coefficient)라고 부른다. 이 값은 공분산과 동일한 부호를 가지므로 공분산과 마찬가지로 두 확률변수의 결합분포를 대략적으로 파악할 때 사용할 수 있다. 또한 상관계수는 항상 -1 이상, 1 이하의 값을 가지며, 두 확률변수가 어떤 직선 주위에 밀집되어 분포할 가능성이 높으면 상관계수의 절대값은 1에 가깝다. 따라서 공분산보다 두 확률변수의 관계를 파악할 때 좀 더 많이 사용된다.

두 확률변수의 공분산과 상관계수는 다음과 같은 관계를 가진다.

두 확률변수의 공분산과 상관계수

두 확률변수 X와 Y의 기댓값을 각각 μ_1, μ_2라 하고 표준편차를 각각 σ_1, σ_2라고 하자.

(1) X와 Y의 공분산은 다음과 같다.

$$Cov(X, Y) = E\{(X-\mu_1)\times(Y-\mu_2)\}$$

(2) $\sigma_1, \sigma_2 > 0$일 때, X와 Y의 상관계수는

$$Corr(X, Y) = E\left\{\left(\frac{X-\mu_1}{\sigma_1}\right)\times\left(\frac{Y-\mu_2}{\sigma_2}\right)\right\}$$

이다. 그리고 다음 관계가 성립한다.

$$Corr(X, Y) = \frac{Cov(X, Y)}{\sqrt{V(X)\times V(Y)}}$$

분산의 경우와 마찬가지로 기댓값의 성질을 이용하면,

$$\begin{aligned} Cov(X, Y) &= E\{(X-\mu_1)\times(Y-\mu_2)\} \\ &= E(XY-\mu_1 Y-\mu_2 X+\mu_1\mu_2) \\ &= E(XY)-\mu_1 E(Y)-\mu_2 E(X)+\mu_1\mu_2 \\ &= E(XY)-E(X)\times E(Y) \end{aligned}$$

의 공식을 얻을 수 있으며, 이를 이용하면 공분산을 편리하게 계산할 수 있다.

예제 4-9

동전을 두 번 던지는 실험에서 세 개의 확률변수

$X =$ 두 번의 결과 중 앞면의 수

$$Y = \begin{cases} 1, & \text{첫 번째 결과가 앞면일 때} \\ 0, & \text{그렇지 않을 때} \end{cases}$$

$$Z = \begin{cases} 1, & \text{두 번째 결과가 앞면일 때} \\ 0, & \text{그렇지 않을 때} \end{cases}$$

를 고려할 때, X와 Y의 공분산과 Y와 Z의 공분산을 구하여라.

풀이 4-9

<표 4-5>에 주어진 X와 Y의 결합분포로부터

$$E(X) = \sum_{x=0}^{2} x p_1(x) = 0 \times \frac{1}{4} + 1 \times \frac{2}{4} + 2 \times \frac{1}{4} = 1$$

$$E(Y) = \sum_{y=0}^{1} y p_2(y) = 0 \times \frac{1}{2} + 1 \times \frac{1}{2} = \frac{1}{2}$$

$$E(XY) = \sum_{x=0}^{2} \sum_{y=0}^{1} xyp(x,y) = 0 \times 0 \times \frac{1}{4} + \cdots + 2 \times 1 \times \frac{1}{4} = \frac{3}{4}$$

을 얻을 수 있다. 그러므로 X와 Y의 공분산은 다음과 같다.

$$Cov(X,Y) = E(XY) - E(X) \times E(Y) = \frac{3}{4} - 1 \times \frac{1}{2} = \frac{1}{4}$$

그리고 <표 4-6>에 주어진 Y, Z의 결합확률분포에서

$$E(YZ) = \frac{1}{4}, \quad E(Y) = E(Z) = \frac{1}{2}$$

임을 알 수 있고, 따라서

$$Cov(Y,Z) = \frac{1}{4} - \frac{1}{2} \times \frac{1}{2} = 0$$

이 된다.

이 예제에서 보듯이 두 확률변수가 Y와 Z와 같이 서로 독립이면 공분산은 0이 된다. 두 확률변수의 독립성과 기댓값의 성질을 이용하면

$$\begin{aligned} Cov(X, Y) &= E(XY) - E(X) \times E(Y) \\ &= \sum_x \sum_y xyp(x,y) - \sum_x xp_1(x) \times \sum_y yp_2(y) \\ &= \sum_x \sum_y xyp_1(x)p_2(y) - \sum_x \sum_y \{xp_1(x) \times yp_2(y)\} \\ &= 0 \end{aligned}$$

이기 때문이다. 그러나 일반적으로 공분산이 0이라고 해서 두 확률변수가 서로 독립인 것은 아니다.

이 외에도 공분산과 상관계수는 다음과 같은 성질을 만족한다. 이들은 모두 기댓값의 성질을 이용하면 증명할 수 있으며, 연습문제로 남긴다.

공분산과 상관계수의 성질

두 확률변수 X, Y와 임의의 실수 a, b, c, d에 대해

$$Cov(aX+b, cY+d) = ac \times Cov(X, Y)$$

이다. 그리고 만약 $ac \neq 0$이면,

$$Corr(aX+b, cY+d) = \begin{cases} Corr(X, Y), & ac > 0 \\ -Corr(X, Y), & ac < 0 \end{cases}$$

이 성립한다.

또한 분산과 공분산의 정의를 비교해보면,

$$Cov(X, X) = V(X)$$

임을 알 수 있다. 이로부터 기댓값의 성질을 이용하면 확률변수의 합과 차에 대한 분산의 공식을 유도할 수 있다.

확률변수의 선형결합의 분산

두 확률변수 X, Y와 임의의 실수 a, b에 대해

$$V(aX+bY) = a^2 \times V(X) + 2ab \times Cov(X, Y) + b^2 \times V(Y)$$

이 성립한다.

여기에 $a = b = 1$과 $a - 1, b = -1$을 각각 대입하면, 두 확률변수의 합과 차에 대한 분산의 공식

$$V(X+Y) = V(X) + 2Cov(X,Y) + V(Y)$$
$$V(X-Y) = V(X) - 2Cov(X,Y) + V(Y)$$

을 얻게 된다. 그리고 X와 Y가 서로 독립이면, 두 확률변수의 공분산이 0이므로

$$V(X \pm Y) = V(X) + V(Y)$$

이 성립한다.

04장 연습문제

01 다음의 $p(x)$들이 확률분포를 나타내는지 않는지를 결정하고, 그 이유를 설명하시오.

(1)

X	4	5	6	7
$P[X=x]$	0.120	0.253	0.217	0.410

(2)

X	0	1	2	3
$P[X=x]$	0.48	0.21	0.19	0.08

(3)

X	0	1	2	3	4	5
$P[X=x]$	$\frac{1}{5}$	$\frac{1}{5}$	$\frac{1}{5}$	$\frac{1}{5}$	$\frac{1}{5}$	$\frac{1}{5}$

(4) $p(x) = x,\ x = 0.1, 0.3, 0.6$

(5) $p(x) = \frac{1}{3},\ x = 1, 2, 3$

(6) $p(x) = x - 2.5,\ x = 2, 3$

(7) $p(x) = \frac{1}{2(2-x)!x!},\ x = 0, 1, 2$

02 어느 자동차 세차장은 비가 오는 날은 30만원의 손해를 보고, 그렇지 않은 날은 120만원의 이익을 얻는다고 한다. 비가 오는 확률이 0.15일 때 그 세차장의 기대이익을 구하시오.

03 어느 항공사는 출퇴근용 비행기가 빈자리가 하나도 없을 확률이 0.705, 1자리일 확률 0.115, 2자리일 확률 0.090, 세 자리일 확률이 0.090일 때 빈 좌석수의 평균과 표준편차를 구하시오.

04 연속확률변수 X의 확률밀도함수 $f(x)$가 다음과 같이 주어져 있다.

$$f(x) = \begin{cases} c(4x - 2x^2), & 0 < x < 2 \\ 0, & \text{그 밖의 경우} \end{cases}$$

(1) 상수 c의 값을 구하시오.

(2) $P[X > 1]$을 구하시오

(3) 확률변수 X에 대한 평균과 분산을 구하시오.

05 통계나라의 표본양이 확률나라의 랜덤군에게 시집을 갔다. 그런데, 확률나라에서는 자녀의 수를 제한하는 법률이 있다고 한다. 그 법률은 자식은 4명까지 가질 수 있지만, 아들을 한번 낳으면 더 이상 자식을 가질 수 없다고 한다. 이 경우에 이 부부가 가질 수 있는 자녀는 평균 몇 명이 되겠는가?

06 어떤 빌딩 앞에 한 대의 공중전화가 있어 이 전화를 이용하러 오는 사람에 대해 관찰하였다. 어떤 시각에 전화를 사용 중이거나 기다리는 사람이 n명일 확률 $p(n)$은 시간에 관계없이 다음과 같다.

$$p(n)=\begin{cases}\dfrac{1}{2^n}p(0), & 0 \le n \le 5 \\ 0 \quad , & n \ge 6\end{cases}$$

(1) $p(0)$의 값을 구하시오.

(2) 이 전화를 이용 중이거나 기다리는 사람의 수의 기댓값을 구하시오.

07 임의의 실수 a, b와 확률변수 X에 대하여 다음이 성립함을 증명하시오.

(1) $E(aX+b)=aE(X)+b$

(2) $V(aX+b)=a^2V(X)$

08 6개의 동일한 모양의 열쇠가 있는 열쇠꾸러미 중 금고를 열 수 있는 열쇠는 2개밖에 없다. 평균 몇 번의 시행을 거쳐 금고를 열 수 있겠는지 밝히시오.

09 3개의 출구가 있는 함정이 있다. 문 A를 선택하면 5시간만에, 문 C를 선택하면 15시간만에 함정에 다시 돌아오게 되고 문 B는 10시간만에 밖으로 무사히 탈출할 수 있다고 할 때 이 함정에서 밖으로 탈출하는 데 걸리는 시간의 평균과 분산을 구하시오.(단, 3개의 문중에서 어느 하나를 선택할 확률은 동일하다.)

10 X, Y, Z가 서로 독립인 확률변수이고 $A=\frac{1}{3}X+\frac{2}{3}Y+2Z$로 정의된 확률변수 A가 있다. 지금 $E(X)=0$, $E(Y)=16$, $E(Z)=25$, $V(X)=5$, $V(Y)=9$, 그리고 $V(Z)=7$일 때 확률변수 A의 평균과 분산을 구하시오.

11 두 확률변수 X, Y와 임의의 실수 a, b, c, d에 대해 다음이 성립함을 증명하시오.

(1) $Cov(aX+b, cY+d)=ac\times Cov(X,Y)$

(2) $Corr(aX+b, cY+d)=\begin{cases}Corr(X,Y), & ac>0 \\ -Corr(X,Y), & ac<0\end{cases}$

여러 이산확률분포

CONTENTS

5.1 서 론

앞 장에서 이산확률변수를 정의하고, 확률질량함수를 이용하여 이산확률변수의 확률분포를 나타내는 방법에 대해 알아보았다. 이 장에서는 통계학에서 많이 사용되는 대표적인 이산확률분포에 대해 살펴보고자 한다.

5.2 베르누이분포

축구시합을 시작할 때 주심은 동전을 한 번 던져 공격권과 진영을 선택하게 한다. 경기를 지켜보는 사람들 중에서 통계학을 공부하지 않은 사람들도 이 실험의 결과는 앞면 아니면 뒷면이 나오리라는 것을 알고 있다. 또 이미 두 면이 나올 가능성은 같다는 사실을 알고 있기 때문에 어려운 용어나 개념들을 배우지 않아도 그들의 머릿속에는 다음과 같은 확률분포가 그려지게 된다.

〈표 5-1〉 동전 던지기 실험에서의 X의 확률분포

x	0	1
$P(X=x)$	0.5	0.5

<표 5-1>은 동전을 던져서 나오는 결과에 숫자 1과 0을 다음처럼 대응시켜서 만든 확률변수

$$X=\begin{cases}1, & \text{앞면} \\ 0, & \text{뒷면}\end{cases}$$

의 확률분포를 정리한 것이다.

동전 던지기 실험 외에도 실험의 결과가 두 가지 값만을 갖는 경우는 많다. 예를 들어,

① 다가오는 입사시험에 합격할 수 있을까?

② 현재 사귀고 있는 여자 친구와 결혼할 수 있을까?

③ 내가 좋아하는 프로야구 선수가 타석에 들어섰을 때, 이 선수가 과연 나의 기대처럼 안타를 칠 수 있을까?

등의 문제는 모두 결과가 내가 기대하는 것과 기대하지 않는 것 두 가지 경우만 나타나게 된다. 이 때 우리는 이미 기대하는 결과가 나타날 가능성을 과거에 나타났던 정보, 주변 여건, 나름대로 갖고 있는 확신 등에 의해 정하기 마련이며, 동전 던지기 실험과는 다르게 두 가지 결과가 나타날 가능성을 다르게 가정하는 경우가 많다.

이와 같이 통계적 실험을 수행한 결과 두 가지의 가능한 결과만을 가지는 실험을 베르누이 시행(Bernoulli trial)이라고 하며, 보통 기대하는 결과를 “성공”, 나머지 다른 결과를 “실패”라고 한

다. 그리고 다음과 같이 정의되는 확률변수

$$X = \begin{cases} 1, & \text{성공} \\ 0, & \text{실패} \end{cases}$$

를 베르누이 확률변수라고 부른다. 만약 베르누이 시행에서 "성공"의 결과를 얻게 될 확률이 $p(0 \leq p \leq 1)$이면, 베르누이 확률변수 X의 확률분포는 다음과 같다.

〈표 5-2〉 **베르누이 확률변수의 확률분포**

x	0	1
$P(X=x)$	$1-p$	p

<표 5-2>에 주어진 확률분포를 성공확률이 p인 베르누이분포라고 하고, 보통 $B(1,p)$로 표기한다. 그리고 성공확률이 p인 베르누이분포의 확률질량함수는

$$p(x) = \begin{cases} p, & x=1 \\ 1-p, & x=0 \end{cases}$$

이다.

이제 베르누이분포의 평균과 분산을 구해보자. 이를 위해 확률변수 X가 성공확률이 p인 베르누이 분포를 따른다고 가정한다. 보통 X의 확률분포가 $B(1,p)$일 때, X가 $B(1,p)$분포를 따른다고 말하며, $X \sim B(1,p)$라고 표현한다.

먼저 X의 평균을 구하면, 이산확률변수의 기댓값의 정의에 따라

$$E(X) = \sum_{x=0}^{1} xp(x) = 0 \times (1-p) + 1 \times p = p$$

이다. 따라서 X의 분산은

$$\begin{aligned} V(X) &= E\{(X-p)^2\} = \sum_{x=0}^{1} (x-p)^2 p(x) \\ &= (0-p)^2(1-p) + (1-p)^2 p = p(1-p)\{p + (1-p)\} = p(1-p) \end{aligned}$$

이 된다.

예제 5-1

주사위를 한번 던져 나오는 눈의 수가 홀수이면 '성공' 그리고 짝수이면 '실패'라고 하자. 이 시행이 베르누이 시행임을 밝히고, 이에 해당하는 확률질량함수를 구하여라.

풀이 5-1

주사위를 한번 던져 나오는 눈은 홀수 아니면 짝수이며, 홀수와 짝수가 동시에 나올 가능성은 없다. 그리고 홀수가 나올 확률은 3/6이므로, 이 실험은 성공확률이 0.5인 베르누이 시행이 된다. 따라서 구하고자 하는 확률질량함수는

$$p(x) = 0.5, \;\; x = 0,1$$

이다.

5.3 이항분포

두 가지 결과만을 가지는 베르누이 시행을 반복하여 수행했을 때, 관심을 갖고 있는 사건이 일어나는 횟수의 확률분포에 대해 알아보자. 앞서 제4장에서 예제로 다루었던 동전을 두 번 던지는 실험에서의 앞면의 수에 대한 확률분포가 이에 해당한다. 동전을 두 번 던지는 실험은 첫 번째 동전을 던진 결과가 두 번째 결과에 영향을 미치지 않고, 첫 번째와 두 번째 실험에서 각각 앞면이 나올 확률이 같다는 특징을 가진다. 이와 같이 성공확률이 동일한 베르누이 시행을 독립적으로 반복하는 실험을 이항실험(binomial experiment)이라고 하며, 전체 시행 중 성공의 횟수를 이항확률변수(binomial random variable)라고 한다.

동전을 두 번 던지는 실험에서 앞면의 수를 X라고 하면, X는 이항확률변수가 되며, 제4장에서 알아본 것처럼 X의 확률분포는 다음과 같다.

〈표 5-3〉 **동전을 두 번 던지는 실험에서 앞면의 수 X의 확률분포**

x	0	1	2
$P(X=x)$	1/4	2/4	1/4

확률이 계산되는 원리를 알아보기 위해, 먼저 동전을 두 번 던졌을 때 첫 번째에 앞면이 나오는 사건을 A라 하고, 두 번째에 앞면이 나오는 사건을 B라고 하자. 이항실험의 특성에 따라 두 사건 A와 B는 서로 독립이고, $P(A) = P(B) = \dfrac{1}{2}$이다. 따라서 $X=2$인 사건은 $A \cap B$이므로 $X=2$일 확률은

$$P(X=2) = P(A \cap B) = P(A) \times P(B) = 1 \times \left(\frac{1}{2}\right)^2 = \frac{1}{4}$$

이다. $X=1$인 사건은 $A \cap B^c$와 $A^c \cap B$의 합사건과 같고, $A \cap B^c$와 $A^c \cap B$는 서로 배반이

다. 또한 A와 B^c은 서로 독립이고, A^c과 B도 독립사건이므로 $X=1$일 확률은

$$P(X=1)=P\{(A\cap B^c)\cup(A^c\cap B)\}=P(A\cap B^c)+P(A^c\cap B)$$

$$=P(A)\times P(B^c)+P(A^c)\times P(B)=2\times\frac{1}{2}\times\left(1-\frac{1}{2}\right)=\frac{2}{4}$$

과 같다. 마지막으로 $X=0$인 사건은 $A^c\cap B^c$이고, 두 사건 A^c와 B^c가 서로 독립이므로

$$P(X=0)=P(A^c\cap B^c)=P(A^c)\times P(B^c)=1\times\left(1-\frac{1}{2}\right)^2=\frac{1}{4}$$

이 성립한다. 일반적으로 동전을 두 번 던질 때 각각 앞면이 나올 확률을 p라고 하면, 즉 $P(A)=P(B)=p$이면, 위의 세 가지 확률은

$$P(X=0)=1\times(1-p)^2$$

$$P(X=1)=2\times p\times(1-p)$$

$$P(X=2)=1\times p^2$$

이 된다. 여기서 두 번째 $P(X=1)$의 식에서 우변 첫 번째 자리에 있는 숫자 2는 표본공간에 속하는 4가지 결과 중 $X=1$인 경우, 즉 (앞면,뒷면), (뒷면,앞면) 2개를 의미한다. 그리고 이는 앞면과 뒷면을 일렬로 나열하는 경우의 수와 같으므로 조합 $\binom{2}{1}$로 쓸 수 있다. 마찬가지로 $P(X=0)$과 $P(X=2)$의 계산식의 우변에 있는 숫자 1도 각각 $\binom{2}{0}$과 $\binom{2}{2}$로 나타낼 수 있다. 그러므로 위에 주어진 확률은 다음과 같이 표현할 수 있다.

$$P(X=x)=\binom{2}{x}\times p^x\times(1-p)^{2-x},\ \ x=0,1,2$$

이 식을 시행 횟수가 n인 이항실험의 경우로 확장하면 다음과 같은 확률분포를 얻을 수 있으며, 이를 이항분포(binomial distribution)라고 부른다.

이항분포

시행 횟수가 n이고 성공확률이 p인 이항실험에서 얻은 성공횟수를 X라고 하면, 확률변수 X의 확률질량함수는 다음과 같다.

$$p(x)=\binom{n}{x}\times p^x\times(1-p)^{n-x},\ \ x=0,1,\cdots,n$$

여기서 시행 횟수 n은 자연수이고, 성공확률 p는 $0\le p\le 1$을 만족한다.

이와 같이 정의된 확률분포를 $B(n,p)$라고 표기하고, 시행 횟수가 n이고 성공확률이 p인 이

항분포라고 부른다. 그리고 이산확률변수 X의 확률질량함수가 위에 주어진 $p(x)$와 같을 때, X는 시행 횟수가 n이고 성공확률이 p인 이항분포를 따른다고 하며 $X \sim B(n,p)$로 표기한다. 위에 주어진 함수 $p(x)$는 모든 x에 대해 $p(x) \geq 0$이고, 이항정리에 의해

$$\sum_{x=0}^{n} p(x) = \sum_{x=0}^{n} \binom{n}{x} p^x (1-p)^{n-x} = \{p + (1-p)\}^n = 1$$

을 만족함을 알 수 있다.

위 정의를 이용하여 동전을 세 번 던질 때 나오는 앞면의 수에 대한 확률분포를 구해보자. 시행 횟수가 3이고, 동전을 한 개 던질 때 앞면이 나올 성공확률이 0.5이므로, 구하고자 하는 확률질량함수는

$$p(x) = \binom{3}{x} 0.5^x 0.5^{3-x} = \binom{3}{x} 0.5^3, \ \ x = 0, 1, 2, 3$$

이고, <표 5-4>와 [그림 5-1]은 이를 표와 그림으로 나타낸 것이다.

〈표 5-4〉 동전을 세 번 던질 때 나오는 앞면의 수에 대한 확률분포

x	0	1	2	3	합
$p(x)$	0.125	0.375	0.375	0.125	1

[그림 5-1] 동전을 세 번 던질 때 나오는 앞면이 수에 대한 확률막대그림

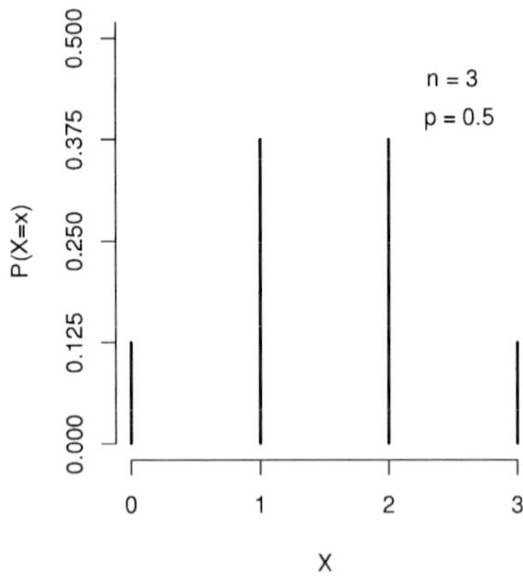

동전 던지는 예제에서의 확률막대그림은 [그림 5-1]에 주어진 것처럼 좌우 대칭인 모양이고, 이는 성공확률과 실패확률이 같기 때문에 나타나는 현상이다. 일반적으로 이항분포의 확률막대그

림은 시행 횟수와 성공확률에 따라 모양이 달라진다. [그림 5-2]는 시행 횟수가 $n=5,10$이고 성공확률이 $p=0.3,0.5,0.7$인 이항분포들의 확률막대그림을 그린 것으로, 이로부터 성공확률이 $p=0.5$일 때 확률막대그림이 좌우 대칭이고, $p \neq 0.5$이면 비대칭임을 알 수 있다. 그리고 $p=0.3$과 같이 $p<0.5$이면 왼쪽의 막대가 오른쪽보다 높고, 반대로 $p>0.5$인 경우엔 오른쪽 막대가 왼쪽보다 높은 모양이 된다.

정리하면 이항분포는 시행 횟수 n과 성공확률 p에 따라 확률분포의 모양이 다양한 형태로 나타나고, n과 p를 알면 이항분포의 확률질량함수를 정확하게 구할 수 있다. 이렇듯 확률분포를 결정짓는 값을 분포의 모수(parameter)라고 부르며, 시행 횟수 n과 성공확률 p는 이항분포의 모수가 된다.

[그림 5-2] 시행 횟수 n과 성공확률 p의 변화에 따른 이항분포의 확률막대그림

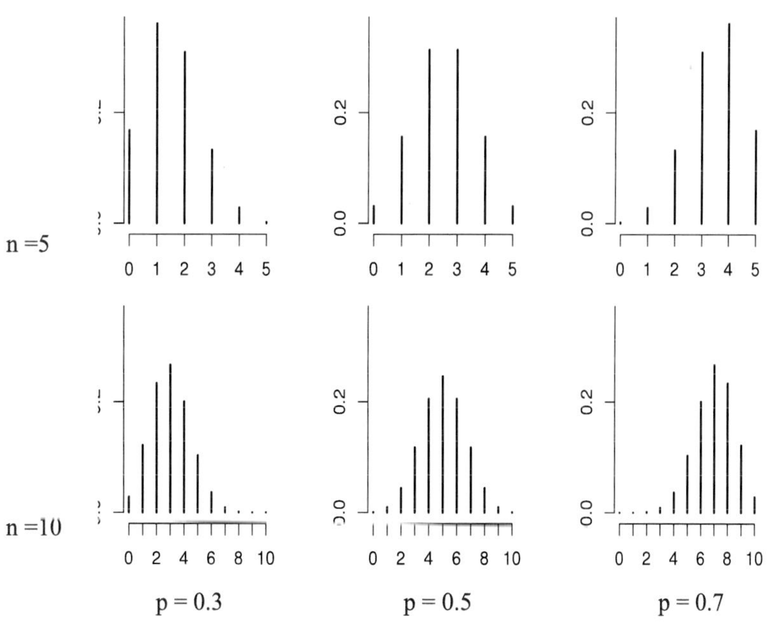

이제 이항확률변수의 평균과 분산을 소개하기로 한다. 동전을 두 번 던져서 나오는 앞면의 수를 X, 세 번 던져서 나오는 앞면의 수를 Y라고 하면,

$$X \sim B(2,0.5),\quad Y \sim B(3,0.5)$$

이 성립하고, X와 Y의 확률질량함수는 각각 <표 5-3>과 <표 5-4>에 주어져 있다. 이로부터 두 확률변수의 기댓값과 분산을 구하면,

$$E(X)=1,\ \ V(X)=0.5$$

$$E(Y)=1.5,\ \ V(Y)=0.75$$

이 된다. 그런데 성공확률이 0.5인 베르누이분포의 평균이 0.5이고, 분산이 0.25이며, 이항분포는 베르누이 시행을 독립적으로 반복해서 얻은 결과임을 고려할 때, 다음과 같은 재미있는 결과를 얻을 수 있다.

$$E(X)=2\times 0.5,\ \ V(X)=2\times 0.25$$

$$E(Y)=3\times 0.5,\ \ V(Y)=3\times 0.75$$

즉, 이항확률변수의 평균과 분산은 기초가 되는 베르누이 시행으로부터 얻어지는 베르누이분포의 평균과 분산에 시행 횟수를 곱한 형태가 된다. 일반적으로 이항확률변수의 평균과 분산은 다음과 같다.

이항분포의 평균과 분산

이산확률변수 X가 시행 횟수가 n이고 성공확률이 p인 이항분포를 따르면, 즉 $X\sim B(n,p)$이면, X의 평균과 분산은 다음과 같다.

$$E(X)=np,\ \ V(X)=np(1-p)$$

확률질량함수가 $p(x)=\binom{n}{x}p^x(1-p)^{n-x},\ x=0,1,\cdots,n$이므로, 이항정리와 조합의 성질을 이용하면 이항분포를 따르는 확률변수의 평균과 분산이 위와 같음을 증명할 수 있다. 그러나 여기서는 다른 방식으로 설명하고자 한다.

앞의 동전 던지기 실험에서 다음과 같은 확률변수들을 정의하자.

$$X_i=\begin{cases}1, & i\text{번째 결과가 앞면일 때}\\ 0, & i\text{번째 결과가 뒷면일 때}\end{cases},\ \ i=1,2,\cdots$$

그러면 동전을 두 번 던질 때 나오는 앞면의 수 X는

$$X=X_1+X_2$$

을 만족하게 된다. 여기서 X_1과 X_2는 서로 독립이고, 동일하게 성공확률이 0.5인 베르누이분포를 따르므로 $E(X_i)=0.5,\ V(X_i)=0.25,\ i=1,2$이 성립한다. 그러므로 두 확률변수의 합에 대한 기댓값과 분산의 공식을 활용하면

$$E(X)=E(X_1+X_2)=E(X_1)+E(X_2)=0.5+0.5=2\times 0.5$$

$$V(X)=V(X_1+X_2)=V(X_1)+V(X_2)=0.25+0.25=2\times 0.25$$

이다. 마찬가지로 동전을 세 번 던질 때 나오는 앞면의 수 Y는

$$Y = X_1 + X_2 + X_3$$

을 만족하므로,

$$E(Y) = E(X_1) + E(X_2) + E(X_3) = 3 \times 0.5$$

$$V(Y) = V(X_1) + V(X_2) + V(X_3) = 3 \times 0.25$$

임을 알 수 있다.

일반적으로 성공확률이 p인 베르누이 시행을 독립적으로 n번 반복하여 얻은 이항확률변수 X는 다음과 같은 확률변수들

$$X_i = \begin{cases} 1, & i\text{번째 베르누이 시행 결과가 성공일 때} \\ 0, & i\text{번째 베르누이 시행 결과가 실패일 때} \end{cases}, \quad i = 1, 2, \cdots, n$$

의 합으로 표현할 수 있고, $X_1, \cdots, X_n$은 서로 독립이며, 동일하게 성공확률이 p인 베르누이분포를 따른다. 그러므로 이항확률변수 X의 평균과 분산은

$$E(X) = E(X_1 + \cdots + X_n) = E(X_1) + \cdots + E(X_n) = n \times p$$

$$V(X) = V(X_1 + \cdots + X_n) = V(X_1) + \cdots + V(X_n) = n \times p(1-p)$$

이 된다.

예제 5-2

어떤 선거에서 유권자가 실제 투표를 할 확률이 0.7이라고 한다. 유권자들 개개인의 투표 참여 여부는 서로 영향을 주지 않는다고 가정할 때, 다음 물음에 답하여라.

(1) 유권자 5명 중 2명이 실제 투표하게 될 확률은 얼마인가?

(2) 유권자 5명 중 평균 몇 명이 투표에 참여할까?

풀이 5-2

주어진 가정에 의하면 유권자는 각각 독립적으로 0.7의 확률로 실제 투표한다. 따라서 5명의 유권자 중 투표자 수를 X라고 하면, $X \sim B(5, 0.7)$이다.

(1) 구하고자 하는 확률은 다음과 같다.

$$P(X=2) = \binom{5}{2} 0.7^2 0.3^3 = 0.132$$

(2) 그리고 평균 투표자 수는 $E(X) = 5 \times 0.7 = 3.5$명이다.

예제 5-3

어느 도시에서 도난당한 자동차를 되찾을 확률은 0.6이라고 한다. 이항분포를 이용하여 다음 확률을 계산하여라.

(1) 이 도시에서 도난당한 10대의 자동차 중에서 많아야 3대가 회수될 확률

(2) 이 도시에서 도난당한 10대의 자동차 중에서 적어도 7대가 회수될 확률

풀이 5-3

도난당한 10대의 자동차 중에서 되찾은 자동차의 수를 X라고 하면, X는 $B(10, 0.6)$을 따른다.

(1) 그러므로 10대 중 많아야 3대가 회수될 확률은

$$P(X \leq 3) = \sum_{x=0}^{3} \binom{10}{x} 0.6^x 0.4^{10-x} = 0.055$$

이다.

(2) 그리고 적어도 7대가 회수될 확률은

$$P(X \geq 7) = \sum_{x=7}^{10} \binom{10}{x} 0.6^x 0.4^{10-x} = 0.380$$

이다.

5.4 포아송분포

주어진 단위시간 내에 걸려오는 전화의 수, 특정지역의 1일 교통사고 사망자의 수 또는 하루 저녁에 병원 응급실에 치료를 위해 도착하는 환자의 수 등과 같이 단위시간이나 단위공간에 드물게 나타나는 사건의 횟수에 대한 확률분포로 많이 사용되는 포아송분포(Poisson distribution)를 소개하고자 한다.

이산확률변수 X가 가질 수 있는 값이 0 이상의 정수이며, 확률질량함수가

$$p(x) = \frac{e^{-\lambda}\lambda^x}{x!}, \; x = 0, 1, 2, \cdots$$

일 때, X는 모수가 λ인 포아송분포를 따른다고 한다. 여기서 λ는 양의 실수이고, e는 자연로그의 밑으로 $e = 2.71828\cdots$과 같은 무리수이며, $x!$은 1부터 x까지 연속된 자연수의 곱을 뜻한다.

$p(x)$는 모든 x에서 0 이상의 값을 가진다. 그리고 지수함수에 대한 맥로린 급수(Maclaurin series)

가

$$e^{\lambda} = 1 + \lambda + \frac{\lambda^2}{2!} + \cdots = \sum_{x=0}^{\infty} \frac{\lambda^x}{x!}$$

이므로,

$$\sum_{x=0}^{\infty} p(x) = \sum_{x=0}^{\infty} \frac{e^{-\lambda}\lambda^x}{x!} = e^{-\lambda} \times \sum_{x=0}^{\infty} \frac{\lambda^x}{x!} = e^{-\lambda} \times e^{\lambda} = 1$$

도 성립한다. 따라서 위에 주어진 $p(x)$는 확률질량함수가 되기 위한 조건을 모두 만족한다.

포아송분포의 확률질량함수 $p(x)$는 λ의 값에 따라 다른 형태를 가지며, λ의 값만 주어지면 모든 x에 대한 확률질량함수값을 구할 수 있다. 그러므로 λ를 포아송분포의 모수라고 부르며, 모수가 λ인 포아송분포는 $Pois(\lambda)$라고 표기한다. 확률변수 X가 모수가 λ인 포아송분포를 따를 때, 앞에 주어진 지수함수의 맥로린 급수를 이용하면

$$E(X) = \sum_{x=0}^{\infty} x \times \frac{e^{-\lambda}\lambda^x}{x!} = \lambda e^{-\lambda} \times \sum_{x=1}^{\infty} \frac{\lambda^{x-1}}{(x-1)!} = \lambda e^{-\lambda} e^{\lambda} = \lambda$$

이 성립한다. 즉 모수 λ는 포아송분포를 따르는 확률변수의 평균이다. 그러므로 $Pois(\lambda)$를 평균이 λ인 포아송분포라고도 부른다.

포아송분포의 평균과 마찬가지로 분산도 역시 모수 λ가 되는데, 이는 포아송분포만의 특이한 성질이다. 지금까지의 내용을 정리하면 다음과 같다.

포아송분포

이산확률변수 X의 확률질량함수가

$$p(x) = \frac{e^{-\lambda}\lambda^x}{x!}, \quad x = 0, 1, 2, \cdots$$

일 때, X는 평균이 $\lambda > 0$인 포아송분포를 따른다고 하며, 기댓값과 분산을 구하면 다음과 같다.

$$E(X) = V(X) = \lambda$$

예제 5-4

한 은행이 1일 평균 6장의 불량수표를 받는다고 한다. 이 은행이 어느 날 하루 동안 4장의 불량수표를 받게 될 확률은 얼마인가? 단, 하루 동안 받는 불량수표의 수는 포아송분포를 따른다고 가정한다.

풀이 5-4

은행이 하루 동안 받는 불량수표의 수를 X라고 하면, $X \sim Pois(6)$이다. 그러므로 구하고자 하는 확률은 다음과 같다.

$$P(X=4) = \frac{e^{-6}6^4}{4!} = 0.134$$

예제 5-5

어떤 직물은 한 롤 당 평균 5.6개의 흠이 발견된다고 한다. 이 직물 한 롤에서 기껏해야 3개의 흠이 발견될 확률을 포아송분포를 이용하여 구하라.

풀이 5-5

한 롤에서 발견된 흠의 개수 X는 모수가 5.6인 포아송분포를 따르므로 구하고자 하는 확률은

$$P(X \leq 3) = \sum_{x=0}^{3} \frac{e^{-5.6}5.6^x}{x!} = 0.191$$

이다.

이항분포와 포아송분포는 언뜻 보기에 확률질량함수의 모양이 완전히 다른 것처럼 보이지만 사실은 아주 밀접한 관계를 가진다.

이러한 사실을 밝히기 위해 먼저 <표 5-5>와 [그림 5-3]를 보기로 하자. 이는 시행 횟수가 100이고 성공확률이 0.01인 이항분포와 평균이 1인 포아송분포의 확률질량함수값을 각각 구하여 $x=0$부터 $x=7$까지 정리한 것이다. <표 5-5>를 보면 두 확률질량함수의 값에 큰 차이가 나타나지 않는다. 또한 x가 크면 모두 확률질량함수의 값이 0에 가깝다. 그리고 [그림 5-3]으로부터 두 확률질량함수의 그래프의 모양이 흡사함을 쉽게 파악할 수 있다. 다시 말해 두 확률분포 $B(100, 0.01)$과 $Pois(1)$은 거의 비슷하다.

〈표 5-5〉 $B(100,0.01)$과 $Pois(1)$의 확률질량함수값

x	이항분포	포아송분포
0	0.3660	0.3679
1	0.3697	0.3679
2	0.1849	0.1839
3	0.0610	0.0613
4	0.0149	0.0153
5	0.0029	0.0013
6	0.0005	0.0005
7	0.0001	0.0001

[그림 5-3] $B(100,0.01)$의 확률막대그림(좌)과 $Pois(1)$의 확률막대그림(우)

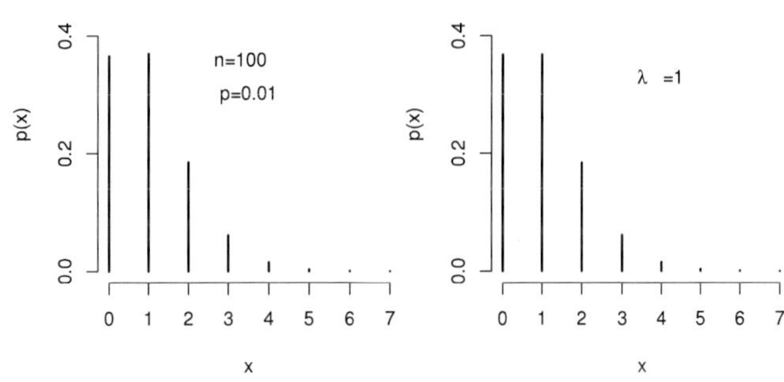

여기서 이항분포의 두 모수를 살펴보면, 시행 횟수가 100으로 매우 크고, 성공확률이 0.01로 아주 작음을 알 수 있다. 또한 평균을 구하면 $100 \times 0.01 = 1$이 된다. 이렇듯 이항분포의 경우 시행 횟수 n이 충분히 크고, 성공확률 p가 충분히 0에 가까운 숫자이면, 확률질량함수가 같은 평균을 갖는, 즉 평균이 np인 포아송분포의 확률질량함수와 거의 차이가 없음을 유추할 수 있다. 보통 이를 이항분포의 포아송근사라고 부르며, 정리하면 다음과 같다.

이항분포의 포아송 근사

확률변수 X가 $B(n,p)$를 따른다고 하자. 이 때, 시행 횟수 n이 충분히 크고, 성공확률 p가 충분히 작으며, $np=\lambda$이면,

$$P(X=x)=\binom{n}{x}p^x(1-p)^{n-x} \approx \frac{e^{-\lambda}\lambda^x}{x!},\ x=0,1,2,\cdots$$

이 성립한다.

이를 이용하면 이항분포와 관련된 확률의 근삿값을 다음 예제와 같이 구할 수 있다.

예제 5-6

한 출판사에서 발행되는 책은 2%가 제본 불량이라는 것이 알려져 있다. 책의 제본 불량 여부는 서로 영향을 주지 않는다고 가정할 때, 이 출판사에서 발행된 400권의 책 중에서 5권이 제본 불량일 확률을 구하여라.

풀이 5-6

책 400권 중 제본 불량인 책의 수를 X라고 하면, $X \sim B(400, 0.02)$이다. $E(X) = 400 \times 0.02 = 8$이므로 구하고자 하는 확률은

$$P(X=5) = \binom{400}{5} 0.02^5 0.98^{395} \approx \frac{e^{-8} 8^5}{5!} = 0.0916$$

과 같은 근삿값을 가진다.

예제 5-7

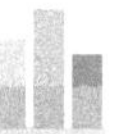

터널을 지나는 동안 자동차의 타이어가 펑크 날 확률은 0.00006으로 조사되었다. 이 터널을 지나는 10,000대의 자동차 중에서 적어도 두 대의 타이어가 펑크 날 확률을 구하라.

풀이 5-7

터널을 지나는 동안 타이어가 펑크 난 자동차의 수를 X라고 하면, X는 시행 횟수가 10,000이고 성공확률이 0.00006인 이항분포를 따르며, 문제에서 구하고자 하는 확률은 $P(X \geq 2)$이다. 이 때, $np = 10000 \times 0.00006 = 0.6$이므로 모수가 0.6인 포아송분포를 이용하여 확률의 근삿값을 구하면,

$$\begin{aligned} P(X \geq 2) &= 1 - P(X < 2) \\ &= 1 - \left\{ \binom{10000}{0} 0.00006^0 0.99994^{10000} + \binom{10000}{1} 0.00006^1 0.99994^{9999} \right\} \\ &\approx 1 - \left(\frac{e^{-0.6} 0.6^0}{0!} + \frac{e^{-0.6} 0.6^1}{1!} \right) \\ &= 1 - (0.5488 + 0.3293) = 0.1219 \end{aligned}$$

이다.

05장 연습문제

01 이항분포에서 $n=8$, $p=0.4$일 때,

(1) $P(X=7)$, $P(X \geq 7)$을 구하시오.

(2) 평균과 분산을 구하시오.

02 주사위를 다섯 번 던졌을 때 눈금이 세 개인 면이 다음과 같은 횟수만큼 나올 확률을 구하시오.

(1) 한 번도 나오지 않는 경우

(2) 한 번 나올 경우

(3) 세 번 나올 경우

03 아들을 낳을 확률은 0.5이다. 새로 결혼한 부부가 4명의 자녀를 두고 싶어 할 때, 아들이 최소한 한명일 확률을 구하시오.

04 어느 공정에서 생산되는 제품의 약 40%가 불량품이라고 한다. 이 공정의 제품 6개를 임의로 추출했을 때 다음 확률을 구하시오.

(1) 4개가 불량품일 확률

(2) 적어도 하나가 불량품일 확률

(3) 불량품이 4개 이하일 확률

05 [그림 5-1]에 주어진 이항확률분포의 무게중심이 평균과 일치하는지 확인하시오.

06 [그림 5-2]에 주어진 여러 p에 따른 분산을 구하고 그 값들을 비교하여 산포의 정도를 토론하시오.

07 확률변수 X가 포아송분포를 따를 때 다음을 구하시오.

(1) $\lambda=0.2$일 때, $P(X=4)$

(2) $\lambda=2$일 때, $P(X>2)$

(3) $\lambda=1.7$일 때, $P(1 \leq X \leq 3)$

08 오후 4시와 6시 사이에 어느 도서관은 1시간당 평균 0.7석 꼴로 자리가 빈다고 한다. 한 학생이 그 시간에 도서관에 갔을 때 자리를 잡을 수 있는 확률을 구하시오.

09 확률변수 X가 $B(100, 0.04)$를 따를 때 포아송분포를 이용하여 다음 확률의 근삿값을 구하시오.

(1) $P(X=3)$

(2) $P(X \leq 5)$

CHAPTER 06

여러 연속확률분포

6.1 서 론

앞서 제4장에서 연속확률변수는 이산확률변수와는 다르게 모든 실수 x에 대해 확률변수가 x일 확률이 0이기 때문에, 확률질량함수로 확률분포를 나타낼 수 없으며, 대신 확률밀도함수를 사용해야 한다는 사실을 배웠다. 연속확률변수 X의 확률밀도함수를 $f(x)$라고 할 때, $f(x)$는 모든 실수 x에 대해 $f(x) \geq 0$이고

$$\int_{-\infty}^{\infty} f(x)dx = 1$$

을 만족한다. 그리고 우리는 이로부터 확률변수 X에 대한 모든 확률을

$$P(X \in A) = \int_A f(x)dx, \quad A \subset \mathbb{R}$$

과 같이 적분을 통해 계산할 수 있다.

이 장에서는 먼저 여러 연속확률분포 중 비교적 확률밀도함수가 단순하여 다루기 쉬운 균일분포에 대해 알아보고자 한다. 그리고 통계학에서 가장 많이 사용되고, 중요한 분포인 정규분포에 대해 자세하게 살펴보려 한다.

6.2 균일분포

다음과 같은 값을 가지는 함수

$$f(x) = \begin{cases} \dfrac{1}{5}, & 0 \leq x \leq 5 \\ 0, & x < 0 \text{ or } x > 5 \end{cases}$$

에 대해 살펴보자. [그림 6-1]은 $y = f(x)$를 그린 그래프로 선분이 x축 위에 존재하고, 선분 아래 부분의 넓이가 $5 \times 1/5 = 1$이 된다. 그러므로 $f(x)$는 어떤 연속확률변수의 확률밀도함수가 될 수 있다. 실제로 $f(x)$는 제4장에서 소개되었던 예제 중 배차간격이 5분인 지하철을 타기 위해 기다리는 시간에 대한 확률밀도함수이다. 그리고 [그림 6-1]에서 보듯이 모든 $0 \leq x \leq 5$에 대해 그래프의 높이가 일정한데, 이는 지하철을 기다리는 시간이 x분일 가능성이 모두 동일하다는 뜻이다.

[그림 6-1] $f(x)=1/5,\ 0 \leqq x \leqq 5$의 그래프

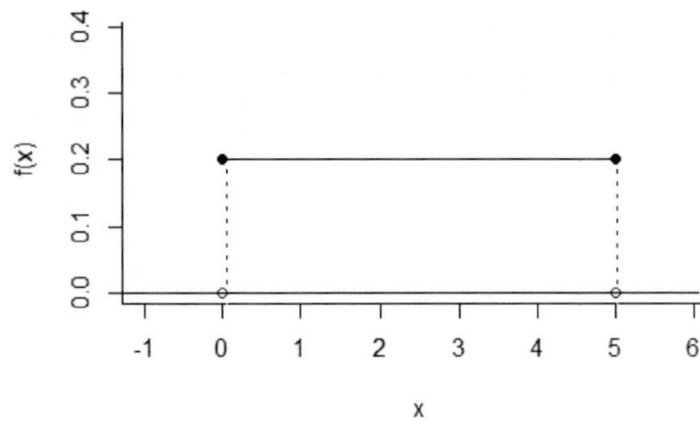

이와 같이 $a<b$를 만족하는 임의의 두 실수 a, b에 대해 함수

$$f(x)=\begin{cases}\dfrac{1}{b-a}, & a \leqq x \leqq b \\ 0, & x<a \text{ or } x>b\end{cases}$$

를 정의하면, $f(x)$를 확률밀도함수로 갖는 연속확률변수가 존재한다. 그리고 이 확률변수는 구간 $[a,b]$에 속하는 값을 가질 수 있으며, 그 가능성이 동일하다. 이러한 분포를 균일분포(uniform distribution)라 하며, $U(a,b)$라고 표기한다.

확률변수 X가 $U(a,b)$를 따를 때, X의 기댓값을 구하면

$$E(X)=\int_{-\infty}^{\infty} xf(x)dx=\int_a^b \frac{x}{b-a}dx=\left[\frac{x^2}{2(b-a)}\right]_a^b=\frac{b^2-a^2}{2(b-a)}=\frac{a+b}{2}$$

이다. 그리고 분산을 계산하면

$$V(X)=E\{(X-E(X))^2\}=\int_a^b\left(x-\frac{a+b}{2}\right)^2\times\frac{1}{b-a}dx$$

$$=\left[\left(x-\frac{a+b}{2}\right)^3\times\frac{1}{3(b-a)}\right]_a^b=\frac{(b-a)^2}{12}$$

이다. 지금까지의 내용을 정리하면 다음과 같다.

균일분포

연속확률변수 X가 균일분포 $U(a,b)$를 따르면, X의 확률밀도함수는

$$f(x) = \begin{cases} \dfrac{1}{b-a}, & a \leq x \leq b \\ 0, & otherwise \end{cases}$$

이다. 단, 두 실수 a,b는 $a < b$를 만족한다. 그리고 X의 평균과 분산은

$$E(X) = \frac{a+b}{2}, \quad V(X) = \frac{(b-a)^2}{12}$$

이다.

예제 6-1

다음과 같은 원판의 바늘을 임의로 돌릴 때, 바늘이 가리키는 위치를 확률변수 X로 나타내기로 한다. 이때 다음 물음에 답하여라.

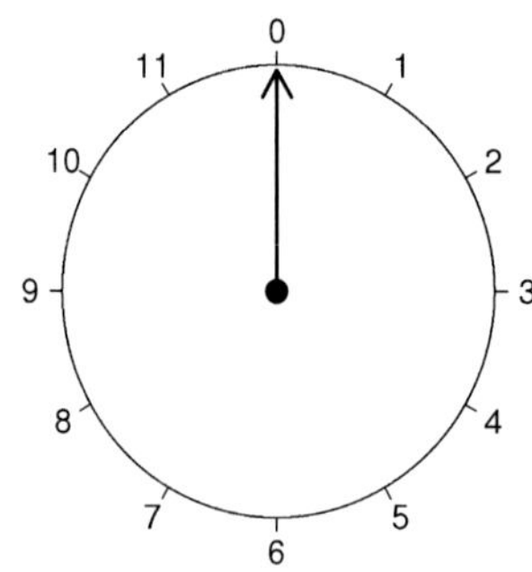

(1) X의 확률밀도함수를 구하고, 이 분포를 그림으로 나타내어라.
(2) 바늘의 위치가 8과 10사이에 위치하게 될 확률을 구하여라.
(3) X의 평균과 분산을 구하여라.

풀이 2-1

(1) 확률변수 X는 구간 $[0,12]$ 사이의 모든 값을 가질 수 있고, 바늘이 $x \in [0,12]$에서 멈출 가능성은 모든 x에 대해 동일하므로, X는 $U(0,12)$를 따르고 다음과 같은 확률밀도함수를 가진다.

$$f(x) = \begin{cases} \dfrac{1}{12}, & 0 \leq x \leq 12 \\ 0, & otherwise \end{cases}$$

따라서 다음과 같은 모양의 분포를 가진다.

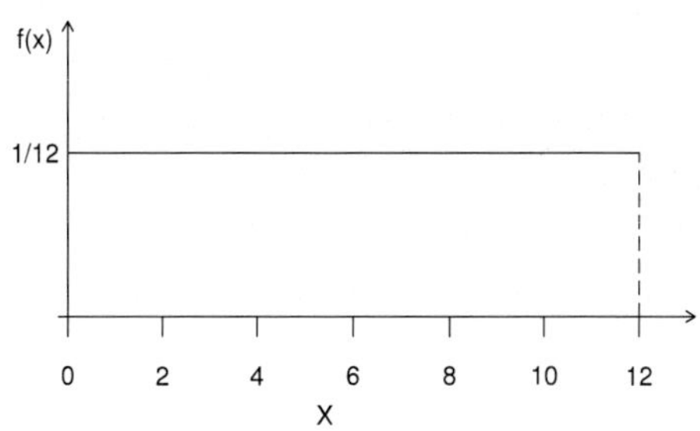

(2) 또한 바늘이 8과 10사이에 위치할 확률은 다음과 같이 계산된다.

$$P(8 < X < 10) = \int_{8}^{10} \frac{1}{12} dx = \frac{2}{12}$$

(3) X가 $U(0,12)$를 따르므로

$$E(X) = \frac{0+12}{2} = 6,\ \ V(X) = \frac{(12-0)^2}{12} = 12$$

이 된다.

6.3 정규분포

이제부터 살펴볼 정규분포(normal distribution)는 대표적인 연속확률분포일 뿐만 아니라, 통계학에서 이론적으로도 매우 중요한 분포이다. 제7장에서 소개할 중심극한정리에서 보듯이 충분히 많은 자료를 수집하여 얻은 표본평균의 근사확률분포가 정규분포이기 때문이다. 또한 정규분포의 확률밀도함수는 종모양으로 중심 근처에 많은 값들이 존재하고 중심에서 멀리 떨어질수록 값이 차지하는 비율이 줄어드는 분포를 표현하기에 적합하다. 실제 키나 몸무게 등, 현실에서 접할 수 있는 다양한 자료를 이용하여 히스토그램을 그리면 많은 경우 그 모양이 종모양과 비슷하다. 그러므로 정규분포는 자연과학이나 사회과학 분야에서 관심의 대상이 되는 변수의 분포를 나타내기 위해 많이 사용된다.

정규분포는 가우스분포(Gauss distribution or Gaussian distribution)라고 부르기도 하며, 다음과 같은 확률밀도함수를 가진다.

균일분포

평균이 $\mu \in \mathbb{R}$, 분산이 $\sigma^2 > 0$인 정규분포는 $N(\mu, \sigma^2)$라고 표기하며, 다음과 같은 확률밀도함수를 가진다.

$$f(x) = \frac{1}{\sqrt{2\pi\sigma^2}} e^{-\frac{(x-\mu)^2}{2\sigma^2}},\ \ x \in \mathbb{R}$$

다음 그림은 $N(\mu,\sigma^2)$의 확률밀도함수의 그래프를 그린 것이다.

[그림 6-2] 정규분포의 확률밀도함수

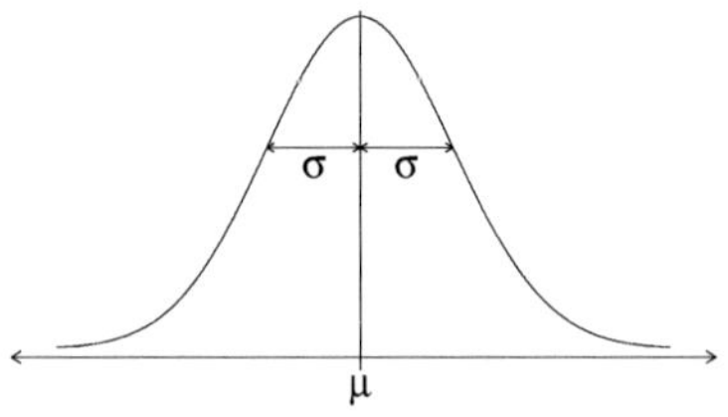

[그림 6-2]에서 보듯이 정규분포의 확률밀도함수의 그래프는 종모양이다. 그래프는 μ를 중심으로 좌우대칭이며, 양쪽 끝부분은 수평축에 한없이 가까워지지만 서로 만나지는 않는다. 그리고 중심 μ에서 σ만큼 떨어진 점을 기준으로 곡선의 볼록 형태가 바뀐다. 보통 이런 점을 변곡점이라고 부른다.

[그림 6-3] 다양한 정규분포들의 확률밀도함수 그래프

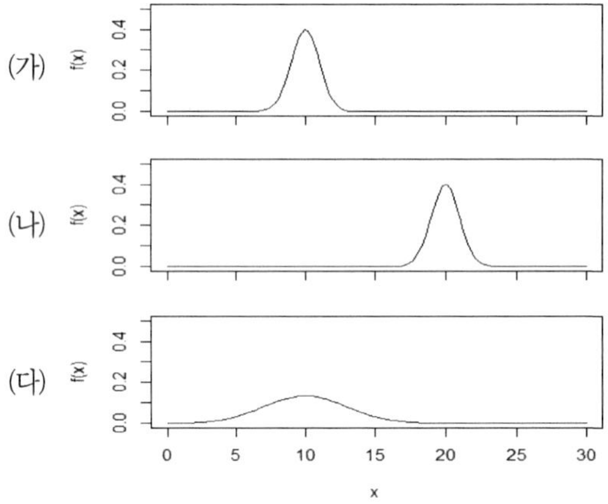

정규분포의 확률밀도함수는 μ와 σ의 값에 따라 다양한 모양을 가지게 되는데, [그림 6-3]을 보면 μ와 σ가 그래프에 어떤 영향을 주는지 알 수 있다. [그림 6-3]은 (가) $N(10,1^2)$, (나) $N(20,1^2)$, (다) $N(10,3^2)$의 확률밀도함수를 각각 그린 것으로, (가)와 (나)는 σ의 값은 같지만 μ가 다른 경우이고, (가)와 (다)는 μ는 같고 σ가 다른 경우이다. 먼저 (가)와 (나)의 그림을 비교하면, 종의 폭과 모양은 똑같지만 중심축이 10과 20으로 다른 것을 알 수 있다. 그리고 (가)와

(다)의 그림은 종의 중심축은 10으로 동일하지만, σ의 값이 1로 작은 (가)의 종은 폭이 좁고, σ가 3으로 큰 (다)의 종은 폭이 넓다. 이와 같이 $N(\mu,\sigma^2)$의 확률밀도함수는 모두 종모양이며, 정규분포의 두 모수 중 μ는 종의 중심축을 조정하고, σ^2은 종의 폭을 조정한다.

정규분포의 확률밀도함수 $f(x)$는 모든 실수 x에 대해 함수값이 양수이다. 그리고 가우스 적분에 의해

$$\int_{-\infty}^{\infty} e^{-y^2}dx = \sqrt{\pi}$$

이므로, $y = \dfrac{x-\mu}{\sigma\sqrt{2}}$라고 치환하면

$$\int_{-\infty}^{\infty} f(x)dx = \int_{-\infty}^{\infty} \frac{1}{\sqrt{2\pi\sigma^2}}e^{-\frac{(x-\mu)^2}{2\sigma^2}}dx = \frac{1}{\sqrt{\pi}}\int_{-\infty}^{\infty} e^{-y^2}dy = 1$$

이 성립한다. 따라서 정규분포의 확률밀도함수 $f(x)$는 실제로 확률밀도함수의 조건을 모두 만족한다. 마찬가지로 가우스 적분의 값과 치환적분, 부분적분을 활용하면 $N(\mu,\sigma^2)$를 따르는 연속확률변수 X의 평균과 분산을 다음과 같이 계산할 수 있다.

$$E(X) = \int_{-\infty}^{\infty} x \times \frac{1}{\sqrt{2\pi\sigma^2}}e^{-\frac{(x-\mu)^2}{2\sigma^2}}dx = \int_{-\infty}^{\infty} \frac{(\mu+\sqrt{2}\,\sigma y)e^{-y^2}}{\sqrt{\pi}}dy = \mu$$

$$V(X) = \int_{-\infty}^{\infty} (x-\mu)^2 \times \frac{1}{\sqrt{2\pi\sigma^2}}e^{-\frac{(x-\mu)^2}{2\sigma^2}}dx - \int_{-\infty}^{\infty} \frac{2\sigma^2y^2e^{-y^2}}{\sqrt{\pi}}dy = \sigma^2$$

그러므로 정규분포의 두 모수 μ와 σ^2는 각각 평균과 분산에 해당하며, σ는 표준편차가 된다. 이와 같은 이유로 처음 정규분포를 정의할 때, $N(\mu,\sigma^2)$를 평균이 μ, 분산이 σ^2인 정규분포라고 부른 것이다.

다양한 평균과 분산을 갖는 정규분포 중에서 특히 평균이 0이고 분산이 1인 정규분포를 표준정규분포(standard normal distribution)라고 한다. 표준정규분포의 확률질량함수는 보통 $\phi(z)$라고 표시하며, 다음과 같은 값을 가진다. 그리고 $\phi(z)$는 [그림 6-4]에서 보듯이 0을 중심으로 좌우대칭인 종모양의 곡선이다.

표준정규분포의 확률밀도함수

표준정규분포 $N(0,1)$을 따르는 확률변수 Z의 확률밀도함수는

$$\phi(z) = \frac{1}{\sqrt{2\pi}}e^{-\frac{z^2}{2}},\ z \in \mathbb{R}$$

이다.

[그림 6-4] 표준정규분포의 확률밀도함수

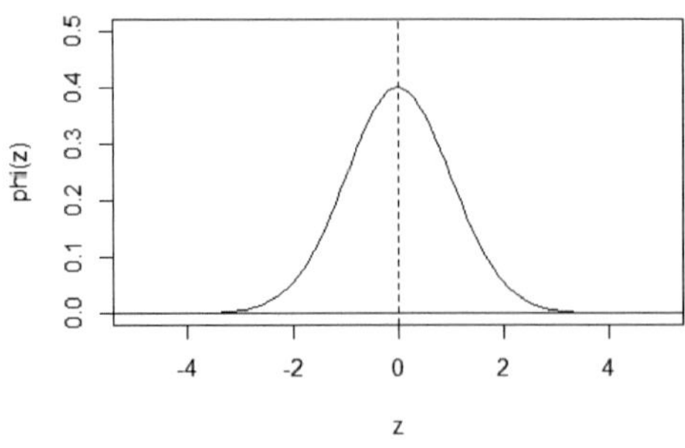

표준정규분포의 경우 $\phi(z)$를 직접 적분하여 확률을 계산하는 것이 쉽지 않다. 그러므로 <표 6-1>과 <표 6-2>과 같이 표준정규분포의 누적분포함수값

$$\varPhi(z) = P(Z \leq z) = \int_{-\infty}^{z} \phi(x)dx, \ \ z \in \mathbb{R}$$

을 계산하여 정리한 표나 컴퓨터를 이용하여 확률을 계산한다. <표 6-1>과 <표 6-2>는 $z = -3.49$부터 $z = 3.49$까지 0.01 간격으로 누적분포함수값을 구해 작성한 것이다. 예를 들면, <표 6-1>에서 세로축의 -1.0과 가로축의 0.0이 교차하는 부분에 0.1587이라는 숫자가 쓰여 있는데, 이는

$$\varPhi(-1) = P(Z \leq -1) = \int_{-\infty}^{-1} \phi(x)dx = 0.1587$$

의 값을 나타내며, 다음 그림에서 회색으로 색칠한 부분의 넓이를 의미한다.

[그림 6-5] 표준정규분포의 확률밀도함수와 누적분포함수

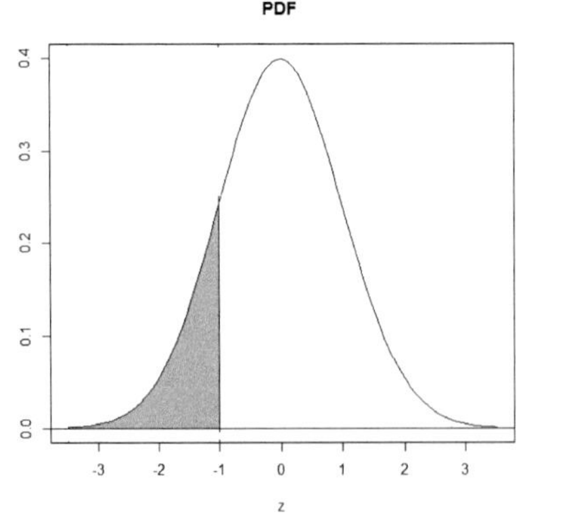

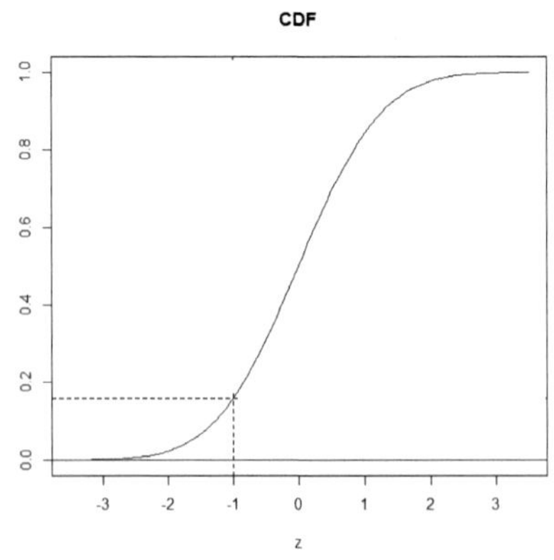

〈표 6-1〉 표준정규분포의 누적분포함수, $z < 0$

z	.00	.01	.02	.03	.04	.05	.06	.07	.08	.09
−3.4	.0003	.0003	.0003	.0003	.0003	.0003	.0003	.0003	.0003	.0002
−3.3	.0005	.0005	.0005	.0004	.0004	.0000	.0004	.0004	.0004	.0003
−3.2	.0007	.0007	.0006	.0006	.0006	.0000	.0006	.0005	.0005	.0005
−3.1	.0010	.0009	.0009	.0009	.0008	.0000	.0008	.0008	.0007	.0007
−3.0	.0013	.0013	.0013	.0012	.0012	.0011	.0011	.0011	.0010	.0010
−2.9	.0019	.0018	.0018	.0017	.0016	.0010	.0015	.0015	.0014	.0014
−2.8	.0026	.0025	.0024	.0023	.0023	.0020	.0021	.0021	.0020	.0019
−2.7	.0035	.0034	.0033	.0032	.0031	.0030	.0029	.0028	.0027	.0026
−2.6	.0047	.0045	.0044	.0043	.0041	.0040	.0039	.0038	.0037	.0036
−2.5	.0062	.0060	.0059	.0057	.0055	.0050	.0052	.0051	.0049	.0048
−2.4	.0082	.0080	.0078	.0075	.0073	.0070	.0069	.0068	.0066	.0064
−2.3	.0107	.0104	.0102	.0099	.0096	.0090	.0091	.0089	.0087	.0084
−2.2	.0139	.0136	.0132	.0129	.0125	.0120	.0119	.0116	.0113	.0110
−2.1	.0179	.0174	.0170	.0166	.0162	.0150	.0154	.0150	.0146	.0143
−2.0	.0228	.0222	.0217	.0212	.0207	.0202	.0197	.0192	.0188	.0183
−1.9	.0287	.0281	.0274	.0268	.0262	.0256	.0250	.0244	.0239	.0233
−1.8	.0359	.0351	.0344	.0336	.0329	.0320	.0314	.0307	.0301	.0294
−1.7	.0446	.0436	.0427	.0418	.0409	.0400	.0392	.0384	.0375	.0367
−1.6	.0548	.0537	.0526	.0516	.0505	.0495	.0485	.0475	.0465	.0455
−1.5	.0668	.0655	.0643	.0630	.0618	.0600	.0594	.0582	.0571	.0559
−1.4	.0808	.0793	.0778	.0764	.0749	.0730	.0721	.0708	.0694	.0681
−1.3	.0968	.0951	.0934	.0918	.0901	.0880	.0869	.0853	.0838	.0823
−1.2	.1151	.1131	.1112	.1093	.1075	.1050	.1038	.1020	.1003	.0985
−1.1	.1357	.1335	.1314	.1292	.1271	.1250	.1230	.1210	.1190	.1170
−1.0	.1587	.1562	.1539	.1515	.1492	.1469	.1446	.1423	.1401	.1379
−0.9	.1841	.1814	.1788	.1762	.1736	.1710	.1685	.1660	.1635	.1611
−0.8	.2119	.2090	.2061	.2033	.2005	.1970	.1949	.1922	.1894	.1867
−0.7	.2420	.2389	.2358	.2327	.2296	.2260	.2236	.2206	.2177	.2148
−0.6	.2743	.2709	.2676	.2643	.2611	.2570	.2546	.2514	.2483	.2451
−0.5	.3085	.3050	.3015	.2981	.2946	.2910	.2877	.2843	.2810	.2776
−0.4	.3446	.3409	.3372	.3336	.3300	.3260	.3228	.3192	.3156	.3121
−0.3	.3821	.3783	.3745	.3707	.3669	.3630	.3594	.3557	.3520	.3483
−0.2	.4207	.4168	.4129	.4090	.4052	.4010	.3974	.3936	.3897	.3859
−0.1	.4602	.4562	.4522	.4483	.4443	.4400	.4364	.4325	.4286	.4247
−0.0	.5000	.4960	.4920	.4880	.4840	.4801	.4761	.4721	.4681	.4641

〈표 6-2〉 **표준정규분포의 누적분포함수,** $z \geqq 0$

z	.00	.01	.02	.03	.04	.05	.06	.07	.08	.09
0.0	.5000	.5040	.5080	.5120	.5160	.5199	.5239	.5279	.5319	.5359
0.1	.5398	.5438	.5478	.5517	.5557	.5596	.5636	.5675	.5714	.5753
0.2	.5793	.5832	.5871	.5910	.5948	.5987	.6026	.6064	.6103	.6141
0.3	.6179	.6217	.6255	.6293	.6331	.6368	.6406	.6443	.6480	.6517
0.4	.6554	.6591	.6628	.6664	.6700	.6736	.6772	.6808	.6844	.6879
0.5	.6915	.6950	.6985	.7019	.7054	.7088	.7123	.7157	.7190	.7224
0.6	.7257	.7291	.7324	.7357	.7389	.7422	.7454	.7486	.7517	.7549
0.7	.7580	.7611	.7642	.7673	.7704	.7734	.7764	.7794	.7823	.7852
0.8	.7881	.7910	.7939	.7967	.7995	.8023	.8051	.8078	.8106	.8133
0.9	.8159	.8186	.8212	.8238	.8264	.8289	.8315	.8340	.8365	.8389
1.0	.8413	.8438	.8461	.8485	.8508	.8531	.8554	.8577	.8599	.8621
1.1	.8643	.8665	.8686	.8708	.8729	.8749	.8770	.8790	.8810	.8830
1.2	.8849	.8869	.8888	.8907	.8925	.8944	.8962	.8980	.8997	.9015
1.3	.9032	.9049	.9066	.9082	.9099	.9115	.9131	.9147	.9162	.9177
1.4	.9192	.9207	.9222	.9236	.9251	.9265	.9279	.9292	.9306	.9319
1.5	.9332	.9345	.9357	.9370	.9382	.9394	.9406	.9418	.9429	.9441
1.6	.9452	.9463	.9474	.9484	.9495	.9505	.9515	.9525	.9535	.9545
1.7	.9554	.9564	.9573	.9582	.9591	.9599	.9608	.9616	.9625	.9633
1.8	.9641	.9649	.9656	.9664	.9671	.9678	.9686	.9693	.9699	.9706
1.9	.9713	.9719	.9726	.9732	.9738	.9744	.9750	.9756	.9761	.9767
2.0	.9772	.9778	.9783	.9788	.9793	.9798	.9803	.9808	.9812	.9817
2.1	.9821	.9826	.9830	.9834	.9838	.9842	.9846	.9850	.9854	.9857
2.2	.9861	.9864	.9868	.9871	.9875	.9878	.9881	.9884	.9887	.9890
2.3	.9893	.9896	.9898	.9901	.9904	.9906	.9909	.9911	.9913	.9916
2.4	.9918	.9920	.9922	.9925	.9927	.9929	.9931	.9932	.9934	.9936
2.5	.9938	.9940	.9941	.9943	.9945	.9946	.9948	.9949	.9951	.9952
2.6	.9953	.9955	.9956	.9957	.9959	.9960	.9961	.9962	.9963	.9964
2.7	.9965	.9966	.9967	.9968	.9969	.9970	.9971	.9972	.9973	.9974
2.8	.9974	.9975	.9976	.9977	.9977	.9978	.9979	.9979	.9980	.9981
2.9	.9981	.9982	.9982	.9983	.9984	.9984	.9985	.9985	.9986	.9986
3.0	.9987	.9987	.9987	.9988	.9988	.9989	.9989	.9989	.9990	.9990
3.1	.9990	.9991	.9991	.9991	.9992	.9992	.9992	.9992	.9993	.9993
3.2	.9993	.9993	.9994	.9994	.9994	.9994	.9994	.9995	.9995	.9995
3.3	.9995	.9995	.9995	.9996	.9996	.9996	.9996	.9996	.9996	.9997
3.4	.9997	.9997	.9997	.9997	.9997	.9997	.9997	.9997	.9997	.9998

이제 표준정규분포를 따르는 확률변수 Z가 1과 2 사이의 값을 가질 확률을 구해 보자. 구하고자 하는 확률은 [그림 6-6]에서 회색으로 색칠한 부분의 넓이와 같으므로 누적분포함수와 <표 6-2>를 이용하면 다음과 같이 계산할 수 있다.

$$P(1 < Z < 2) = P(Z < 2) - P(Z \leqq 1)$$
$$= \Phi(2) - \Phi(1) = 0.9772 - 0.8413 = 0.1359$$

[그림 6-6] 표준정규분포에서 $P(1 < Z < 2)$

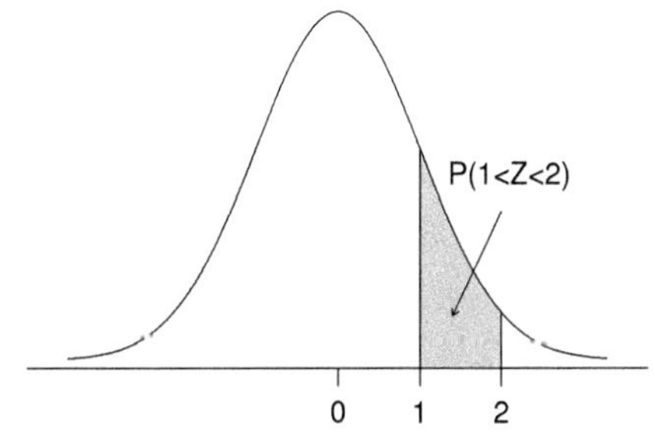

마찬가지 방법으로 <표 6-1>과 <표 6-2>를 모두 이용하여

$$P(-1 < Z < 1) = \Phi(1) - \Phi(-1) = 0.8413 - 0.1587 = 0.6826$$
$$P(-2 < Z < 2) = \Phi(2) - \Phi(-2) = 0.9772 - 0.0228 = 0.9544$$

과 같이 확률을 구할 수 있다. 표준정규분포의 확률밀도함수 $\phi(z)$가 $z=0$에 대해 좌우대칭이라는 사실을 이용하면, 모든 $z \in \mathbb{R}$ 에 대해

$$\Phi(-z) = 1 - \Phi(z)$$

가 성립하며, 따라서

$$P(-2 < Z < 2) = \Phi(2) - \Phi(-2) = \Phi(2) - \{1 - \Phi(2)\}$$
$$= 2 \times \Phi(2) - 1 = 2 \times 0.9772 - 1 = 0.9544$$

와 같이 <표 6-2>만으로 확률을 계산할 수도 있다.

마지막으로 $P(Z < 1.645)$을 구해보자. <표 6-2>에는 이에 해당하는 값은 나와 있지 않으며, 누적분포함수의 성질에 의해

$$0.9495 = P(Z \leqq 1.64) < P(Z < 1.645) < P(Z \leqq 1.65) = 0.9505$$

라는 사실만 <표 6-2>로부터 알 수 있다. 1.645는 1.64와 1.65의 중간에 있는 값이므로

$P(Z<1.645)$도 0.9495와 0.9505의 중간에 해당하는 0.95가 아닐까라고 생각할 수 있는데, 보통 이처럼 미지의 값을 구하는 방법을 보간법(interpolation)이라고 한다. 이에 대해 좀 더 자세하게 설명하면, [그림 6-7]과 같이 두 점 $(1.64, 0.9495)$와 $(1.65, 0.9505)$를 지나는 직선에서 $x=1.645$에 대응되는 y의 값을 a라고 할 때, a를 $\Phi(1.645)$에 대한 근사값으로 사용하는 방법이다.

[그림 6-7] 보간법

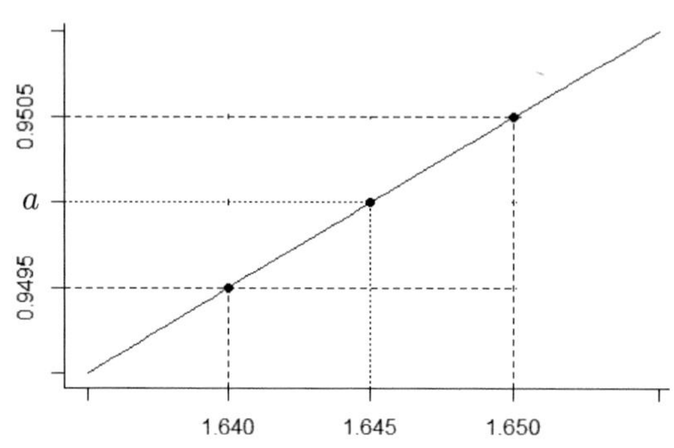

여기서 세 개의 점 $(1.64, 0.9495)$, $(1.645, a)$, $(1.65, 0.9505)$으로부터 직선의 기울기를 구하면, 다음 등식

$$\text{직선의 기울기} = \frac{a-0.9495}{1.645-1.64} = \frac{0.9505-0.9495}{1.65-1.64}$$

이 성립하고, 이 식에서 마지막 등식을 풀면 미지의 값 a는 0.95가 된다. 따라서 구하고자 하는 확률은

$$P(Z<1.645)=\Phi(1.645)\approx a=0.95$$

이고, 컴퓨터를 이용하여 구한 $P(Z<1.645)=0.9500151$과 거의 비슷하다.

이제 거꾸로 $P(Z\leq z)=0.975$를 만족하는 z의 값을 찾아보자. <표 6-2>를 보면 1.9와 0.06의 교차하는 자리에 0.9750이 있으므로, $P(Z\leq 1.96)=0.975$임을 바로 알 수 있으며, 따라서 구하고자 하는 $z=1.96$이 된다.

다음으로 $P(Z\leq z)=\Phi(z)=0.9$를 만족하는 z의 값도 찾아보자. <표 6-2>에 0.9는 존재하지 않으며, 대신

$$\Phi(1.28)=0.8997<0.9<0.9015=\Phi(1.29)$$

이 성립함을 <표 6-2>로부터 알 수 있다. 따라서 앞에서 $\Phi(1.645)$의 근사값을 구한 것처럼 보간법을 사용하면,

$$\frac{0.9-0.8997}{z-1.28}=\frac{0.9015-0.8997}{1.29-1.28}$$

의 방정식을 풀어 $z=1.281667$을 얻을 수 있다. 그리고 이 값은 컴퓨터를 이용하여 구한 $z=1.281552$와 차이가 별로 없다.

[그림 6-8 표준정규분포의 상위 α-분위수

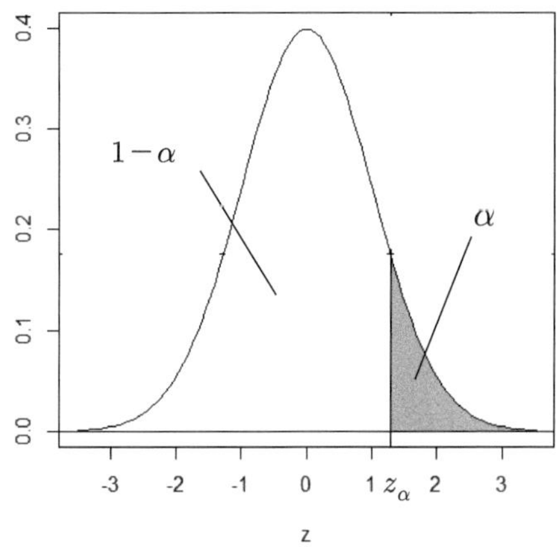

통계학에서는 $0<\alpha<1$에 대해 [그림 6-8]과 같이

$$P(Z>z_{\alpha})=\alpha$$

를 만족하는 z_{α}를 정규분포의 상위 α-분위수라고 한다. 그리고 여사건의 확률을 이용하면

$$P(Z\leq z_{\alpha})=1-\alpha$$

이므로, 앞에서 살펴본 예제들처럼 z_{α}의 값을 구할 수 있다. 보통 통계학에서는 0.1, 0.05, 0.025, 0.01, 0.005에 해당하는 상위 분위수들을 자주 사용하며, 이 값들은 <표 6-3>에 정리되어 있다.

〈표 6-3〉 자주 사용되는 상위 분위수

α	z_α	$P(Z \leq z_\alpha)$
0.100	1.282	0.900
0.050	1.645	0.950
0.025	1.960	0.975
0.010	2.330	0.990
0.005	2.580	0.995

예제 6-2

표준정규분포를 따르는 확률변수 Z가 -2.47보다 작을 확률을 구하여라.

풀이 6-2

구하고자 하는 확률은 $P(Z < -2.47)$이며, 이 값은 <표 6-1>로부터 0.0068임을 알 수 있다.

예제 6-3

$P(Z < z) = 0.85$을 만족하는 z의 값을 구하여라.

풀이 6-3

<표 6-2>에서 0.85와 가까운 확률을 찾으면,

$$P(Z \leq 1.03) = 0.8485 < 0.85 < 0.8508 = P(Z \leq 1.04)$$

이다. 그러므로 보간법에 의해

$$\frac{0.85 - 0.8485}{z - 1.03} = \frac{0.8508 - 0.8485}{1.04 - 1.03}$$

의 방정식을 풀면, $z = 1.0365$이 된다.

마지막으로 정규분포의 중요한 성질을 소개하려고 한다.

정규분포의 성질

(1) $X \sim N(\mu,\sigma^2)$일 때, 두 실수 $a \neq 0$, b에 대해 다음이 성립한다.

$$aX+b \sim N(a\mu+b,\ a^2\sigma^2)$$

(2) 서로 독립인 두 확률변수 X와 Y가

$$X \sim N(\mu,\sigma^2) \text{이고 } Y \sim N(\nu,\tau^2)$$

을 만족할 때, 두 실수 a, b에 대해 다음을 만족한다.

$$aX+bY \sim N(a\mu+b\nu,\ a^2\sigma^2+b^2\tau^2)$$

위 성질은 정규분포를 따르는 확률변수들 각각의 선형 변환과 확률변수들의 선형 결합 역시 정규분포를 가진다는 것을 나타내며, 정규분포와 관련된 문제에서 많이 사용된다. 특히 첫 번째 성질에서 $a = 1/\sigma$, $b = -\mu/\sigma$를 대입하면

$$Z = \frac{X-\mu}{\sigma} \sim N(0,1)$$

을 얻을 수 있다. 즉 정규분포를 따르는 확률변수를 표준화 변환하여 얻은 확률변수 Z는 표준정규분포를 따르게 되며, 이를 이용하면 정규분포에 대한 다양한 확률과 분위수를 계산할 수 있다.

이제 평균이 50, 분산이 100인 정규분포를 따르는 확률변수 X가 35와 70 사이의 값을 가질 확률을 구해보자. 이 확률을 $N(50,100)$의 확률밀도함수를 직접 적분하여 구하는 것은 어려우며, 앞서 소개한 정규분포의 성질과 표준정규분포의 누적분포함수를 이용하여 계산한다. 평균이 $\mu = 50$이고 표준편차가 $\sigma = 10$이므로, X를 표준화 변환하면

$$Z = \frac{X-50}{10} \sim N(0,1)$$

이 성립한다. 그러므로 구하고자 하는 확률은 다음과 같다.

$$\begin{aligned} P(35 < X < 70) &= P\left(\frac{35-50}{10} < \frac{X-50}{10} < \frac{70-50}{10}\right) \\ &= P(-1.5 < Z < 2) \\ &= \Phi(2) - \Phi(-1.5) \\ &= 0.9772 - 0.0668 = 0.9104 \end{aligned}$$

마찬가지 방법으로 (예제 6-4)에 주어진 확률을 구할 수 있다. 이는 확률변수가 평균에서 표준편차의 1배, 2배, 3배만큼 각각 떨어진 구간 안에 속할 확률을 의미하며, 정규분포의 경우 평균과 분산에 관계없이 모두 68%, 95%, 99%의 값을 가진다.

예제 6-4

확률변수 X가 평균 μ, 분산 σ^2인 정규분포를 따를 때, 다음 확률을 구하여라.

$$P(\mu - k \times \sigma < X < \mu + k \times \sigma),\ \ k = 1,2,3$$

풀이 6-4

모든 $k = 1,2,3$에 대해

$$P(\mu - k \times \sigma < X < \mu + k \times \sigma) = P(-k < Z < k) = \Phi(k) - \Phi(-k)$$

이므로, <표 6-1>과 <표 6-2>를 이용하면

$$P(\mu - \sigma < X < \mu + \sigma) = 0.8413 - 0.1587 = 0.6826$$

$$P(\mu - 2\sigma < X < \mu + 2\sigma) = 0.9772 - 0.0228 = 0.9544$$

$$P(\mu - 3\sigma < X < \mu + 3\sigma) = 0.9987 - 0.0013 = 0.9974$$

을 얻는다.

예제 6-5

커피 자판기에서 한 컵에 담겨지는 커피의 양은 분산 0.0016온스인 정규분포를 따른다고 하자. 이 자판기에서 판매되는 여러 컵의 커피 중 2%가 커피의 양이 6온스 이하라면 한 컵의 커피의 양은 평균 얼마인가?

풀이 6-5

확률변수 X를 한 컵에 담겨지는 커피의 양이라고 하면 X는 $N(\mu, 0.04^2)$을 따른다. 이 때 주어진 조건에 의해, 우리는 $P(X \le 6) = 0.02$을 만족하는 μ를 구하면 된다.

$$P(X \le 6) = P\left(\frac{X-\mu}{0.04} \le \frac{6-\mu}{0.04}\right) = P\left(Z \le \frac{6-\mu}{0.04}\right) = \Phi\left(\frac{6-\mu}{0.04}\right)$$

이고, $\Phi(z) = 0.02$를 만족하는 z의 값은 보간법에 의해 -2.054이므로

$$\frac{6-\mu}{0.04} = -2.054$$

이 성립하며, 따라서 $\mu = 6.0822$이 된다.

06장 연습문제

01 구간 $[0, 6]$에서 정의된 연속확률변수 X의 밀도함수 $f(x)$가 다음과 같이 주어져 있다.

$$f(x) = \begin{cases} ax, & 0 \leq x \leq 6 \\ 0, & otherwise \end{cases}$$

(1) a를 구하시오.

(2) $P[2 \leq X \leq 4]$를 구하시오.

(3) 확률변수 X의 평균과 표준편차를 구하시오.

02 커피자동판매기에서 한 컵에 담겨지는 커피의 양은 평균 80cc, 표준편차 2cc인 정규분포를 따른다고 한다. 임의로 하나 선택한 컵의 커피의 양 X가 다음과 같이 될 확률을 구하시오.

(1) $P[80 \leq X \leq 83]$

(2) $P[78.5 \leq X \leq 80]$

(3) $P[78.5 \leq X \leq 83]$

(4) $P[X \leq 78.5]$

(5) $P[X \geq 83]$

03 어떤 백화점의 불만접수 담당직원은 하루동안 접수되는 불만신고의 수는 $\mu=33.4$, $\sigma=5.5$인 확률변수이며 거의 정규분포를 따른다고 생각한다. 이 직원이 하루동안 접수하게 되는 불만신고의 수가 다음과 같이 될 확률을 구하시오.

(1) 40건 이상

(2) 많아야 40건

(3) 30건에서 40건 사이

04 A 종합상사에서는 무주택사원들을 위해 도시근교에 집단주택단지를 마련하여 입주시켰다. 각자 사내 버스편을 이용하여 출근하는데 걸리는 시간을 조사하였더니 평균 45분, 표준편차 5분인 정규분포에 따르는 것으로 나타났다. 출근시간이 오전 8시 30분까지라고 할 때 다음 확률을 구하시오.

(1) 7시 50분에 출발할 때 지각할 확률?

(2) 7시 40분에 출발할 때 지각할 확률?

(3) 7시 30분에 출발할 때 지각할 확률?

05 어느 대학 신입생의 앉은키가 평균 84.7cm, 표준편차 2.7cm인 정규분포를 따른다고 할 때, 제1사분위수와 제3사분위수를 구하고 사분위간 범위를 구하시오.

06 통계학의 기말고사에서 학생들의 점수가 평균 70점, 표준편차가 10점의 정규분포를 따른다고 한다. 상위 10%의 학생에게 A학점을, 그 다음 23%의 학생에게 B학점을 주기로 한다면 A학점과 B학점을 주게 되는 경계점수를 구하시오.

07 확률변수 Z가 표준정규분포를 따를 때, 다음을 만족하는 a, b, c, d, e를 구하시오.

(1) $P[0 < Z < a] = 0.4778$

(2) $P[-b < Z < b] = 0.7814$

(3) $P[Z > c] = 0.0329$

(4) $P[Z > d] = 0.8508$

(5) $P[Z < e] = 0.0062$

08 업무 A를 완성하는데 소요되는 평균시간은 85분이고, 표준편차는 16분이며 업무 B를 완성하는데 소요되는 평균시간은 110분이며 표준편차는 11분이다. 정규분포를 따른다고 가정하고 업무 A를 완성하는데 소요되는 시간이 업무 B를 완성하는데 소요되는 시간보다 더 많게 될 확률은 얼마인가? 업무 A를 완성하는데 소요되는 시간과 업무 B를 완성하는데 소요되는 시간은 서로 독립이라고 가정한다.

CHAPTER 07

표본추출과 표본통계량의 분포

CONTENTS

7.1 서 론

통계학에서는 수집된 자료를 바탕으로 연구대상이 되는 모집단의 특징을 분석하고 합리적인 의사결정을 하기 위해 노력한다. 만약 전수조사를 실시하여 자료를 수집하였다면, 자료를 정리하고 대푯값들을 계산하는 것만으로도 모집단 전체를 파악할 수 있다. 그러나 한 회사에서 생산하는 전구의 평균 수명이나 전국 대학생들의 평균 키와 같이 모집단의 원소의 개수가 무한개이거나 유한개라도 너무 많은 경우에는 전수조사가 불가능하거나 가능하더라도 비용이 많이 들어 표본조사가 불가피하다. 표본조사를 하는 경우 수집된 자료는 모집단의 일부이고, 일부인 표본자료로부터 얻은 사실을 전체 모집단에 적용하여 모집단의 특징을 파악한다. 따라서 모집단의 특징을 제대로 분석하기 위해서는 먼저 모집단을 가장 잘 대표한다고 생각되는 적절한 표본을 얻어야 하고, 이렇게 얻은 표본을 이용하여 구한 통계량이 가지고 있는 성질을 잘 파악하고 있어야 한다.

이 장에서는 모집단에서 표본을 추출하는 방법과 표본을 가지고 계산한 통계량의 확률분포에 대해 알아보고자 한다.

7.2 표본추출을 위한 여러 방법들

혹시 리터러리 다이제스트(Literary Digest) 잡지에 대해 들어본 적이 있는가? 이 잡지는 1920년대 미국의 유명잡지로 1936년 미국의 두 대통령 후보인 루즈벨트와 켄사스의 주지사 랜던의 당선 여부를 놓고 여론 조사를 실시하였다. 무려 1000만 명을 대상으로 조사를 실시하였고, 이 중 약 237만 명이 응답하였으며, 이를 바탕으로 분석한 결과 랜던에 대한 지지율이 57%로 당선될 가능성이 높다고 판단했다. 그러나 이와는 반대로 현 갤럽의 창시자인 갤럽(George H. Gallop)은 1500명을 대상으로 조사한 결과 루즈벨트가 55%로 랜던보다 우세하다는 결과를 얻었다. 하지만 선거 결과, 갤럽의 조사 결과와 같이 루즈벨트 대통령은 재선되었고, 리터러리 다이제스트 잡지는 큰 낭패에 직면하게 되었다. 한 때 타임지나 뉴스 위크지와 같이 유명했던 이 잡지는 이 사건으로 인해 판매 부수가 격감했고, 현재 우리는 리터러리 다이제스트라는 잡지가 존재했었다는 사실조차 기억하지 못하고 있다.

한 유명잡지의 존폐를 결정지은 두 조사, 리터러리 다이제스트 잡지와 갤럽의 조사는 그럼 어떤 차이가 있었을까? 이 사건을 완전히 이해하기 위해서는 1936년 당시 미국의 정치와 사회여건에 대한 이해가 필요하다. 그러나 통계학이 얼마나 중요한 역할을 담당했는가를 짚고 넘어가는 것만으로도 이 사건은 충분히 설명될 수 있으며, 여기에서는 이 부분만을 살펴보겠다.

갤럽은 조사를 위해 미국 전역의 유권자들에게 표본으로 선택될 수 있는 동등한 기회를 부여했다. 반면에 리터러리 다이제스트 잡지는 자동차 등록자료, 전화번호 그리고 이 잡지의 주관에 의존하여 표본을 선택하였다. 당시의 사회ㆍ경제여건에 비추어 볼 때 자동차나 전화를 소유한 사람들은 대부분 부유한 사람들이었고, 미국 전체인구에 비해 그 수가 적었다. 또한 그들의 정치 성향은 보수적이었다. 리터러리 다이제스트 잡지의 조사에 선택된 표본은 따라서 그 당시 경제 여건이 좋았던 동부와 남부에 치중해 있었고, 서부지역은 표본으로 선택될 기회조차 부여되지 않았다. 그러나 리터러리 다이제스트 잡지는 천만 명이라는 어마 어마하게 큰 표본크기 때문에 이 사실이 실제 모집단인 미국 전역의 유권자들을 대표하는데 아무런 문제가 없을 것이라고 판단했다. 하지만 리터러리 다이제스트 잡지의 표본은 모든 유권자들을 대표하지 못하는, 단지 몇몇 정보와 주관에 의지한 표본일 수밖에 없었다. 통계학에서는 이러한 표본을 편의된 표본(biased sample)이라고 한다. 반면에 갤럽은 모든 유권자들에게 선택될 동등한 기회를 부여하고, 이들로부터 리터러리 다이제스트 잡지보다 상대적으로 아주 적은 표본을 얻었다. 갤럽의 표본은 유권자들의 의사가 잘 반영되어 있고, 모집단의 의사가 잘 반영된 표본으로 통계학에서는 이를 편의되지 않은 표본(unbiased sample)이라고 한다. 현재 갤럽이 수행한 것과 같은 통계적인 표본조사방법에 익숙해져 있는 우리는 어떻게 두 조사에서 표본이 얻어졌는가 하는 것만으로도 이미 조사결과의 정확성에 대하여 판단할 수 있을 것이다.

정리하면 모집단에 대한 정보를 얻기 위해 우리는 모집단을 가장 잘 대표한다고 생각되는 적절한 표본을 얻어야 한다. 이렇게 모집단의 특성에 맞게 적절한 표본을 선택하는 과정을 표본추출(sampling)이라고 한다.

모집단의 모든 구성원에게 표본으로 선택될 동등한 기회를 부여하는 것만으로 적절한 표본을 얻을 수 있을까? 통계학에서는 표본으로 선택될 동등한 기회를 부여하는 것을 표본으로 선택될 확률을 아는 것이라고 하며, 이렇게 표본으로 선택될 확률을 알고 얻어진 표본을 확률표본(random sample)이라고 한다.

이제 표본으로 선택될 확률을 알고 나면, 어떻게 표본을 선택해야 할 것인가 하는 문제가 남는다. 어떤 방법이 연구자의 주관을 배제하고 모집단이 가진 특성을 대표할 수 있도록 객관적으로 선택할 수 있게 할까? 우리 모두가 아주 간단하고 직관적으로 이 과정을 잘 설명해주는 선택방법을 알고 있다. 제비뽑기, 복권추첨 등이 이에 해당한다. 복권을 구입하는 사람은 전체 발행매수를 알면, 자신이 1등으로 선택될 확률을 알게 되고 이는 또 다른 복권을 구입한 사람에게도 마찬가지이다. 복권은 따라서 1등으로 선택될 확률이 모두 동등한 조건에서 추첨을 수행하고, 보다 객관적이기 위해 회전판, 번호가 적힌 공 등을 이용한다. 모집단을 대표하는 표본 역시 이러한 방법을 직접 응용할 수 있다. 임의(random)로 표본을 선택하는 것이다. 이 때 회전판, 번호가 적힌 공 그리고 제3장에서 이용했던 난수표 등을 임의장치(random device)라고 한다. 그리고 이러한 임의장치를 통해 임의로 표본을 선택하여 추출하는 방법을 단순확률표본추출(simple random sampling)이라고 하며, 이와 같은 방식으로 얻은 표본을 단순확률표본(simple random sample)이라고 한다. 이 책에서는 다른 언급이 없으면 표본은 단순확률표본을 지칭하기로 한다.

단순확률표본은 통계학에서 여러 가지 좋은 특징을 갖게 된다. 그 중 가장 큰 특징의 하나로 단순확률표본은 표본으로 선택될 모집단의 구성원들이 서로 표본으로 선택되는데 영향을 주지 않으며, 통계학에서는 이를 서로 독립적으로 선택된다고 한다. 또한 단순확률표본이 모집단을 잘 대표하는 것은 물론이다. 그러나 모집단 전체 개별 구성원을 대상으로 단순확률추출을 통해 표본을 얻고자 하는 일이 항상 그렇게 용이한 일은 아니다. 모집단 전체에 대한 조사가 불가능한 실험을 수행하여야 할 경우에는 더욱 그렇다. 이런 경우 실험의 수행을 계획하는 방법이 필요하며, 이를 특히 실험계획(design of experiments)이라고 한다. 이러한 실험계획을 통해 얻어진 자료로부터 통계적 추론을 수행하는 내용은 제11장에서 다루게 될 것이다.

모집단이 가진 특성과 추출의 용이성에 따라 여러 표본추출방법들이 존재하며 통계학에서는 표본론(sampling theory)에서 이들 여러 방법들에 대하여 연구하고 있다. 이들 중 몇 가지 표본추출 방법을 소개하면, 모집단의 규모가 상당히 큰 대규모 조사에서 널리 이용되는 계통추출법(systematic sampling), 사전정보를 이용하여 모집단을 서로 동질적인 부모집단(subpopulation)으로 나눈 후 표본을 선택하는 층화추출법(stratified sampling)이 있다. 그리고 모집단을 상대적으로 작은 부모집단 혹은 집락(cluster)으로 나누고 이들 중 일부를 임의로 선택하고 선택된 집락을 표본으로 하는 집락추출법(cluster sampling)등이 널리 이용되고 있다.

7.3 표본통계량의 분포

리터러리 다이제스트 잡지의 예에서 우리는 특정 후보의 지지율이 얼마나 될 것인가에 관심이 있었다. 이 때 통계 용어로 표현을 하자면, 당시 투표권이 있는 사람들의 전체 모임이 모집단이고, 특정 후보에 대한 지지율은 모집단 중에서 이 후보를 지지하는 사람들이 차지하는 모비율이 된다. 이 모비율의 값을 알기 위해 리터러리 다이제스트 잡지와 갤럽은 모두 표본 조사를 실시하였고, 표본으로 뽑힌 사람들 중에서 특정 후보자를 지지하는 사람들이 차지하는 표본비율을 구하여 사용하였다.

보통 모집단에서 관심 있는 사건이 차지하는 비율을 모비율(population proportion)이라 하고 p로 표기한다. 그리고 표본으로부터 얻어지는 비율을 표본비율(sample proportion)이라고 하며 $\hat{p}$라고 표기하는데, 이는 표본비율을 모비율에 대한 추측값으로 많이 사용하기 때문이다. 만약 표본의 개수가 n개이고, 이 중 관심 있는 것의 개수를 X라고 하면 표본비율은

$$\hat{p} = \frac{X}{n}$$

이 된다.

모비율 p는 고정된 상수이지만 표본비율 $\hat{p}$은 표본이 임의적으로 선택되었기 때문에 어떠한

표본이냐에 따라 그 값이 달라질 수 있다. 예를 들어, 앞에서 살펴 본 예에서 갤럽이 1500명을 표본으로 추출하여 조사한 결과 루즈벨트에 대한 지지율이 55%이었다. 그러나 다시 1500명을 임의로 뽑아 조사하면 어떻게 될까? 여전히 지지율이 55%일까? 아마 아닐 것이다. 첫 번째 표본조사에 뽑힌 1500명과 두 번째 조사에서 뽑힌 1500명은 동일하지 않을 것이며, 1500명 중 루즈벨트를 지지하는 사람들의 명수도 다를 것이고, 표본비율도 달라질 것이다. 이와 같이 표본비율은 추출된 표본이 달라지면서 여러 가지 값을 가질 수 있으며, 상수가 아닌 확률변수로 취급해야 한다.

일반적으로 표본비율, 표본평균, 표본분산과 같이 표본으로부터 계산되는 값들을 통계량(statistic)이라고 부르며, 이들은 확률변수이고 확률분포를 가지게 된다. 그리고 통계량의 확률분포는 모집단에서 특정 표본이 추출될 확률과 관련되어 있으므로 표본분포(sampling distribution)라고 부른다.

표본비율 $\hat{p}$의 확률분포를 구하기 전에 표본 중 관심 있는 것의 개수 X에 대한 확률분포부터 구해보자. 이해를 돕기 위해 예를 들기로 한다. 모집단이 다음과 같이 3개의 ▲와 7개의 ●로 구성되어 있다고 하자. 따라서 모집단에서 ▲의 모비율은 $p = 0.3$이 된다.

〈표 7-1〉 가상 모집단

개별 구성원	●	●	▲	●	▲	●	●	●	▲	●
선택될 확률	0.1	0.1	0.1	0.1	0.1	0.1	0.1	0.1	0.1	0.1
일련 번호	1	2	3	4	5	6	7	8	9	10

위의 가상모집단에서 5개의 표본을 추출하고자 한다. 이 때 표본으로 추출된 구성원을 다시 환원하여 추출하기로 한다. 즉 가상모집단의 구성원 10개가 들어있는 주머니에서 한 개를 뽑고, 뽑은 구성원을 다시 주머니에 넣고 다음 구성원을 뽑는 것이다. 이와 같은 방법을 복원 추출(sampling with replacement)이라고 하며, 반대로 추출된 구성원을 다시 환원하지 않고 추출하는 방법을 비복원 추출(sampling without replacement)이라고 한다. 복원 추출로 표본을 뽑는 경우, 첫 번째 결과가 두 번째 결과에 영향을 주지 않으며, 두 번째 시행에서 나올 수 있는 결과와 그 가능성은 첫 번째 시행과 같다.

위의 가상모집단에서 복원 추출로 5개의 표본을 추출할 때, 한 개의 표본을 추출하면 나올 수 있는 결과는 ▲와 ● 뿐이며, 이 중 ▲가 나올 가능성은 모비율 0.3과 같다. 그러므로 표본을 추출하는 각 시행은 성공확률이 0.3인 베르누이 시행이 된다. 또한 복원 추출에서는 5번의 표본 추출 결과가 서로 영향을 주지 않는다. 따라서 5개의 표본 중 ▲의 개수를 확률변수를 X라고 하면, 확률변수 X는 시행횟수가 5이고, 성공확률이 0.3인 이항분포를 따르게 되고,

$$P(X=x)=\binom{5}{x}0.3^x 0.7^{5-x},\ \ x=0,1,2,3,4,5$$

이 성립한다. 이러한 사실로부터 표본비율 $\hat{p}=X/5$의 확률분포를 구하면, <표 7-2>와 같고, [그림 7-1]은 이를 확률막대그림으로 나타낸 것이다.

〈표 7-2〉 표본비율의 확률분포, 복원추출

x	$\hat{p}=x/5$	확 률
0	0.0	0.168
1	0.2	0.360
2	0.4	0.309
3	0.6	0.132
4	0.8	0.028
5	1.0	0.002

그리고 표본비율 $\hat{p}=X/5$의 기댓값과 분산을 구하면,

$$E(\hat{p})=E\left(\frac{X}{5}\right)=\frac{E(X)}{5}=\frac{5\times0.3}{5}=0.3$$

$$V(\hat{p})=V\left(\frac{X}{5}\right)=\frac{V(X)}{5^2}=\frac{5\times0.3\times0.7}{5^2}=\frac{0.21}{5}$$

이고, 표본비율의 기댓값이 모비율과 같음을 확인할 수 있다.

[그림 7-1] 표본비율의 확률막대그림, 복원추출

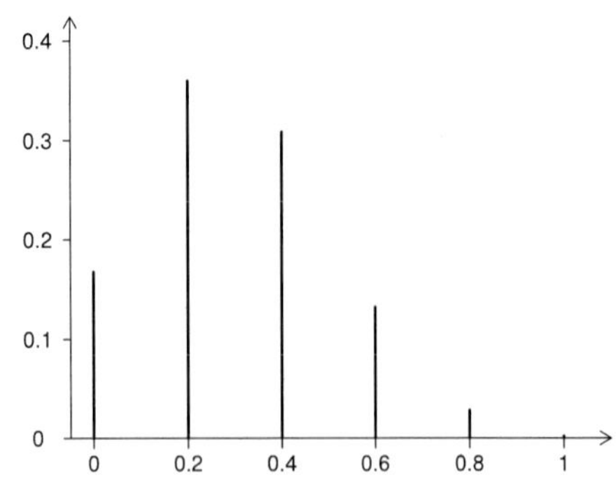

만약 비복원 추출로 표본을 뽑으면 어떻게 될까? 이 경우에는 표본을 추출하는 각각의 시행은 베르누이 시행이지만, 각 시행이 서로 독립이 되지 않는다. 예를 들어 첫 번째 표본을 추출한 결과 ▲가 나오면, 두 번째 표본을 뽑기 전의 모집단의 상태는 ▲ 2개, ● 7개가 되며, 따라서 두 번째에 ▲가 뽑힐 가능성은 2/9가 된다. 그러나 첫 번째에 ●가 뽑히면, 모집단의 상태는 ▲ 3개, ● 6개가 되어 두 번째로 추출된 표본이 ▲일 가능성이 3/9이다. 따라서 비복원 추출로 표본을 추출하는 경우에 5개의 표본 중 ▲의 개수 X는 이항분포를 따르지 않는다. 비복원 추출로 순서대로 표본을 뽑는 것은 동시에 5개의 표본을 뽑는 것과 동일하다. 10개 중 ▲는 3개뿐이므로 X는 0, 1, 2, 3의 값만 가질 수 있고,

$$P(X=x)=\frac{\binom{3}{x}\times\binom{7}{5-x}}{\binom{10}{5}},\quad x=0,1,2,3$$

와 같은 확률을 가진다. 이와 같은 확률분포를 초기하분포(hypergeometric distribution)라고 한다.

이와 같이 동일한 모집단에서 동일한 개수의 표본을 추출한다고 하더라도 추출 방법에 따라 표본비율의 확률분포가 달라진다. 또한 모집단의 분포도 표본비율의 분포에 영향을 준다.

앞에서 가정한 것처럼 모집단의 분포가 <표 7-3>과 같으면, 복원 추출로 얻은 표본 5개 중 ▲의 개수 X는 $B(5,0.3)$을 따른다.

〈표 7-3〉 가상 모집단의 분포 (1)

구성원	●	▲	합
모비율	0.7	0.3	1

그러나 모집단의 분포가 아래에 주어진 <표 7-4>와 같으면, X의 확률분포는 $B(5,0.5)$이 된다.

〈표 7-4〉 가상 모집단의 분포 (2)

구성원	●	▲	합
모비율	0.5	0.5	1

앞에서 살펴본 바에 의하면, 모집단의 구성원이 유한개이면서 그 개수가 많지 않은 경우 표본 추출 방법에 따라 표본비율의 분포가 달랐다. 그러나 이 경우 전수 조사를 하면 모집단의 분포를 쉽게 구할 수 있으므로, 굳이 추출 방법을 고민하면서까지 표본 조사를 실시할 필요가 없다. 그럼 모집단의 구성원의 개수가 매우 많거나 무한 모집단인 경우, 표본 조사를 할 때 어떤 추출 방법을 써야 할까? 모집단의 구성원이 1000개이고, 이 중 300개는 ▲라고 하자. 그러면 모집단의 분포는 <표 7-3>과 동일하다. 이 때 비복원 추출 방법으로 5개의 표본을 추출하면, ▲의 개

수 X는 0부터 5까지의 정수를 모두 가질 수 있고, 다음과 같은 확률을 가진다.

$$P(X=x)=\frac{\binom{300}{x}\times\binom{700}{5-x}}{\binom{1000}{5}},\ \ x=0,1,2,3,4,5$$

여기서 $P(X=2)$을 좀 더 자세히 살펴보면, 조합의 정의에 의해

$$P(X=2)=\frac{\binom{300}{2}\times\binom{700}{3}}{\binom{1000}{5}}=\frac{\frac{300\times 299}{2!}\times\frac{700\times 699\times 698}{3!}}{\frac{1000\times 999\times\cdots\times 996}{5!}}$$

$$=\frac{5!}{2!\times 3!}\times\frac{300}{1000}\times\frac{299}{999}\times\frac{700}{998}\times\frac{699}{997}\times\frac{698}{996}$$

$$\approx\binom{5}{2}0.3^2 0.7^3$$

이 성립함을 알 수 있다. 마찬가지로 모든 $x=0,1,\cdots,5$에 대해

$$P(X=x)\approx\binom{5}{x}0.3^x 0.7^{5-x}$$

가 성립하며, 복원 추출로 뽑은 경우와 거의 차이가 나지 않는다. 그리고 무한 모집단의 경우에는 비복원 추출과 복원 추출로 표본을 뽑을 때에는 ▲의 개수의 확률분포가 동일하며, 따라서 표본비율의 확률분포도 같아진다.

이렇게 표본비율에서 얻은 사실은 표본평균에 대해서도 직접 적용할 수 있다. 이에 대한 예로 모집단 $\{1,2,3,4,5\}$에서 두 개의 표본을 복원 추출한 후 표본평균을 구하여 살펴보기로 하자.

[그림 7-2] 가상모집단의 분포

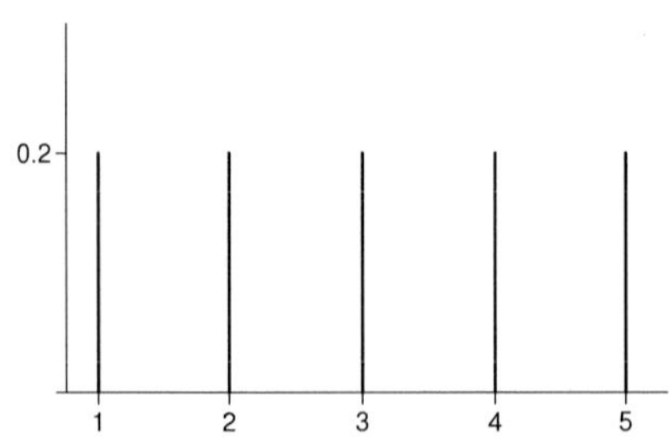

먼저 모집단의 분포는 [그림 7-2]와 같이 균일한 모양이며, 모평균은

$$\mu = 1 \times 0.2 + 2 \times 0.2 + \cdots + 5 \times 0.2 = 3$$

이다. 여기서 두 개의 표본을 복원 추출로 얻을 때, 가능한 모든 표본과 표본평균을 계산하여 정리하면 <표 7-5>와 같다.

〈표 7-5〉 **모든 가능한 표본과 표본평균**

가능한 표본	표본평균	확 률
(1,1)	1.0	1/25
(1,2) (2,1)	1.5	2/25
(1,3) (2,2) (3,1)	2.0	3/25
(1,4) (2,3) (3,2) (4,1)	2.5	4/25
(1,5) (2,4) (3,3) (4,2) (5,1)	3.0	5/25
(2,5) (3,4) (4,3) (5,2)	3.5	4/25
(3,5) (4,4) (5,3)	4.0	3/25
(4,5) (5,4)	4.5	2/25
(5,5)	5.0	1/25

이로부터 표본평균에 대한 기댓값을 구하면

$$E(\overline{X}) = 1.0 \times \frac{1}{25} + 1.5 \times \frac{2}{25} + \cdots + 5.0 \times \frac{1}{25} = 3$$

이 되고, 모평균 $\mu = 3$과 같다. 그리고 표본평균의 확률분포를 그림으로 나타내면 [그림 7-3]과 같은 모양을 얻는다. [그림 7-2]과 [그림 7-3]을 비교하면, 두 그림 모두 모평균 $\mu = 3$에 대해 좌우 대칭이지만, [그림 7-2]의 막대기의 높이가 동일한 것과는 다르게 [그림 7-3]은 막대기의 높이가 가운데가 높고 양 옆으로 갈수록 낮아짐을 확인할 수 있다. 즉, 표본평균의 확률분포가 모집단의 분포에 비해 좀 더 모평균 $\mu = 3$에 집중되어 있으며, 이는 모분산보다 표본평균의 분산이 더 작음을 의미한다.

[그림 7-3] **표본평균의 확률분포**

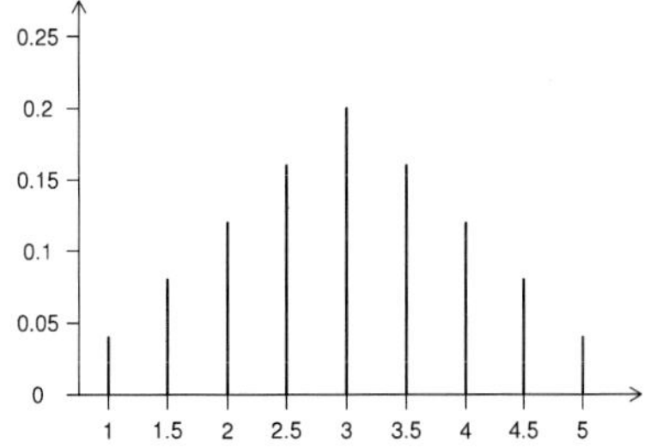

예제 7-1

모집단 $\{1, 2, 3, 4, 5\}$에서 두 개의 표본을 비복원 추출로 뽑는다고 하자. 이 때 표본평균의 확률분포를 구하여라.

풀이 7-1

다음은 모든 가능한 표본과 그에 따른 표본평균을 구하여 정리한 것이다.

표 본	(1,2)	(1,3)	(1,4)	(1,5)	(2,3)	(2,4)	(2,5)	(3,4)	(3,5)	(4,5)
표본평균	1.5	2.0	2.5	3.0	2.5	3.0	3.5	3.5	4.0	4.5

위에 주어진 10개의 표본이 각각 뽑힐 가능성은 모두 동일하므로, 이로부터 표본평균의 확률분포를 구하면 다음과 같다.

x	1.5	2.0	2.5	3.0	3.5	4.0	4.5
$P(\overline{X}=x)$	0.1	0.1	0.2	0.2	0.2	0.1	0.1

7.4 표본평균의 확률분포

앞에서 살펴본 것처럼 통계량의 확률분포는 모집단의 분포와 추출 방법의 영향을 받는다. 그러나 무한 모집단이나 구성원소의 개수가 아주 많은 유한 모집단처럼 전수 조사가 불가능하고 표본 조사가 불가피한 경우에는 추출 방법이 통계량의 확률분포에 큰 영향을 주지 못한다. 또한 비복원 추출보다 복원 추출로 얻은 통계량의 확률분포가 비교적 계산하기 쉽다. 따라서 이 절에서는 복원 추출로 얻은 표본만을 고려하고, 다양한 통계량 중 가장 많이 사용되는 표본평균에 대해 살펴보려 한다.

우리는 앞 절의 표본비율 예에서 복원 추출을 사용하는 경우, 표본을 추출하는 각각의 시행은 서로 독립이며, 성공확률이 모비율 $p=0.3$과 같은 베르누이 시행이 됨을 확인했다. 이와 같은 사실은 표본평균을 구하는 예에서도 성립한다. 모집단 $\{1,2,3,4,5\}$에서 복원 추출로 두 개의 표본을 뽑는 경우, 첫 번째 표본을 X_1, 두 번째 표본을 X_2라고 하자. 이 때 X_1과 X_2는 서로 독립이며, [그림 7-2]에 주어진 모집단의 분포와 동일한 확률분포를 가짐을 알 수 있다.

일반적으로 모집단에서 n개의 표본을 복원 추출하여 얻고, i번째 표본을 X_i라고 표기하면, n개의 확률변수 $X_1, X_2, \cdots, X_n$은 서로 독립이고, 동일하게 모집단의 분포를 따르게 된다. 이 때,

표본평균은

$$\overline{X} = \frac{1}{n}\sum_{i=1}^{n} X_i$$

와 같이 표현할 수 있다. 모평균을 μ, 모분산을 σ^2라고 할 때,

$$E(X_i) = \mu,\ \ V(X_i) = \sigma^2,\ \ i = 1,\ 2,\ \cdots,\ n$$

이 성립하므로, 기댓값과 분산의 성질을 이용하면

$$E(\overline{X}) = E\left(\frac{1}{n}\sum_{i=1}^{n} X_i\right) = \frac{1}{n}\sum_{i=1}^{n} E(X_i) = \frac{1}{n}\sum_{i=1}^{n} \mu = \mu$$

$$V(\overline{X}) = V\left(\frac{1}{n}\sum_{i=1}^{n} X_i\right) = \frac{1}{n^2}\sum_{i=1}^{n} V(X_i) = \frac{1}{n^2}\sum_{i=1}^{n} \sigma^2 = \frac{\sigma^2}{n}$$

을 얻는다. 이 사실은 앞 절에서 살펴본 표본비율과 표본평균의 예를 통해서도 확인할 수 있다. 따라서 복원 추출로 얻은 표본들의 표본평균은 모평균을 중심으로 퍼져 있으며, 표본의 개수 n이 클수록 좀 더 모평균에 밀집되어 있다. 만약 표본의 개수가 충분히 크면, 표본평균의 분산은 0에 가깝게 되고, 따라서 표본평균과 모평균은 거의 차이가 없게 된다. 이와 같은 이유로 표본평균을 모평균에 대한 추정값으로 많이 사용한다.

표본평균의 평균과 분산

모평균이 μ, 모분산이 σ^2인 모집단으로부터 복원 추출하여 얻은 n개의 표본으로 계산한 표본평균 $\overline{X}$에 대해 다음이 성립한다.

$$E(\overline{X}) = \mu,\ \ V(\overline{X}) = \frac{\sigma^2}{n}$$

예제 7-2

모집단 $\{1,2,3,4,5\}$에서 복원 추출로 두 개의 표본을 뽑는다고 하자. 모평균 μ와 모분산 σ^2의 값을 구하여라. 그리고 두 개의 표본으로부터 계산한 표본평균 $\overline{X}$의 기댓값과 분산을 구하고, 두 결과를 비교하여라.

풀이 7-2

[그림 7-2]에 주어진 모집단의 분포를 이용하면, 모평균과 모분산은

$$\mu = \sum_{x=1}^{5} x \times 0.2 = 3,\ \ \sigma^2 = \sum_{x=1}^{5} (x-3)^2 \times 0.2 = 2$$

과 같이 계산된다. 그리고 표본평균의 확률분포는 <표 7-5>에 주어져 있으므로, 이를 이용하면 표본평균의 기댓값과 분산을 다음처럼 구할 수 있다.

$$E(\overline{X}) = 1\times\frac{1}{25} + 1.5\times\frac{2}{25} + \cdots + 5\times\frac{1}{25} = 3$$

$$V(\overline{X}) = (1-3)^2\times\frac{1}{25} + (1.5-3)^2\times\frac{2}{25} + \cdots + (5-3)^2\times\frac{1}{25} = 1$$

이들 값을 비교하면, $E(\overline{X}) = 3 = \mu$와 $V(\overline{X}) = 1 = \frac{\sigma^2}{2}$가 성립함을 확인할 수 있다.

이제 표본평균의 확률분포를 구해보자. 만약 모집단의 분포가 $N(\mu, \sigma^2)$이라고 하면, 복원 추출로 뽑은 표본 X_1, X_2, $\cdots$, X_n도 서로 독립이면서 정규분포를 따른다. 그러므로 정규분포의 성질에 의해

$$\overline{X} = \frac{1}{n}\sum_{i=1}^{n} X_i \sim N\left(\mu, \frac{\sigma^2}{n}\right)$$

이 성립한다.

그럼 모집단의 분포가 정규분포가 아닐 때 표본평균의 확률분포는 무엇이 될까? 앞 절에서 살펴본 표본평균 예제를 다시 생각해보자. 모집단이 $\{1, 2, 3, 4, 5\}$으로 모집단의 분포는 [그림 7-2]에서 보듯이 정규분포가 아니다. 이 때 표본의 수를 $n = 2, 3, 4, 5$로 늘려가면서 표본평균의 확률분포를 구하면, [그림 7-4]처럼 변하는 것을 알 수 있다. 표본의 수를 증가시킬수록 모평균 $\mu = 3$을 중심으로 분포가 밀집되어 가며, 분포의 모양도 모집단의 분포와는 다르게 점점 더 종 모양에 가까워지는 것을 확인할 수 있다.

[그림 7-4] 표본의 개수에 따표본평균의 확률분포

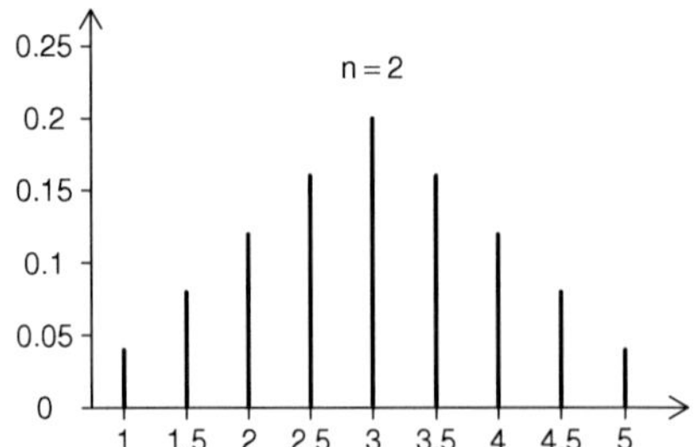

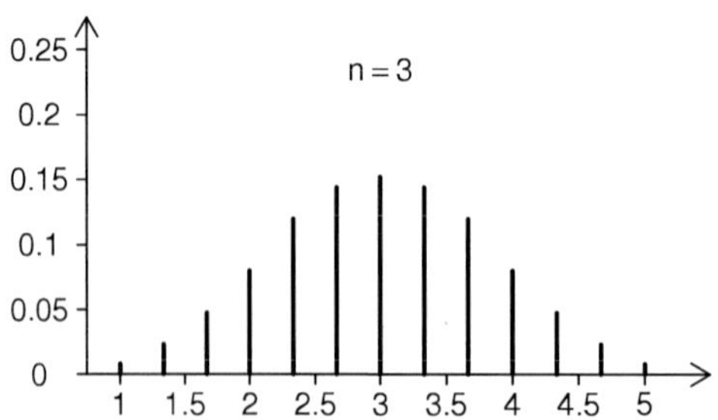

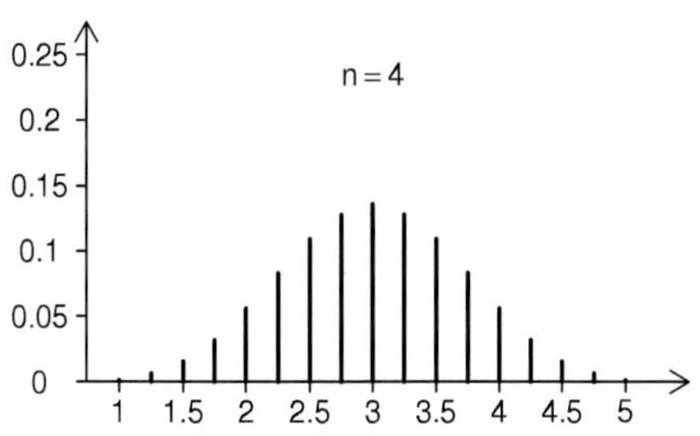

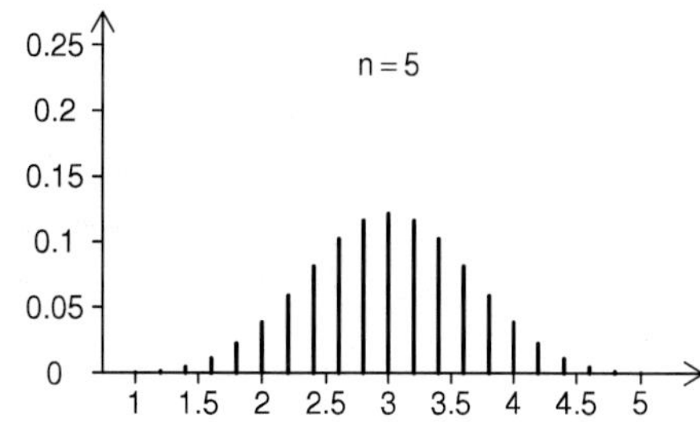

이러한 현상은 위 예제뿐만 아니라 일반적으로 모집단의 분포에 관계없이 나타나는 현상으로 다음과 같이 요약할 수 있다.

중심극한정리(central limit theorem)

$X_1, X_2, \cdots, X_n$이 서로 독립이고, 평균이 μ, 분산이 σ^2인 분포를 동일하게 따른다고 하자. 표본평균 $\overline{X}=\dfrac{1}{n}\sum_{i=1}^{n}X_i$에 대해 다음이 성립한다.

$$\lim_{n\to\infty}P\left(\frac{\overline{X}-\mu}{\sigma/\sqrt{n}}\le x\right)=\Phi(x),\ \ x\in\mathbb{R}$$

여기서 $\Phi(x)$는 표준정규분포의 누적분포함수를 뜻한다. 다시 말해, n이 충분히 클 때 $\overline{X}$는 근사적으로 $N(\mu,\sigma^2/n)$을 따른다.

중심극한정리는 통계학에서 매우 중요한 정리이다. 일반적으로 표본평균의 정확한 분포는 구하기 어려우나, 중심극한정리를 활용하면 표본의 개수가 충분히 클 때 표본평균의 근사 분포를 구할 수 있고, 이로부터 다음 예제와 같은 문제를 풀 수 있다.

예제 7-3

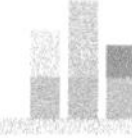

어느 회사에서 생산되는 건전지의 평균수명은 1000시간이고 분산은 2500이라고 한다. 만일 100개의 건전지를 단순확률표본으로 추출했을 때, 100개의 평균 수명이 990시간 미만일 확률을 구하라.

풀이 7-3

건전지 100개의 평균 수명에 대한 정확한 분포는 알 수 없지만, 중심극한 정리에 의해 표본평균 $\overline{X}$는 $N(1000, 2500/100)$을 근사적으로 따르는 것을 알 수 있다. 따라서 구하고자 하는 확률은

$$P(\overline{X}<990)=P\left(\frac{\overline{X}-1000}{5}<\frac{990-1000}{5}\right)\approx P(Z<-2)=0.0228$$

이 된다. 여기서 Z는 표준정규분포를 따르는 확률변수를 의미한다.

마지막으로 중심극한정리를 응용하여 얻은 이항분포의 정규근사에 대해 알아보겠다. 앞 절에서 본 것처럼 ▲와 ●만으로 구성된 이항모집단을 생각하자. 그리고 모집단에서 ▲이 차지하는 비율을 p라고 한다. 이 모집단에서 복원 추출로 n개의 표본을 얻을 때, i번째 표본을 이용하여 다음과 같은 확률변수

$$X_i = \begin{cases} 1, & i\text{번째 표본이 ▲일 때} \\ 0, & i\text{번째 표본이 ●일 때} \end{cases}$$

를 정의하면, n개의 표본 중 ▲의 개수 X는

$$X = \sum_{i=1}^{n} X_i$$

가 성립하고, 따라서 표본비율 $\hat{p}$는

$$\hat{p} = \frac{X}{n} = \frac{1}{n}\sum_{i=1}^{n} X_i = \overline{X}$$

라고 표현할 수 있다. 여기서 $X_1, X_2, \cdots, X_n$은 서로 독립이고, $B(1,p)$을 동일하게 따르므로, 중심극한정리에 의하면 표본비율 $\hat{p}$은 n이 충분히 큰 값을 가질 때 근사적으로 $N\left(p, \frac{p(1-p)}{n}\right)$을 따르게 된다. 그러므로 모든 $x = 0, 1, 2, \cdots, n$에 대해

$$P(X \le x) = P\left(\hat{p} \le \frac{x}{n}\right) = P\left(\frac{\hat{p} - p}{\sqrt{p(1-p)/n}} \le \frac{x/n - p}{\sqrt{p(1-p)/n}}\right)$$

$$\approx P\left(Z \le \frac{x/n - p}{\sqrt{p(1-p)/n}}\right) = P\left(Z \le \frac{x - np}{\sqrt{np(1-p)}}\right)$$

이 성립한다. 여기서 X는 $B(n,p)$를 따르므로, 지금까지의 내용을 정리하면 다음과 같은 사실을 얻을 수 있다.

이항분포의 정규근사

$X \sim B(n,p)$이고, 시행횟수 n이 충분히 클 때, 다음이 성립한다.

$$P(X \le x) \approx P\left(Z \le \frac{x - np}{\sqrt{np(1-p)}}\right), \quad x = 0, 1, 2, \cdots, n$$

확률변수 X가 $B(7,0.5)$를 따를 때, X가 4 이하일 확률을 구해보자. 이항분포의 확률질량함

수를 이용하면

$$P(X \leqq 4) = \sum_{x=0}^{4} \binom{7}{x} 0.5^x 0.5^{7-x} = 0.7734$$

와 같이 정확한 확률을 구할 수 있다. [그림 7-5]에서 보듯이 $B(7,0.5)$의 확률막대그림은 $N(3.5,1.75)$의 확률밀도함수와 비슷하게 생겼다. 그러므로 정규분포를 이용하여 확률을 구해도 그 값이 별로 차이가 없을 것이라 짐작할 수 있고, 이를 이론적으로 규명하여 정리한 것이 이항분포의 정규근사인 것이다. 이를 이용하여 $P(X \leqq 4)$의 근사값을 구하면,

$$P(X \leqq 4) = P\left(\frac{X-3.5}{\sqrt{1.75}} \leqq \frac{4-3.5}{\sqrt{1.75}}\right) \approx P(Z \leqq 0.38) = 0.6480$$

이 된다. 그러나 이산확률변수의 성질에 의해

$$P(X \leqq 4) = P(X < 5) \approx P\left(Z < \frac{5-3.5}{\sqrt{1.75}}\right) = P(Z < 1.13) = 0.8708$$

도 성립한다. 그러나 이 두 값은 정확한 확률값 0.7734와 약간의 차이가 있으며, 4와 5의 중간값인 4.5를 이용하면

$$P(X \leqq 4) = P(X < 4.5) \approx P\left(Z < \frac{4.5-3.5}{\sqrt{1.75}}\right) = P(Z < 0.76) = 0.7764$$

과 같이 더 가까운 값을 얻을 수 있다. 이를 연속성수정(continuity correction)이라고 한다.

[그림 7-5] 이항분포의 정규분포로의 근사

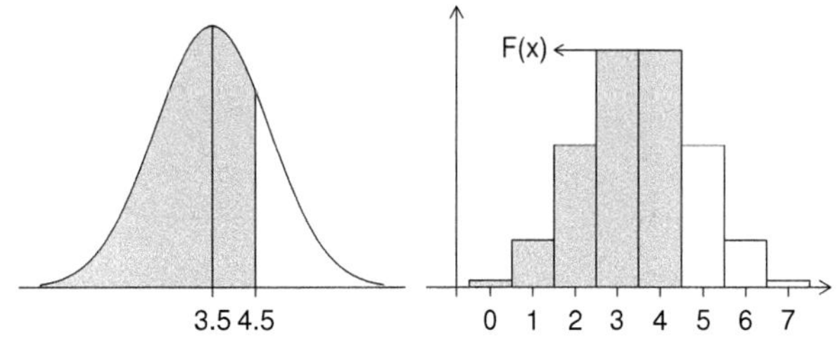

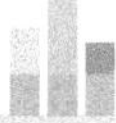

예제 7-4

어느 농구선수가 공을 한 번 던져서 숏에 성공할 확률이 0.5라고 한다. 이번 게임에서 숏을 50번 시도할 때 최소한 30번 이상 성공할 확률을 구하여라.

풀이 7-4

50번의 시도 중에서 성공의 수를 X라고 하면 X는 $B(50, 0.5)$를 따른다. 이 때 구하는 확률은

$$P(X \geq 30) = \sum_{x=30}^{50} \binom{50}{x} 0.5^x 0.5^{50-x}$$

으로 계산의 양이 상당히 많다. 그런데 $np = 50 \times 0.5 = 25$이고 또 $np(1-p) = 12.5$이며, $n = 50$이 충분히 크므로 이항분포의 정규근사에 연속성 수정을 적용하면

$$P(X \geq 30) = P(X > 29.5) \approx P\left(Z > \frac{29.5 - 25}{\sqrt{12.5}}\right) = P(Z > 1.27) = 0.102$$

과 같이 근사값을 구할 수 있다.

예제 7-5

확률변수 X가 $B(25, 0.2)$를 따를 때 X가 5이상의 값을 가질 확률을 다음에 주어진 분포를 이용하여 구하여라.

(1) 이항분포

(2) 포아송분포

(3) 정규분포

풀이 7-5

(1) 이항분포의 확률질량함수를 이용하면, 구하는 확률은 다음과 같다.

$$P(X \geq 5) = 1 - P(X \leq 4) = 1 - \sum_{x=0}^{4} \binom{25}{x} 0.2^x 0.8^{25-x} = 0.579$$

(2) 이항분포의 포아송근사를 이용하면, $\lambda = np = 5$이므로 다음과 같이 구할 수 있다.

$$P(X \geq 5) = 1 - P(X \leq 4) = 1 - \sum_{x=0}^{4} \frac{e^{-5} 5^x}{x!} = 0.56$$

(3) 연속성 수정을 적용한 정규근사를 이용하면,

$$P(X \geq 5) = P(X > 4.5) \approx P\left(Z > \frac{4.5 - 5}{2}\right) = P(Z > -0.25) = 0.5987$$

과 같다.

07장 연습문제

01 $N=10$인 모집단으로부터 $n=3$인 표본을 추출할 때 가능한 표본 각각의 확률은 얼마인가?

02 모집단으로부터 표본을 추출할 때, 표본의 크기가 다음과 같으면 평균의 표준오차는 어떻게 되는지 설명하시오.

(1) 20에서 400으로 증가

(2) 490에서 40으로 감소

03 어떤 모집단이 2, 3, 6, 8, 11로 구성되어 있다. 표본의 크기 2인 복원추출을 할 때 표본평균 $\overline{X}$의 평균과 분산을 계산하시오.

04 3번문제에서 비복원 추출을 한다면 $\overline{X}$의 평균과 분산은 어떻게 되겠는지 설명하시오.

05 어떤 전구회사에서 만든 전구의 평균수명은 60,000시간이고, 표준편차는 40,000시간이다. 이 회사제품에서 100개를 무작위로 추출하여 평균수명을 조사했을 때, 68,000시간 이상일 확률을 구하시오.

06 모평균이 120, 무분산이 100인 모집단으로부터 100명을 추출했을 때와 400명을 추출하였을 때의 $\overline{X}$의 분포를 설명하고 $\overline{X}$가 119와 121 사이의 값을 가질 확률을 각각 구하시오.

07 모집단의 크기가 500이고 모평균이 5.02kg, 표준편차가 0.3kg인 모집단에서 크기 100인 확률표본을 복원추출할 때 $\overline{X}$가 4.96kg이상 5kg이하일 확률을 구하시오.

08 어떤 법안의 폐지에 대해 전 국민의 60%정도가 찬성한다고 할 때 200명을 임의로 추출하여 이에 대한 찬반을 묻는다면 이 표본에서의 찬성비율이 55%보다 작을 확률을 구하시오.

An introduction to statistics

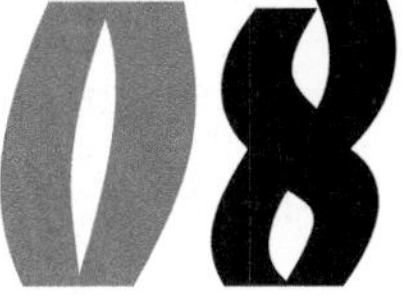

추 정

CONTENTS

8.1 서 론

이전 장에서 서술한 것처럼 통계적 추론(statistical inference)이란 표본조사를 통해 얻은 자료를 분석하여 모집단의 특성을 파악하고 합리적인 의사결정을 하는 일련의 과정을 말한다. 만약 표본자료로부터 모집단의 분포를 제대로 추측할 수 있다면 모집단의 특성을 잘 파악할 수 있을 것이다. 그러나 일반적으로 이는 매우 복잡하고 어려운 일이므로, 많은 경우 모집단의 분포를 추측하는 대신 모평균, 모비율, 모분산처럼 모집단의 분포의 특징을 나타내는 대푯값들을 추측하고 이 추측값들을 이용하여 의사결정을 한다.

모집단의 분포의 특징을 나타내는 대푯값을 모수(population parameter)라고 부르며, 모수와 관련된 통계적 추론 문제는 (1) 모수의 추정(estimation)과 (2) 모수에 대한 가설검정(hypothesis testing)으로 구분할 수 있다. 그리고 추정은 모수의 추측값으로 사용될 하나의 값을 구하는 점추정(point estimation)과 모수가 속할 것으로 예상되는 구간을 구하는 구간추정(interval estimation)으로 세분할 수 있다. 모수에 대한 점추정과 구간추정, 가설검정은 자료분석의 목적에 따라 구분하였지만, 실제 이 문제들은 서로 관련이 깊다. 많은 경우 모수에 대한 구간추정과 가설검정은 점추정 단계에서 얻은 추측값을 바탕으로 이루어지며, 점추정에서 모수의 참값에 대한 추측값으로 사용할 통계량을 잘 선택해야 추정과 가설검정에서 좋은 결과를 얻을 수 있다. 그러나 점추정에서 추정에 사용할 통계량을 아무리 잘 선택하여도 표본은 모집단의 일부이기 때문에 표본으로부터 구한 추측값이 모수의 참값과 100% 일치하기는 힘들다. 그러므로 모수에 대한 통계적 추론에서는 부정확한 정도도 함께 표시해주어야 하며, 이 부분에서 앞서 배운 확률과 표본분포가 사용된다.

이 장에서는 모수에 대한 추정 문제를 중점적으로 다루고, 가설검정은 다음 장에서 다루기로 한다. 먼저 제8.2절에서 모수의 추정에 대한 일반적인 개념과 용어에 대해 공부한다. 그리고 제8.3절부터 제8.5절까지 모집단의 대표적인 모수인 모평균, 모비율, 모분산에 대한 점추정과 구간추정에 대해 알아본다.

8.2 모수의 추정

관심의 대상이 되는 모수의 참값을 모를 때 표본으로부터 얻은 통계량을 이용하여 모수의 참값을 추측하는 과정을 추정이라고 한다. 이 때 표본으로부터 얻은 다양한 통계량 중 모수의 참값에 대한 추측값으로 사용할 하나의 통계량을 선택하여 제시하는 과정을 점추정이라고 하고, 모수의 참값이 속할 것이라고 예상되는 구간을 택하는 과정을 구간추정이라고 한다.

먼저 모수의 점추정에 대해 알아보자. 이를 위해 조사자가 관심을 가지는 모수를 θ로 표기하고, 참값이 알려지지 않은 상수라고 여긴다. 그리고 모집단에서 임의로 추출한 n개의 확률표본을 $X_1, X_2, \cdots, X_n$이라 하고, 확률표본을 실제로 관측하여 얻은 관측값을 $x_1, x_2, \cdots, x_n$으로 표현하자. 예를 들어 조사자가 한국의 가구당 월평균 소득에 관심이 있다고 하자. 이 경우 모집단은 한국의 전체 가구이고, 관심 모수 θ는 가구별 월소득액의 전체 평균값, 즉 모평균을 의미한다. 그리고 모평균 θ의 값을 알아보기 위해 한국의 전체 가구에서 임의로 100가구를 선택하여 월소득액을 조사한다고 하면, 표본의 크기 n은 100이고, X_i는 i번째로 선택된 가구의 월소득액을 나타낸다. 만약 실제 조사 결과 모집단에서 추출된 100가구의 월소득액이 가구 순서대로 300만원, 450만원, 700만원, … , 500만원이었다면, X_1의 관측값 x_1은 300만원, X_2의 관측값 x_2는 450만원이 된다.

일단 표본 $X_1, X_2, \cdots, X_n$이 주어지면 이들을 가지고 표본평균 $\overline{X} = \frac{1}{n}\sum_{i=1}^{n} X_i$이나 표본분산 $S^2 = \frac{1}{n-1}\sum_{i=1}^{n}(X_i - \overline{X})^2$과 같은 다양한 통계량들을 정의할 수 있다. 점추정이란 다양한 통계량들 중에서 모수 θ를 추측하는데 사용할 하나의 통계량을 선택하고, 실제 관측값 $x_1, x_2, \cdots, x_n$으로부터 선택한 통계량의 값을 계산하여 모수 θ에 대한 추측값으로 제시하는 과정을 말한다. 이 때 선택된 통계량은 모수 θ를 추정하기 위해 사용되므로 θ의 추정량(estimator)이라고 부르며, $\hat{\theta}(X_1, X_2, \cdots, X_n)$ 또는 간단히 $\hat{\theta}$으로 표시한다. 그리고 확률표본 $X_1, X_2, \cdots, X_n$ 대신 실제 얻은 관측값 $x_1, x_2, \cdots, x_n$을 이용하여 계산한 추정량의 관측값 $\hat{\theta}(x_1, x_2, \cdots, x_n)$은 추정값(estimate)이라고 부른다. 보통 추정량과 추정값이 혼동되지 않을 때에는 추정값도 추정량과 마찬가지로 간단히 $\hat{\theta}$라고 표기한다.

추정량과 추정값

참값이 알려지지 않은 모수 θ의 추정에 사용되는 통계량을 θ의 추정량이라 부르고, $\hat{\theta}(X_1, X_2, \cdots, X_n)$ 또는 간단히 $\hat{\theta}$으로 표시한다. 그리고 추정량 $\hat{\theta}$의 관측값 $\hat{\theta}(x_1, x_2, \cdots, x_n)$을 θ의 추징값이라고 한다.

앞에서 살펴본 가구당 월평균 소득액 예제에서 관심 모수 θ는 한국 전체 가구의 월소득액의 평균값이고, 이를 추정하기 위해 100개의 가구를 랜덤하게 추출하여 월소득액을 조사하였다. 우리는 표본조사로 얻은 표본 $X_1, X_2, \cdots, X_{100}$으로부터 표본평균, 표본분산, 표본중앙값, 표본범위 등 다양한 통계량을 얻을 수 있다. 이 중에서 모수 θ를 추정하기 위해 어떤 통계량을 사용하는 것이 좋을까? 아마 대부분의 사람들은 표본평균을 떠올릴 것이다. 왜냐하면 모평균 θ는 한국 전체 가구의 월소득액 평균이고, 표본평균 $\overline{X} = (X_1 + \cdots + X_{100})/100$은 모집단의 일부인 100가구의 월소득액 평균으로 표본조사에서 100가구를 잘 선택하면 전체 평균 θ와 일부 평균 $\overline{X}$가 비슷할 것이라 생각하기 때문이다. 이 경우 모수 θ에 대한 추정량과 추정값은 다음과 같다.

$$추정량 : \hat{\theta}(X_1, X_2, \cdots, X_n) = \overline{X} = \frac{X_1 + X_2 + X_3 + \cdots + X_{100}}{100}$$

$$추정값 : \hat{\theta}(x_1, x_2, \cdots, x_n) = \overline{x} = \frac{300 + 450 + 700 + \cdots + 500}{100}$$

하지만 어떤 사람들은 수집한 표본 중에 월소득액이 1억원처럼 다른 가구에 비해 매우 크거나 또는 반대로 10만원처럼 매우 작은 가구도 있을 수 있으므로 10% 절삭평균이나 가중평균을 모평균 θ에 대한 추정량으로 사용하는 것이 좋지 않을까 생각하기도 한다. 이렇듯 관심 모수와 주어진 표본이 동일하더라도 다양한 추정량이 있을 수 있다.

어떤 추정량을 사용하더라도 모수의 참값을 100% 정확하게 추측할 수 없다. 월평균 소득액 예제에서 모평균 θ에 대한 추정량으로 표본평균을 사용하는 경우에도 θ는 한국의 모든 가구에 대한 월소득액의 평균이고 추정값 $\overline{x}$는 일부 표본으로 추출된 가구의 월소득액 평균이므로 두 값은 일반적으로 같지 않다. 또한 모평균 θ는 표본조사를 몇 번을 하더라도 θ의 참값을 모를 뿐 변하지는 않는다. 그러나 추정값 $\overline{x}$는 표본조사를 할 때마다 추출되는 가구가 바뀌므로 실제 얻게 되는 관측값 $x_1, x_2, \cdots, x_n$이 달라지며, 이로 인해 추정값 $\overline{x}$도 달라진다. 그러므로 점추정에서는 모수의 추정량을 선택하여 그 추정값을 계산하는 것 이외에 추정량의 정확도를 측정하여 제시할 필요가 있다.

그럼 추정량의 정확도는 어떻게 측정할 수 있을까? 추정량 $\hat{\theta}$는 모수 θ의 추측값으로 사용되므로 두 값의 차이가 작으면 정확하다고 할 수 있을 것이다. 하지만 추정량 $\hat{\theta}$는 추출된 표본에 따라 그 값이 달라지는 확률변수이므로 추정량 $\hat{\theta}$와 모수 θ와의 차이 또한 다양한 값을 갖는 확률변수가 된다. 그러므로 두 값의 차이 $\hat{\theta} - \theta$ 대신 요약값 $E\{(\hat{\theta} - \theta)^2\}$을 추정량의 정확도를 측정하는 도구로 많이 사용한다. 보통 추정량과 모수와의 차이 $\hat{\theta} - \theta$를 오차(error)라고 부르며, $E\{(\hat{\theta} - \theta)^2\}$는 오차를 제곱하여 구한 기댓값이므로 추정량 $\hat{\theta}$의 평균제곱오차(mean squared error)라고 하고 $MSE(\hat{\theta})$로 표기한다. 극단적으로 추정량 $\hat{\theta}$의 평균제곱오차의 값이 0이면 추정량 $\hat{\theta}$와 모수 θ는 정확하게 일치한다. 그리고 $MSE(\hat{\theta})$의 값이 작을수록 추정량의 정확도가 높다고 할 수 있다.

평균제곱오차

추정량 $\hat{\theta}$의 평균제곱오차는 다음과 같다.

$$MSE(\hat{\theta}) = E\{(\hat{\theta} - \theta)^2\}$$

기댓값의 성질을 이용하면 추정량의 평균제곱오차는 다음처럼 두 항의 합으로 나누어 쓸 수 있다.

$$
\begin{aligned}
MSE(\hat{\theta}) &= E\{(\hat{\theta}-\theta)^2\} \\
&= E\{(\hat{\theta}-E(\hat{\theta})+E(\hat{\theta})-\theta)^2\} \\
&= E\{(\hat{\theta}-E(\hat{\theta}))^2\}+2\times E(\hat{\theta}-E(\hat{\theta}))\times(E(\hat{\theta})-\theta)+(E(\hat{\theta})-\theta)^2 \\
&= E\{(\hat{\theta}-E(\hat{\theta}))^2\}+(E(\hat{\theta})-\theta)^2
\end{aligned}
$$

위 식에서 $E\{(\hat{\theta}-E(\hat{\theta}))^2\}$는 추정량 $\hat{\theta}$의 분산으로 추정량의 분포가 퍼져 있는 정도를 나타내고, $(E(\hat{\theta})-\theta)^2$은 추정량 분포의 중심위치와 모수 θ와의 거리를 의미한다. 추정량의 평균제곱오차가 작다는 것은 추정량의 분포가 중심위치에 밀집되어 있고, 동시에 중심위치가 모수의 참값에 가깝다는 것을 뜻한다.

추정량의 분포에서 중심위치 $E(\hat{\theta})$와 모수 θ의 차이, 즉 $E(\hat{\theta})-\theta$의 값을 추정량 $\hat{\theta}$의 편의(bias)라고 부르며, $Bias(\hat{\theta})$라 표시한다. 만약 $Bias(\hat{\theta})=0$이면, 모수 θ의 모든 참값에 대하여 $E(\hat{\theta})=\theta$가 성립하게 된다. 즉 추정값들이 모수의 참값을 중심으로 흩어져 있게 되는 것이다. 이 성질을 만족하는 추정량을 보통 불편추정량(unbiased estimator)이라고 부른다. 그리고 $Bias(\hat{\theta})\neq 0$인 추정량을 편의추정량(biased estimator)이라 한다. 아래 그림에서 보듯이 $Bias(\hat{\theta})>0$이면 추정량의 분포가 모수 θ의 참값보다 오른쪽으로 치우쳐 위치할 가능성이 높을 것이다. 따라서 이 경우엔 모수의 참값보다 큰 값을 갖는 추정값을 얻을 가능성이 크다.

[그림 8-1] 불편추정량과 편의추정량의 분포

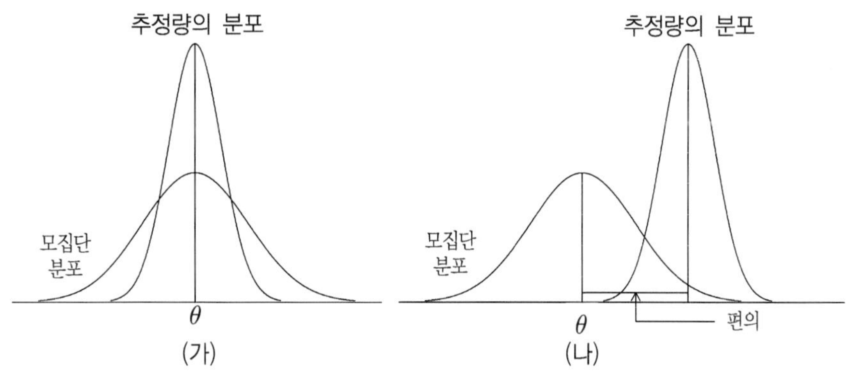

편의와 불편추정량

추정량 $\hat{\theta}$의 편의는 다음과 같다.

$$Bias(\hat{\theta}) = E(\hat{\theta}) - \theta$$

그리고 θ의 모든 참값에 대해

$$E(\hat{\theta}) = \theta, \text{ 즉 } Bias(\hat{\theta}) = 0$$

이 성립하면, 추정량 $\hat{\theta}$를 모수 θ에 대한 불편추정량이라 한다.

$\hat{\theta}$가 불편추정량이라고 하더라도 분포가 넓게 퍼져 있으면, 즉 추정량의 분산이 크면 우리가 실제 얻게 되는 추정값은 경우에 따라 모수의 참값으로부터 멀리 떨어진 값일 수도 있으며, 표본을 새롭게 추출할 때마다 추정값의 변화가 심할 것이다. 그러므로 추정값이 표본에 따라 많이 변하지 않는 안정적인 추정량이 되기 위해서는 추정량의 분포가 중심위치에 밀집되어 있는 것이 좋다. 또한 추정량 $\hat{\theta}$가 불편추정량인 경우

$$MSE(\hat{\theta}) = E\{(\hat{\theta} - E(\hat{\theta}))^2\} = V(\hat{\theta})$$

가 성립한다. 그러므로 추정량의 평균제곱오차 대신 추정량의 표준편차를 추정량의 정확도를 측정하는 도구로 사용하기도 한다. 표준편차의 성질을 이용하면 추정량 $\hat{\theta}$의 표준편차와 오차 $\hat{\theta} - \theta$의 표준편차는 같으므로, 흔히 추정량 $\hat{\theta}$의 표준편차를 $\hat{\theta}$의 표준오차라고 부르며, $S.E.(\hat{\theta})$으로 표기한다. 하나의 모수 θ에 대한 두 개의 추정량 $\hat{\theta}_1$과 $\hat{\theta}_2$을 고려하자. 만약 $S.E.(\hat{\theta}_1) < S.E.(\hat{\theta}_2)$이면, $\hat{\theta}_1$이 $\hat{\theta}_2$보다 더 효율적(efficient)인 추정량이라고 말하며, 이는 $\hat{\theta}_1$의 분포가 $\hat{\theta}_2$의 분포보다 밀집되어 있음을 뜻한다.

표준오차

추정량 $\hat{\theta}$의 표준편차를 표준오차라고 하며, 다음처럼 표시한다.

$$S.E.(\hat{\theta}) = \sqrt{V(\hat{\theta})}$$

이 외에도 추정량에 관한 성질로 일치성(consistency), 충분성(sufficiency), 로버스트성(robustness) 등이 있다. 이 중 일치성은 앞에서 배운 불편성(unbiasedness)이나 효율성(efficiency)에 비해 어려운 개념이지만 좋은 추정량이라면 반드시 만족해야하는 중요한 성질이기 때문에 일치성에 대해 소개한다. 일치추정량(consistent estimator)의 정의는 다음과 같다.

일치추정량

추정량 $\hat{\theta}=\hat{\theta}(X_1,X_2,\cdots,X_n)$이 임의의 양수 ϵ에 대하여

$$\lim_{n\to\infty} P\left(|\hat{\theta}(X_1,X_2,\cdots,X_n)-\theta|>\epsilon\right)=0$$

을 만족하면, 추정량 $\hat{\theta}$를 모수 θ에 대한 일치추정량이라 한다.

위에 주어진 식은 표본의 크기가 충분히 크면, 즉 자료의 개수가 충분히 많으면, 우리가 표본자료로부터 얻은 추정값은 대부분 모수의 참값에 매우 가깝다는 뜻이다. 이는 모수의 참값에 대한 추측값, 근사값을 구한다는 추정의 목적과도 부합한다. 그러나 위 정의를 이용하여 추정량의 일치성을 직접 따지는 것은 어렵다. 대신 다음에 주어진 마코프 부등식(Markov's inequality)를 이용하면, 앞에서 배운 추정량의 평균제곱오차나 표준오차를 이용하여 쉽게 추정량의 일치성을 밝힐 수 있다.

마코프 부등식

X가 0 이상의 값을 가지는 확률변수일 때, 임의의 양수 a에 대해 다음 부등식이 성립한다.

$$P(X \geqq a) \leq \frac{E(X)}{a}$$

마코프 부등식과 추정량의 평균제곱오차, 편의, 표준오차의 정의를 이용하면, 임의의 양수 ϵ에 대하여 다음 부등식이 성립함을 알 수 있다.

$$P(|\hat{\theta}-\theta|>\epsilon) \leqq \frac{MSE(\hat{\theta})}{\epsilon^2} = \frac{Bias^2(\hat{\theta})+S.E.^2(\hat{\theta})}{\epsilon^2}$$

그러므로 추정량 $\hat{\theta}$의 편의와 표준오차에 대해

$$\lim_{n\to\infty} Bias(\hat{\theta})=0, \quad \lim_{n\to\infty} S.E.(\hat{\theta})=0$$

이 성립하면, 추정량 $\hat{\theta}$은 모수 θ에 대한 일치추정량이 된다. 만약 추정량 $\hat{\theta}$이 불편추정량이라면, 표본의 크기가 커질 때 $\hat{\theta}$의 표준오차 값만 0으로 수렴하여도 $\hat{\theta}$은 일치성을 만족한다.

지금까지 모수의 점추정 과정과 추정량의 성질에 대해 살펴보았다. 이제 모수에 대한 구간추정에 대해 알아보자. 앞서 서술했듯이 구간추정이란 표본으로부터 모수의 참값이 속하리라고 예상되는 구간을 구하는 것이다. 그러므로 점추정에서 추정량으로 쓸 한 개의 통계량을 선택한 것과 달리 구간추정에서는 구간의 양 끝점으로 사용할 두 개의 통계량을 골라야 한다. 선택한 두 개의 통계량 중 작은 것을 L, 큰 것을 U라고 하면 구간은 (L, U)가 될 것이다. 그럼 두 통계

량 L과 U는 어떻게 선택하면 좋을까?

우선 구간 (L, U)는 모수의 참값이 속할 것이라 기대되는 구간이므로 모수의 참값을 100% 포함하는 구간이면 좋지 않을까 생각할 수 있다. 그러나 다음 절에서 자세하게 살펴보겠지만 모평균의 참값을 100% 포함하는 구간은 $(-\infty, \infty)$, 모비율의 참값을 100% 포함하는 구간은 $(0,1)$이다. 이와 같이 모수의 참값을 100% 포함하는 구간을 구하는 경우, 우리가 구한 구간이 실제 모수를 추정하는데 어떤 정보도 주지 못할 수도 있다. 따라서 구간 (L, U)가 모수의 참값을 포함할 가능성이 95%나 90%처럼 100%보다는 작지만 100%에 가깝도록 구간을 구한다. 보통 구간이 모수의 참값을 포함할 확률부터 먼저 정하는데, 이 값을 신뢰수준(confidence level)이라고 부른다. 일단 신뢰수준이 $100(1-\alpha)\%$라고 주어지면, 부등식

$$P(L < \theta < U) \geq 1-\alpha$$

을 만족하도록 구간 (L, U)를 정한다. 이 구간을 모수 θ에 대한 $100(1-\alpha)\%$ 신뢰구간(confidence interval)이라 하고, L을 신뢰구간의 하한(lower limit), U를 신뢰구간의 상한(upper limit)이라고 한다. 보통 모수의 참값이 구간을 벗어나는 두 가지 경우, 즉 $\theta \leq L$인 경우와 $U \leq \theta$인 경우를 대등하게 취급하여 두 사건이 일어날 확률을 같은 값이 되도록 한다. 즉, 신뢰구간의 양 끝점으로

$$P(\theta \leq L) = \frac{\alpha}{2} = P(U \leq \theta)$$

을 만족하는 통계량 L과 U를 많이 사용한다.

신뢰구간

모수 θ에 대한 $100(1-\alpha)\%$ 신뢰구간은

$$P(L < \theta < U) \geq 1-\alpha$$

를 만족하는 구간 (L, U)를 말한다.

참고로 신뢰구간에서 L과 U는 확률표본 $X_1, X_2, \cdots, X_n$을 가지고 만든 통계량으로 확률변수이며, 추출되는 표본에 따라 다양한 값을 가질 수 있다. 그리고 l과 u를 실제 관측값 $x_1, x_2, \cdots, x_n$을 가지고 구한 L과 U의 관측값이라고 할 때, 구간 (l, u) 또한 모수 θ에 대한 $100(1-\alpha)\%$ 신뢰구간이라고 부른다.

8.3 모평균에 대한 추정

모평균은 모집단의 분포에 대한 중심위치를 의미하는 대표적인 모수로 대부분의 사람들이 관심을 갖는 값이다. 한국의 가구당 월평균 소득액, 전국 대학생들의 평균키, 어느 회사의 형광등의 평균 수명 등 모두 모평균에 대한 문제이다. 이 절에서는 모평균에 대한 점추정과 구간추정에 대해 알아본다.

먼저 모평균에 대한 점추정부터 생각해 보자. 앞서 한국의 가구당 월평균 소득액 예제에서 설명한 것처럼 표본평균, 절삭평균, 가중평균 등 다양한 통계량을 모평균에 대한 추정량으로 사용할 수 있다. 이 중에서 표본평균은 계산하기도 쉽고 이론적으로 좋은 성질도 가지고 있기 때문에 사람들이 많이 사용한다. 그러므로 우리는 모평균에 추정량으로 표본평균을 선택하여 이에 대해 중점적으로 알아볼 것이다.

이를 위해 모평균이 $\mu(\in \mathbb{R})$, 모분산이 $\sigma^2(\in(0,\infty))$인 모집단에서 n개의 표본을 추출하였고, 이 때 얻은 확률표본 $X_1, X_2, \cdots, X_n$은 서로 독립이고, 동일하게 모집단의 분포를 따른다고 가정하자. 7장에서 배운 것처럼 표본평균 $\overline{X}$의 기댓값과 분산은 다음과 같다.

$$E(\overline{X}) = \mu, \quad V(\overline{X}) = \frac{\sigma^2}{n}$$

그러므로 모평균 μ에 대한 추정량으로 표본평균 $\overline{X}$을 사용하면, 추정량 $\hat{\mu} = \overline{X}$의 편의와 표준오차는 다음을 만족한다.

$$Bias(\hat{\mu}) = E(\hat{\mu}) - \mu = E(\overline{X}) - \mu = 0,$$

$$S.E.(\hat{\mu}) = \sqrt{V(\hat{\mu})} = \sqrt{V(\overline{X})} = \frac{\sigma}{\sqrt{n}}$$

따라서 표본평균 $\overline{X}$는 모평균 μ에 대한 불편추정량이다. 그리고 표본평균의 표준오차가 $\sigma/\sqrt{n}$으로 표본의 크기 n이 무한대로 커짐에 따라 그 값이 0으로 수렴하므로, 표본평균은 모평균에 대한 일치추정량도 된다.

실제 관측된 표본자료를 이용하여 모평균에 대한 점추정을 실시한 후에는 추정의 결과로 추정값 $\hat{\mu} = \overline{x}$ 뿐만 아니라 추정량의 표준오차 $S.E.(\hat{\mu}) = \sigma/\sqrt{n}$도 함께 제시해야 한다. 모표준편차 σ의 값이 알려져 있으면 알려진 값을 그대로 사용하면 된다. 그러나 일반적으로 모집단에 대해서는 알려진 정보가 아무것도 없는 경우가 대부분이므로 모평균 μ 뿐만 아니라 모표준편차 σ

또한 모를 수 있다. 이 경우에는 주어진 자료를 이용하여 모표준편차를 추정해야하며, 보통 모표준편차에 대한 추정량으로 표본표준편차 $S=\sqrt{\frac{1}{n-1}\sum_{i=1}^{n}(X_i-\overline{X})^2}$ 를 많이 사용한다.

모평균에 대한 점추정

모평균 μ에 대한 대표적인 추정량은 표본평균이며, 표본평균에 대한 표준오차는 다음과 같다.

추정량 : $\hat{\mu}=\overline{X}=\frac{1}{n}\sum_{i=1}^{n}X_i$

표준오차 : $S.E.(\hat{\mu})=\frac{\sigma}{\sqrt{n}}$, 표준오차의 추정량 : $\widehat{S.E.}(\hat{\mu})=\frac{S}{\sqrt{n}}$

예제 8-1

다음은 (예제 2-4)에 주어진 자료 중 AIDS로 사망하지 않은 정상인 10명의 뇌의 무게(단위: g)이다. 주어진 자료로부터 정상인 뇌의 평균 무게에 대한 추정값과 표준오차를 구하여라.

1310	1560	1330	1370	1260	1350	1420	1280	1400	1370

풀이 8-1

이 자료에 대한 표본평균과 표본표준편차는

$$\overline{x}=\frac{1310+1560+\cdots+1370}{10}=1365,$$

$$s=\sqrt{\frac{(1310-1365)^2+\cdots+(1370-1365)^2}{9}}=85.016$$

이다. 그러므로 정상인 뇌의 평균 무게 μ에 대한 추정값은 $\hat{\mu}=\overline{x}=1365$이고, 표준오차의 추정값은

$$\widehat{S.E.}(\hat{\mu})=\frac{s}{\sqrt{n}}=\frac{85.016}{\sqrt{10}}=26.885\text{이다.}$$

이제 모평균 μ에 대한 신뢰구간을 구해보자. 표본평균 $\overline{X}$는 모평균 μ에 대한 불편추정량이자 일치추정량이므로 표본평균 근처에 모평균이 있을 것이라고 예상할 수 있다. 따라서 표본평균보다 조금 작은 값 $\overline{X}-a$을 신뢰구간의 하한 L로 하고, 표본평균보다 조금 큰 값 $\overline{X}+b$를 신뢰

구간의 상한 U로 하여 구간을 만들면, 신뢰구간이 모평균 μ를 포함할 가능성이 높지 않을까 생각할 수 있다. 그럼 두 양수 a와 b는 어떻게 결정할까? 신뢰수준 $100(1-\alpha)\%$가 주어지면,

$$\begin{cases} P(\mu \leqq L) = P(\mu \leqq \overline{X} - a) = \dfrac{\alpha}{2} \\ P(\mu \geqq U) = P(\mu \geqq \overline{X} + b) = \dfrac{\alpha}{2} \end{cases}$$

이 성립하도록 a와 b를 선택한다. 그러면

$$P(\overline{X} - a < \mu < \overline{X} + b) = 1 - P(\mu \leqq \overline{X} - a) - P(\mu \geqq \overline{X} + b) = 1 - \alpha$$

이므로, 구간 $(\overline{X} - a, \overline{X} + b)$는 모평균 μ에 대한 $100(1-\alpha)\%$ 신뢰구간이 된다. 위에 주어진 식으로부터 a와 b의 값을 구하기 위해서는 표본평균 $\overline{X}$의 확률분포가 필요하다. 그러나 7장에서 배운 것처럼 표본평균 $\overline{X}$의 분포는 모집단의 분포에 따라 달라진다. 여기서는 크게 모집단의 분포가 정규분포인 경우와 아닌 경우로 나누어서 살펴보겠다. 그리고 점추정에서와 마찬가지로 모평균을 추정하기 위해 조사한 n개의 확률표본 $X_1, X_2, \cdots, X_n$이 서로 독립이고 동일하게 모집단의 분포를 따른다고 가정하겠다.

먼저 모집단의 분포가 정규분포이며, 모분산 σ^2의 값이 알려진 경우부터 생각해보자. 이 경우 표본평균 $\overline{X}$의 확률분포는 $N(\mu, \sigma^2/n)$이다. 그러므로 6장에 주어진 정규분포의 성질을 이용하면

$$P(\mu \leqq \overline{X} - a) = P\left(\frac{\overline{X} - \mu}{\sigma/\sqrt{n}} \geqq \frac{a}{\sigma/\sqrt{n}}\right) = P\left(Z \geqq \frac{a}{\sigma/\sqrt{n}}\right) = \frac{\alpha}{2}$$

임을 알 수 있다. 여기서 Z는 표준정규분포를 따르는 확률변수이다. 그러므로 $\dfrac{a}{\sigma/\sqrt{n}}$의 값은 표준정규분포의 상위 $\alpha/2$-분위수 $z_{\alpha/2}$와 같고, 신뢰구간의 하한은

$$L = \overline{X} - a = \overline{X} - z_{\alpha/2} \times \frac{\sigma}{\sqrt{n}}$$

이 된다. 마찬가지 방식으로 신뢰구간의 상한을 구하면

$$U = \overline{X} + b = \overline{X} + z_{\alpha/2} \times \frac{\sigma}{\sqrt{n}}$$

이다. 이를 정리하면 다음과 같다.

모평균에 대한 신뢰구간 I

모집단의 분포가 정규분포 $N(\mu,\sigma^2)$이고 모분산 σ^2의 값이 알려져 있을 때, 모평균 μ에 대한 $100(1-\alpha)\%$ 신뢰구간은 다음과 같다.

$$\left(\overline{X}-z_{\alpha/2}\times\frac{\sigma}{\sqrt{n}},\ \overline{X}+z_{\alpha/2}\times\frac{\sigma}{\sqrt{n}}\right)$$

위에 주어진 식은 구간추정량으로 확률변수 $\overline{X}$가 포함되어 있으며, 표본을 추출할 때마다 다양한 값을 가질 수 있다. 실제 관측한 표본자료로부터 신뢰구간을 계산할 때에는 $\overline{X}$의 관측값 $\overline{x}$를 계산하여 대체해 주어야 한다. 이해를 돕기 위해 간단한 예제를 풀어보자.

예제 8-2

어느 완구공장에서 장난감을 조립하는 데 걸리는 시간은 과거의 자료에 의하면 표준편차가 5.73분인 정규분포를 따른다고 한다. 36개의 표본을 단순확률추출하여 장난감을 조립하는 데 걸리는 시간을 기록한 결과 평균이 19.9분이었다. 모평균 μ에 대한 95% 신뢰구간을 구하여라.

풀이 8-2

신뢰수준이 $100(1-\alpha)\%=95\%$이므로 $\alpha=0.05$이고, 신뢰구간을 구하는데 필요한 분위수의 값은 $z_{\alpha/2}=z_{0.025}=1.96$이다. 주어진 자료에 의하면 표본평균이 $\overline{x}=19.9$이고, 자료의 개수가 $n=36$이다. 그리고 과거 경험에 따르면, 모집단의 분포가 모표준편차가 5.73인 정규분포이므로, μ에 대한 95% 신뢰구간은

$$\left(19.9-1.96\times\frac{5.73}{\sqrt{36}},\ 19.9+1.96\times\frac{5.73}{\sqrt{36}}\right)=(18.0,\ 21.8)$$

이 된다.

위 예제에서 구한 신뢰구간 (18.0, 21.8)은 어떻게 해석해야 할까? 모평균 μ가 (18.0, 21.8)의 구간에 포함될 확률이 95%라고 생각하면 좋을까? 결론부터 말하자면 그렇지 않다. (18.0, 21.8)은 고정된 구간이고, 모평균 μ의 참값 또한 미지이긴 하나 고정된 상수이다. 따라서 구간 (18.0, 21.8)이 μ를 포함할 확률은 100% 또는 0% 둘 중에 하나의 값만을 가질 수 있으며, 95%와 같은 값은 가질 수 없다. 그럼 신뢰수준 95%는 무슨 의미일까? 우리는 앞서 신뢰구간을 정의할 때 표본평균 $\overline{X}$를 사용하였다. 표본이 추출된 결과에 따라 표본평균 $\overline{X}$가 다양한 값을 가지듯 신뢰구간 $\left(\overline{X}-z_{\alpha/2}\times\sigma/\sqrt{n},\overline{X}+z_{\alpha/2}\times\sigma/\sqrt{n}\right)$ 역시 표본에 따라 여러 가지 값을 가질 수

있다. 예를 들어, 위 예제에서는 신뢰구간의 값이 (18.0, 21.8)이었으나, 만약 새롭게 장난감 조립 시간을 측정하여 표본평균 $\overline{x}$의 값을 구한 결과 19.9분이 아니라 19분이나 20분이 나온다면, 신뢰구간의 값은 (17.1, 20.9)와 (18.1, 21.9)으로 바뀌게 된다. 바로 (18.0, 21.8)은 신뢰구간이 가질 수 있는 다양한 관측값 들 중에 하나인 것이다. 위 예제처럼 표본을 추출하여 앞서 구한 신뢰구간 공식에 맞추어 신뢰구간의 관측값을 구하는 과정을 N번 반복하면 우리는 N개의 구간을 얻을 수 있다. [그림 8-2]에서 보듯이 이 구간들은 모평균의 참값을 포함하는 것과 포함하지 않는 것 두 가지로 나눌 수 있는데, 전체 N개 중 모평균을 포함하는 구간들이 차지하는 비율이 바로 신뢰수준이다. 따라서 신뢰수준이 95%라는 것은 제안된 방식대로 100번 반복하여 100개의 구간을 구하면, 이 중 95개의 구간은 모수의 참값을 포함한다는 뜻이다.

만약 신뢰수준을 100%으로 하면 어떻게 될까? 위 신뢰구간 공식에서 보면, $\alpha = 0$이므로 $z_{0.0}$의 값이 필요한다. $z_{0.0}$은 표준정규분포에서 상위 0-분위수로 $P(Z > z_{0.0}) = 0.0$을 만족하는 값이다. 그러나 표준정규분포를 따르는 확률변수 Z는 모든 실수값을 다 가질 수 있으므로, 모든 실수 a에 대하여 확률 $P(Z > a)$은 양수이나. 따라서 $z_{0.0} = \infty$가 되며, 모평균 μ에 대한 100% 신뢰구간은 $(-\infty, \infty)$가 된다. 이 구간은 표본조사를 하지 않아도 알 수 있는 것으로 모평균의 추정에 어떤 유용한 정보도 주지 못한다. 이와 같은 이유로 신뢰수준으로 100%는 잘 사용하지 않는다.

[그림 8-2] 표본평균과 신뢰구간의 관계

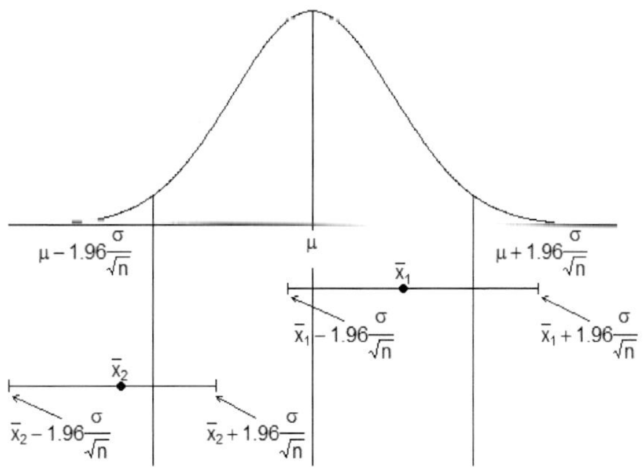

위에 주어진 신뢰구간을 보면 신뢰구간에 대한 몇 가지 성질을 유추할 수 있다. 첫째, 신뢰수준을 제외한 다른 상황이 동일한 경우 신뢰수준이 높을수록 신뢰구간의 길이가 길어진다. 신뢰수준 $100(1-\alpha)\%$이 높아지면, α의 값이 작아지고 이에 따라 표준정규분포의 상위 $\alpha/2$-분위수 $z_{\alpha/2}$가 커진다. 그러므로 신뢰구간의 길이 $2 \times z_{\alpha/2} \times \sigma/\sqrt{n}$도 길어진다. 둘째, 표본의 크기를 제외한 다른 상황이 같을 때 표본의 크기가 증가하면 신뢰구간의 길이가 짧아진다. 이는 신뢰구간의 길이 $2\times z_{\alpha/2}\times\sigma/\sqrt{n}$가 n에 대한 감소함수이기 때문이다.

이제 모집단의 분포는 정규분포로 첫 번째 경우와 같지만, 모분산 σ^2의 값을 모르는 경우에 대해 생각해보자. 앞서 구한 신뢰구간은 양 끝점이 σ에 대한 식이므로 모분산을 모르는 경우 사용할 수 없다. 그럼 어떻게 하면 좋을까? 답은 그리 어렵지 않다. 표본평균의 표준오차에서처럼 모표준편차를 모르면, 표본표준편차로 대체하면 될 것이다. 그러나 안타깝게도

$$P\left(\overline{X}-z_{\alpha/2}\times\frac{S}{\sqrt{n}}<\mu<\overline{X}+z_{\alpha/2}\times\frac{S}{\sqrt{n}}\right)=P\left(-z_{\alpha/2}<\frac{\overline{X}-\mu}{S/\sqrt{n}}<z_{\alpha/2}\right)<1-\alpha$$

이므로, $100(1-\alpha)\%$ 신뢰구간의 조건을 만족하지 못한다. 이는 $T=\dfrac{\overline{X}-\mu}{S/\sqrt{n}}$이 $Z=\dfrac{\overline{X}-\mu}{\sigma/\sqrt{n}}$와는 다르게 표준정규분포를 따르지 않기 때문이다.

T는 어떤 분포를 따를까? $X_1, X_2, \cdots, X_n$이 서로 독립이면서 $N(\mu, \sigma^2)$을 따르는 확률변수일 때, T는 자유도(degrees of freedom)가 $n-1$인 t-분포를 따르게 된다. 여기서 자유도 $n-1$은 제2장에서 소개하였듯이 S^2을 계산할 때 분모에 있는 값이다. t-분포는 스튜던트의 분포(Student's distribution) 혹은 스튜던트의 t-분포(Student's t distribution)라고도 하며, 자유도가 r인 t-분포는 $t(r)$로 표기한다.

t-분포는 자유도에 의해 분포의 모양이 결정된다. 즉, 자유도가 모수이다. 또한 t-분포의 확률밀도함수는 [그림 8-3]에서 보듯이 0을 중심으로 좌우 대칭이고, 표준정규분포의 확률밀도함수와 유사한 종 모양의 형태를 갖는다. 다만 표준정규분포에 비해 좀 더 넓게 분포되어 있다. 또한 [그림 8-3]에서 보듯이 자유도가 커짐에 따라 t-분포의 확률밀도함수가 점점 더 표준정규분포의 것에 가까워진다. 보통 자유도가 30 이상이면, t분포와 표준정규분포의 확률에는 큰 차이가 없다.

[그림 8-3] 자유도 변화에 따른 t-분포

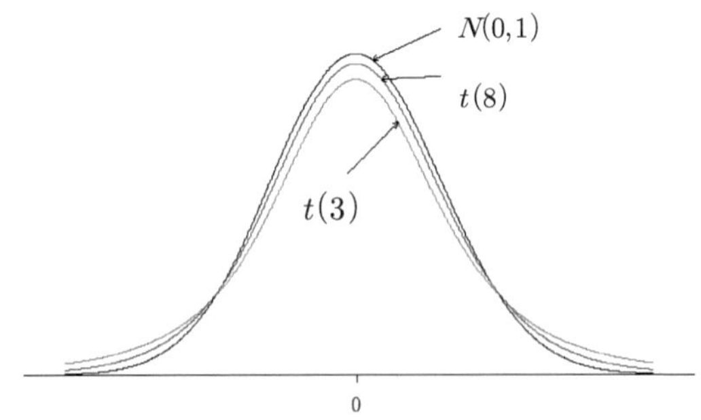

[그림 8-4] t-분포의 분위수

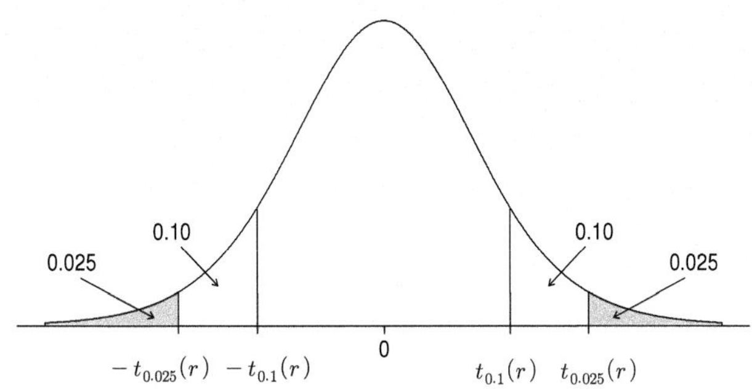

T가 자유도가 r인 t-분포를 따르는 확률변수일 때, 0과 1 사이의 실수 α에 대해 $P(T > x) = \alpha$을 만족하는 실수 x는 유일하게 존재한다. 보통 이 실수값 x를 자유도가 r인 t-분포의 상위 α-분위수라고 하며, $t_\alpha(r)$로 표기한다. 예를 들어, $t_{0.025}(r)$는 [그림 8-4]에서 보듯이 오른쪽 넓이가 0.025가 되도록 하는 경계값으로 $t(r)$을 따르는 확률변수 T가 이 값보다 클 확률은 0.025, 작은 값을 가질 확률은 0.975가 된다. 또한 t분포의 확률밀도함수는 0에 대해 좌우대칭이므로 $t_{0.975}(r) = -t_{0.025}(r)$, $t_{0.9}(r) = -t_{0.1}(r)$과 같이 $t_{1-\alpha}(r) = -t_\alpha(r)$이 성립함을 [그림 8-4]로부터 알 수 있다. 보통 t-분포의 분위수는 엑셀이나 통계 프로그램을 통해 구할 수 있으며, 손으로 직접 계산하는 것은 어렵다. <표 8-1>은 자유도에 따른 다양한 상위 분위수값을 구해 정리해 놓은 것이다.

〈표 8-1〉 t-분포의 상위 분위수

자유도	$t_{0.001}$	$t_{0.005}$	$t_{0.01}$	$t_{0.025}$	$t_{0.05}$	$t_{0.10}$	$t_{0.15}$
1	318.3088	63.6567	31.8205	12.7062	6.3138	3.0777	1.9626
2	22.3271	9.9248	6.9646	4.3027	2.9200	1.8856	1.3862
3	10.2145	5.8409	4.5407	3.1824	2.3534	1.6377	1.2498
4	7.1732	4.6041	3.7469	2.7764	2.1318	1.5332	1.1896
5	5.8934	4.0321	3.3649	2.5706	2.0150	1.4759	1.1558
6	5.2076	3.7074	3.1427	2.4469	1.9432	1.4398	1.1342
7	4.7853	3.4995	2.9980	2.3646	1.8946	1.4149	1.1192
8	4.5008	3.3554	2.8965	2.3060	1.8595	1.3968	1.1081
9	4.2968	3.2498	2.8214	2.2622	1.8331	1.3830	1.0997
10	4.1437	3.1693	2.7638	2.2281	1.8125	1.3722	1.0931
11	4.0247	3.1058	2.7181	2.2010	1.7959	1.3634	1.0877
12	3.9296	3.0545	2.6810	2.1788	1.7823	1.3562	1.0832
13	3.8520	3.0123	2.6503	2.1604	1.7709	1.3502	1.0795
14	3.7874	2.9768	2.6245	2.1448	1.7613	1.3450	1.0763
15	3.7328	2.9467	2.6025	2.1314	1.7531	1.3406	1.0735
16	3.6862	2.9208	2.5835	2.1199	1.7459	1.3368	1.0711
17	3.6458	2.8982	2.5669	2.1098	1.7396	1.3334	1.0690
18	3.6105	2.8784	2.5524	2.1009	1.7341	1.3304	1.0672
19	3.5794	2.8609	2.5395	2.0930	1.7291	1.3277	1.0655
20	3.5518	2.8453	2.5280	2.0860	1.7247	1.3253	1.0640
21	3.5272	2.8314	2.5176	2.0796	1.7207	1.3232	1.0627
22	3.5050	2.8188	2.5083	2.0739	1.7171	1.3212	1.0614
23	3.4850	2.8073	2.4999	2.0687	1.7139	1.3195	1.0603
24	3.4668	2.7969	2.4922	2.0639	1.7109	1.3178	1.0593
25	3.4502	2.7874	2.4851	2.0595	1.7081	1.3163	1.0584
26	3.4350	2.7787	2.4786	2.0555	1.7056	1.3150	1.0575
27	3.4210	2.7707	2.4727	2.0518	1.7033	1.3137	1.0567
28	3.4082	2.7633	2.4671	2.0484	1.7011	1.3125	1.0560
29	3.3962	2.7564	2.4620	2.0452	1.6991	1.3114	1.0553
30	3.3852	2.7500	2.4573	2.0423	1.6973	1.3104	1.0547
40	3.3069	2.7045	2.4233	2.0211	1.6839	1.3031	1.0500
60	3.2317	2.6603	2.3901	2.0003	1.6706	1.2958	1.0455
120	3.1595	2.6174	2.3578	1.9799	1.6577	1.2886	1.0409
∞	3.0902	2.5758	2.3264	1.9600	1.6450	1.2816	1.0364

다시 모평균에 대한 신뢰구간을 구하는 문제로 돌아가자. 모집단의 분포가 $N(\mu,\sigma^2)$인 경우,

n개의 확률표본으로 만든 $T = \dfrac{\overline{X} - \mu}{S/\sqrt{n}}$은 자유도가 $n-1$인 t-분포를 따른다. 그러므로

$$P\left(\overline{X} - t_{\alpha/2}(n-1) \times \frac{S}{\sqrt{n}} < \mu < \overline{X} + t_{\alpha/2}(n-1) \times \frac{S}{\sqrt{n}}\right)$$
$$= P\left(-t_{\alpha/2}(n-1) < \frac{\overline{X} - \mu}{S/\sqrt{n}} < t_{\alpha/2}(n-1)\right) = 1 - \alpha$$

이 성립한다. 따라서 모평균에 대한 $100(1-\alpha)\%$ 신뢰구간은 아래와 같다.

모평균에 대한 신뢰구간II

모집단의 분포가 정규분포 $N(\mu, \sigma^2)$이고 모분산 σ^2의 값이 알려져 있지 않을 때, 모평균 μ에 대한 $100(1-\alpha)\%$ 신뢰구간은 다음과 같다.

$$\left(\overline{X} - t_{\alpha/2}(n-1) \times \frac{S}{\sqrt{n}},\ \overline{X} + t_{\alpha/2}(n-1) \times \frac{S}{\sqrt{n}}\right)$$

예제 8-3

여덟 곳의 서로 다른 지역에 있는 교통량이 많은 도로의 차선에 새롭게 개발한 페인트를 칠한 후 통과 차량의 수를 헤아려 새로운 페인트의 내구력을 시험하고자 한다. 각 지역의 차선은 100대 단위에서 반올림하여 각각 142,600, 162,000, 167,800, 108,300, 125,400, 133,700, 169,200 그리고 149,400대의 차량이 통과한 후에 노후화되었다고 한다. 이 자료로부터 새로운 페인트가 노후화되기 전까지의 평균 교통량(차량 수)에 대한 95% 신뢰구간을 구하여라. 단, 모집단의 분포는 정규분포라고 가정한다.

풀이 8-3

주어진 자료로부터 표본의 크기 $n=8$, 표본평균 $\overline{x} = 144{,}800$, 표본표준편차 $s = 21{,}640$임을 알 수 있다. 또한 자유도 $n-1=7$이므로 95% 신뢰구간을 구하는데 필요한 t-분포의 분위수를 <표 8-1>로부터 구하면 $t_{0.025}(7) = 2.3646$이다. 따라서 모평균 μ에 대한 95% 신뢰구간은

$$\left(144800 - 2.3646 \times \frac{21640}{\sqrt{8}}, 144800 + 2.3646 \times \frac{21640}{\sqrt{8}}\right) = (126709, 162891)$$

이다.

마지막으로 모집단의 분포와 모분산이 모두 알려져 있지 않은 경우에 대해 생각해 보자. 7장

에서 알아본 것처럼 표본평균의 확률분포는 모집단의 분포에 따라 달라지며, 특히 표본의 크기가 작은 경우엔 영향을 더 많이 받는다. 그러나 표본의 크기가 충분히 큰 경우에는 표본평균의 확률분포가 정확하게 정규분포와 같지는 않지만, 거의 비슷하다. 좀 더 구체적으로 설명하면, 모평균이 μ, 모분산이 σ^2인 모집단에서 추출한 n개의 단순확률표본 $X_1, X_2, \cdots, X_n$으로부터 계산한 통계량 $Z = \dfrac{\overline{X} - \mu}{\sigma / \sqrt{n}}$는 중심극한정리에 의해 표본의 크기 n이 충분히 큰 경우 표준정규분포를 근사적으로 따른다. 또한 표본분산은 모분산에 대한 대표적인 일치추정량으로 n이 충분히 클 때 표본분산 S^2는 모분산 σ^2와 값이 거의 비슷하다. 이로부터 우리는

$$T = \frac{\overline{X} - \mu}{S / \sqrt{n}} = \frac{\overline{X} - \mu}{\sigma / \sqrt{n}} \times \frac{\sigma}{S} \approx N(0, 1)$$

이 성립함을 유추할 수 있으며, 다음과 같은 식을 얻을 수 있다.

$$P\left(\overline{X} - z_{\alpha/2} \times \frac{S}{\sqrt{n}} < \mu < \overline{X} + z_{\alpha/2} \times \frac{S}{\sqrt{n}}\right) \approx 1 - \alpha$$

그러므로 구간 $\left(\overline{X} - z_{\alpha/2} \times S/\sqrt{n}, \overline{X} + z_{\alpha/2} \times S/\sqrt{n}\right)$은 모평균 μ에 대한 $100(1-\alpha)\%$ 신뢰구간이 된다. 보통 이 구간은 T에 대한 정확한 확률분포가 아닌 근사분포를 사용하여 구하였기 때문에 근사신뢰구간이라고 부른다.

모평균에 대한 신뢰구간III

표본의 크기 n이 충분히 큰 경우, 모평균 μ에 대한 $100(1-\alpha)\%$ 근사신뢰구간은 다음과 같다.

$$\left(\overline{X} - z_{\alpha/2} \times \frac{S}{\sqrt{n}},\ \overline{X} + z_{\alpha/2} \times \frac{S}{\sqrt{n}}\right)$$

앞에서 잠깐 설명하였듯이 t-분포는 자유도가 커지면 표준정규분포에 한없이 가까워진다. 또한 <표 8-1>에서 보듯이 자유도가 30, 40, 60 그리고 120으로 변하면서 $t_{0.025}(r)$의 값이 $z_{0.05} = 1.645$으로 수렴하는 것을 알 수 있다. 그러므로 위에 주어진 근사신뢰구간에서 $z_{\alpha/2}$ 대신 두 번째 경우처럼 $t_{\alpha/2}(n-1)$을 사용하여도 큰 문제가 없다.

8.4 모비율에 대한 추정

이제 어떤 제품의 불량률, 실업률, 특정 후보에 대한 지지율처럼 모집단 전체에서 특정 조건을 만족하는 것이 차지하는 비율을 추정해 보자. 보통 이 비율을 모비율이라고 부르며, p로 표기한

다. 모비율 p를 추정하기 위해 모집단에서 n개의 표본을 추출하고, 각 표본이 주어진 조건을 만족하는지 여부를 따져서 다음과 같은 확률변수를 만든다.

$$X_i = \begin{cases} 1, & i\text{번째 표본이 조건을 만족할 때} \\ 0, & i\text{번째 표본이 조건을 만족하지 않을 때} \end{cases}$$

이를 이용하여 n개의 표본 중 주어진 조건을 만족하는 표본의 개수 $X = \sum_{i=1}^{n} X_i$와 표본비율 $\hat{p} = X/n$을 구할 수 있다. 표본비율 $\hat{p}$은 모비율 p에 대한 추정량으로 가장 많이 쓰이는 통계량이며, 이 절에서는 표본비율이 추정량으로써 갖는 성질과 이를 이용하여 신뢰구간을 구하는 방법에 대해 알아보고자 한다.

보통 표본조사와 추정은 모집단의 속하는 원소의 개수가 무한개이거나 유한이어도 아주 많아서 전수조사가 불가능한 경우에 이루어진다. 그리고 이 경우에는 복원추출과 비복원추출로 구분되는 추출방법이 통계량 X의 확률분포에 큰 영향을 주지 못한다. 그러므로 우리는 복원추출을 이용하여 표본을 추출하였다고 가정할 것이며, 이 때 X가 이항분포 $B(n,p)$를 따른다는 사실을 7장에서 배운바 있다. 이항분포의 기댓값과 표준편차를 이용하여 표본비율 $\hat{p}$의 편의와 표준오차를 구하면 다음과 같다.

$$Bias(\hat{p}) = E(\hat{p}) - p = E(X/n) - p = np/n - p = 0$$
$$S.E.(\hat{p}) = \sqrt{V(\hat{p})} = \sqrt{V(X/n)} = \sqrt{np(1-p)/n^2} = \sqrt{p(1-p)/n}$$

편의가 0이고, 표준오차가 표본의 크기 n이 무한대로 증가함에 따라 0으로 수렴하기 때문에, 표본비율 $\hat{p}$은 모비율 p에 대한 불편추정량인 동시에 일치추정량이 된다. 표준오차를 보면 모비율 p에 대한 식으로 알 수 없는 값이므로, 점추정 결과를 제시할 때는 모비율 p를 표본비율 $\hat{p}$으로 대체한다.

모비율에 대한 점추정

모비율 p에 대한 대표적인 추정량은 표본비율이며, 표본비율에 대한 표준오차와 표준오차에 대한 추정량은 다음과 같다.

모비율 p에 대한 추정량 : $\hat{p} = \frac{X}{n} = \frac{1}{n}\sum_{i=1}^{n} X_i$

표준오차 : $S.E.(\hat{p}) = \sqrt{\frac{p(1-p)}{n}}$, $\widehat{S.E.}(\hat{p}) = \sqrt{\frac{\hat{p}(1-\hat{p})}{n}}$

이제 모비율 p에 대한 신뢰구간을 구해보자. X가 이항분포 $B(n,p)$을 따르므로, 표본의 크기 n이 작은 경우에는 신뢰구간을 구하는 것이 어렵다. 그러나 표본의 크기 n이 큰 경우에는 7장에서 배운 것처럼 X는 근사적으로 정규분포를 따른다. 이를 표본비율에 대한 식으로 구체적으로 표현하면 다음과 같다.

$$\frac{\hat{p}-p}{\sqrt{p(1-p)/n}}=\frac{X-np}{\sqrt{np(1-p)}}\approx N(0,1)$$

또한 표본비율 $\hat{p}$가 모비율 p에 대한 일치추정량이므로, 표본의 크기 n이 충분히 클 때 $\hat{p}$와 p는 매우 가까울 것이다. 따라서

$$\frac{\hat{p}-p}{\sqrt{\hat{p}(1-\hat{p})/n}}=\frac{\hat{p}-p}{\sqrt{p(1-p)/n}}\times\sqrt{\frac{p(1-p)}{\hat{p}(1-\hat{p})}}\approx N(0,1)$$

이 성립함을 알 수 있으며, 이로부터

$$P\left(\hat{p}-z_{\alpha/2}\times\sqrt{\frac{\hat{p}(1-\hat{p})}{n}}<p<\hat{p}+z_{\alpha/2}\times\sqrt{\frac{\hat{p}(1-\hat{p})}{n}}\right)$$

$$=P\left(-z_{\alpha/2}<\frac{\hat{p}-p}{\sqrt{\hat{p}(1-\hat{p})/n}}<z_{\alpha/2}\right)\approx P(-z_{\alpha/2}<Z<z_{\alpha/2})=1-\alpha$$

을 얻을 수 있다.

모비율에 대한 신뢰구간

표본의 크기 n이 충분히 큰 경우, 모비율 p에 대한 $100(1-\alpha)\%$ 근사신뢰구간은 다음과 같다.

$$\left(\hat{p}-z_{\alpha/2}\times\sqrt{\frac{\hat{p}(1-\hat{p})}{n}},\ \hat{p}+z_{\alpha/2}\times\sqrt{\frac{\hat{p}(1-\hat{p})}{n}}\right)$$

예제 8-4

400명의 유아를 단순확률추출하여 예방접종을 한 후 부작용이 있었던 사람을 조사하니 136명이었다. 예방접종 후 부작용이 발생할 확률 p에 대한 추정값과 표준오차의 추정값, 95% 신뢰구간을 구하여라.

풀이 8-4

표본비율 $\hat{p}=\frac{x}{n}=\frac{136}{400}=0.34$이므로, p에 대한 추정값과 표준오차의 추정값은 다음과 같다.

$$\hat{p}=0.34,\quad \widehat{S.E.}(\hat{p})=\sqrt{\frac{0.34(1-0.34)}{400}}=0.0237$$

그리고 $z_{0.025}=1.96$이므로, 모비율 p에 대한 95% 신뢰구간을 구하면

$$(0.34-1.96\times 0.0237,\ 0.34+1.96\times 0.0237)=(0.294,0.386)$$

이 된다.

8.5 모분산에 대한 추정

모평균과 모분산이 모두 알려지지 않은 모집단에서 모평균을 추정하는 문제는 제8.3절에서 다루었다. 이 절에서는 모분산의 추정에 대해 공부해보자.

앞서 모평균에 대한 추정량은 표본평균, 모비율에 대한 추정량은 표본비율을 사용한 것처럼 많은 경우 모분산에 대한 추정량으로 표본분산을 사용한다. 표본분산 $S^2=\frac{1}{n-1}\sum_{i=1}^{n}(X_i-\overline{X})^2$의 성질을 알아보기 위해, 모집단에서 추출한 확률표본 $X_1,X_2,\cdots,X_n$이 서로 독립이고, 동일하게 모집단의 분포를 따르며, 모평균 μ와 모분산 σ^2는 미지의 상수라고 가정하자. 그리면 분산의 정의와 표본평균의 성질로부터 다음이 성립함을 알 수 있다.

$$E\{(\overline{X}-\mu)^2\}=V(\overline{X})=\sigma^2/n$$

$$E\{(X_i-\mu)^2\}=V(X_i)=\sigma^2,\ i=1,2,\cdots,n$$

또한, 편차제곱합은 다음식을 만족한다.

$$\sum_{i=1}^{n}(X_i-\overline{X})^2=\sum_{i=1}^{n}(X_i-\mu+\mu-\overline{X})^2=\sum_{i=1}^{n}(X_i-\mu)^2-n(\overline{X}-\mu)^2$$

이로부터 표본분산 S^2의 기댓값을 구하면,

$$E(S^2)=\frac{1}{n-1}\sum_{i=1}^{n}E\{(X_i-\mu)^2\}-\frac{n}{n-1}E\{(\overline{X}-\mu)^2\}$$

$$=\frac{1}{n-1}\times n\sigma^2-\frac{n}{n-1}\times\frac{\sigma^2}{n}$$

$$=\sigma^2$$

이 성립한다. 그러므로 표본분산 S^2은 모분산 σ^2에 대한 불편추정량이다.

제8.3절에서 표본평균은 모평균에 대한 일치추정량임을 배웠다. 이 사실을 이용하면, 표본의 크기 n이 충분히 클 때 $\overline{X}=\frac{1}{n}\sum_{i=1}^{n}X_i$와 $E(X_1)=\mu$이 매우 가까운 동시에 $\frac{1}{n}\sum_{i=1}^{n}(X_i-\mu)^2$과 $E\{(X_1-\mu)^2\}=\sigma^2$도 매우 가까울 것이라 예상할 수 있다. 따라서

$$S^2 = \frac{1}{n-1}\sum_{i=1}^{n}(X_i - \overline{X})^2 \approx \frac{1}{n}\sum_{i=1}^{n}(X_i - \mu)^2 \approx \sigma^2$$

임을 생각할 수 있다. 이와 같은 이유로 표본분산 S^2은 모분산 σ^2에 대한 일치성 또한 만족한다. 이에 대한 자세한 증명은 본 교재의 수준을 넘어서므로 생략한다.

다음으로 모분산에 대한 신뢰구간을 구해보자. 제8.3절과 제8.4절에서 모평균과 모비율에 대한 신뢰구간을 구할 때, 각각의 추정량인 표본평균과 표본비율의 확률분포를 이용하였다. 이와 마찬가지로 모분산에 대한 추정량 표본분산의 확률분포를 이용하여 모분산에 대한 신뢰구간을 구하고자 한다. 정규모집단이 아닌 일반적인 경우에 대해서는 표본분산의 정확한 확률분포가 잘 알려지지 않았기 때문에 신뢰구간을 정확하게 유도하는 것이 어렵다. 그러므로 여기에서는 모집단의 분포가 정규분포 $N(\mu,\sigma^2)$인 경우만 고려한다. n개의 확률표본 $X_1, X_2, \cdots, X_n$이 서로 독립적으로 정규분포 $N(\mu,\sigma^2)$를 따를 때,

$$\frac{(n-1)S^2}{\sigma^2} \sim \chi^2(n-1)$$

이 성립함이 알려져 있다. 여기서 $\chi^2(n-1)$은 자유도가 $n-1$인 카이제곱분포(chi-squared distribution)를 말한다.

자유도가 r인 카이제곱분포 $\chi^2(r)$는 서로 독립이면서 동일하게 표준정규분포를 따르는 r개의 확률변수 $Z_1, Z_2, \cdots, Z_r$의 제곱합 $Z_1^2 + Z_2^2 + \cdots + Z_r^2$의 확률분포를 의미한다. 카이제곱분포는 [그림 8-5]에서 보는 바와 같이 자유도 r에 따라 확률밀도함수의 모양이 변하며, 0 이상의 값만 가질 수 있다.

[그림 8-5] 카이제곱분포의 확률밀도함수

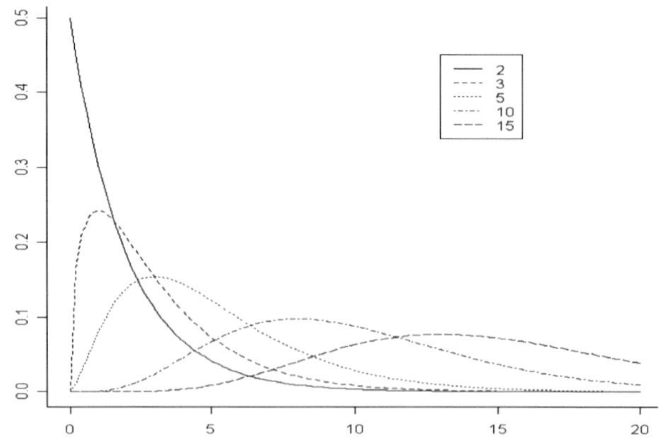

모평균이 μ, 모분산이 σ^2인 정규모집단에서 서로 독립적으로 추출된 n개의 확률표본 $X_1, X_2, \cdots, X_n$은 서로 독립이면서 정규분포 $N(\mu, \sigma^2)$를 따르므로, 정규분포의 성질에 의하여 $Z_i = \dfrac{X_i - \mu}{\sigma}$, $i = 1, 2, \cdots, n$은 서로 독립적으로 표준정규분포를 따르게 된다. 그러므로

$$\frac{1}{\sigma^2}\sum_{i=1}^{n}(X_i - \mu)^2 = \sum_{i=1}^{n} Z_i^2 \sim \chi^2(n)$$

이 성립한다. 그리고 7장에서 배운 것처럼 $\overline{X} \sim N(\mu, \sigma^2/n)$이므로

$$\frac{n(\overline{X} - \mu)^2}{\sigma^2} = \left(\frac{\overline{X} - \mu}{\sigma/\sqrt{n}}\right)^2 \sim \chi^2(1)$$

이다. 이들을 조합하면 표본분산은

$$\frac{(n-1)S^2}{\sigma^2} = \frac{1}{\sigma^2}\sum_{i=1}^{n}(X_i - \overline{X})^2 = \frac{1}{\sigma^2}\sum_{i=1}^{n}(X_i - \mu)^2 - \frac{n(\overline{X} - \mu)^2}{\sigma^2}$$

을 만족하므로, $\dfrac{(n-1)S^2}{\sigma^2} \sim \chi^2(n-1)$임을 알 수 있다. 참고로 자유도가 r인 카이제곱분포를 따르는 확률변수의 기댓값과 분산은 각각 r과 $2r$이다. 이로부터 모집단의 분포가 정규분포인 경우, 다음의 결과를 얻을 수 있다.

$$E\left\{\frac{(n-1)S^2}{\sigma^2}\right\} = n - 1, \quad V\left\{\frac{(n-1)S^2}{\sigma^2}\right\} = 2(n-1)$$

여기에 기댓값과 분산의 성질을 이용하면, 모분산 σ^2에 대한 추정량 $\widehat{\sigma^2} = S^2$에 대한 편의와 표준오차를 쉽게 계산할 수 있다.

$$\begin{aligned} Bias(\widehat{\sigma^2}) &= Bias(S^2) = E(S^2) - \sigma^2 \\ &= \frac{\sigma^2}{n-1} \times E\left(\frac{(n-1)S^2}{\sigma^2}\right) - \sigma^2 = \frac{\sigma^2}{n-1} \times (n-1) - \sigma^2 = 0 \end{aligned}$$

$$S.E.(\widehat{\sigma^2}) = \sqrt{V(S^2)} = \sqrt{\frac{\sigma^4}{(n-1)^2} \times V\left\{\frac{(n-1)S^2}{\sigma^2}\right\}} = \sqrt{\frac{2\sigma^4}{n-1}}$$

다시 신뢰구간을 구하는 문제로 돌아가자. 표본분산을 변형한 $\dfrac{(n-1)S^2}{\sigma^2}$가 카이제곱분포 $\chi^2(n-1)$을 따르므로

$$P\left(\chi^2_{1-\alpha/2}(n-1) < \frac{(n-1)S^2}{\sigma^2} < \chi^2_{\alpha/2}(n-1)\right) = 1 - \alpha$$

이 성립한다. 여기서 $\chi^2_\alpha(n-1)$과 $\chi^2_{1-\alpha}(n-1)$은 자유도가 $n-1$인 카이제곱분포에서 각각 상위 $\frac{\alpha}{2}$ – 분위수와 하위 $\frac{\alpha}{2}$ – 분위수를 의미한다. 즉,

$$P\left(\frac{(n-1)S^2}{\chi^2_\alpha(n-1)} < \sigma^2 < \frac{(n-1)S^2}{\chi^2_{1-\alpha}(n-1)}\right) = 1-\alpha$$

이 성립하므로, 모분산 σ^2에 대한 신뢰구간은 다음처럼 주어진다.

모분산에 대한 추정량과 신뢰구간

모집단의 분포가 정규분포 $N(\mu,\sigma^2)$일 때, 모분산 σ^2에 대한 추정량으로 표본분산 $S^2 = \frac{1}{n-1}\sum_{i=1}^{n}(X_i - \overline{X})^2$를 주로 사용한다. 그리고 모분산 σ^2에 대한 $100(1-\alpha)\%$ 신뢰구간은 다음과 같다.

$$\left(\frac{(n-1)S^2}{\chi^2_{\alpha/2}(n-1)}, \frac{(n-1)S^2}{\chi^2_{1-\alpha/2}(n-1)}\right)$$

예제 8-5

모분산이 100인 정규모집단에서 $n=21$인 표본을 추출하여 표본분산 S^2을 구한 결과 $S^2 \geqq 200$일 확률은 얼마나 될까?

풀이 8-5

표본의 크기가 $n=21$이고, 모분산이 $\sigma^2=100$이므로

$$\frac{(21-1)S^2}{100} = 0.2S^2 \sim \chi^2(20)$$

이 성립한다. 그리고

$$P(S^2 \geqq 200) = P(0.2S^2 \geqq 40) = 1 - P(0.2S^2 < 40)$$

이며, $\chi^2(20)$을 따르는 확률변수가 40보다 작을 확률을 통계 패키지를 이용하여 계산하면 0.995가 되므로, 구하고자 하는 확률은

$$P(S^2 \geqq 200) = 1 - 0.995 = 0.005$$

이다.

예제 8-6

도시가스 배관을 생산하는 업체가 생산기계의 정밀도를 확인하고자 30개의 표본을 임의추출하여 직경을 조사한 결과 표본표준편차가 0.005cm이었다. 모집단의 분포를 정규분포라고 가정할 때, 모분산에 대한 95% 신뢰구간을 구하여라.

풀이 8-6

먼저 표본의 크기가 $n=30$이므로 자유도가 29인 카이제곱분포를 이용하여 필요한 분위수를 구하면, $\chi^2_{0.975}(29)=16.047$, $\chi^2_{0.025}(29)=45.722$이다. 표본표준편차의 값이 0.005이므로 모분산 σ^2에 대한 95% 신뢰구간은

$$\left(\frac{(30-1)\times 0.005^2}{45.7222},\ \frac{(30-1)\times 0.005^2}{16.047}\right)=(0.000016,\ 0.000045)$$

이다.

8.6 표본크기의 결정

표본조사를 실시할 때 추출할 표본의 개수를 선택하는 것은 매우 중요한 일이다. 이론적으로 보면 추정의 정밀도를 높이기 위해 가능한 많은 표본을 추출하는 것이 좋지만, 현실적으로 표본조사에서 드는 비용과 시간을 고려할 때 표본의 개수가 너무 많으면 곤란하다. 그러므로 표본설계를 할 때 추정의 정밀도와 비용을 동시에 고려하여 표본의 크기를 결정한다. 구간추정에서 추정의 정밀도는 보통 신뢰구간의 길이를 가지고 측정하며, 신뢰구간의 길이가 짧아질수록 추정의 정밀도가 높아진다고 생각한다. 제8.3절에서 모평균의 추정에서 잠시 살펴보았듯이 신뢰구간의 길이는 신뢰수준이 높아질수록 길어지고, 표본의 크기가 커질수록 짧아진다. 따라서 표본의 크기를 결정할 때는 신뢰수준을 미리 정하고, 관심 모수에 대한 신뢰구간의 길이를 구한 후, 이 길이가 정밀도에 대한 기준을 만족하도록 표본의 크기를 결정한다.

예를 들어 모분산 σ^2이 알려진 정규모집단에서 모평균 μ를 추정할 때 필요한 표본의 크기를 결정해보자. 추정의 정밀도에 대한 기준으로 "모평균 μ에 대한 $100(1-\alpha)\%$ 신뢰구간의 길이가 L이하이다"를 사용한다. 제8.3절에서 배운 것처럼 모평균 μ에 대한 $100(1-\alpha)\%$ 신뢰구간은

$$\left(\overline{X} - z_{\alpha/2} \times \frac{\sigma}{\sqrt{n}},\ \overline{X} + z_{\alpha/2} \times \frac{\sigma}{\sqrt{n}}\right)$$

이므로, 신뢰구간의 길이는 $2 \times z_{\alpha/2} \times \sigma/\sqrt{n}$이 된다. 따라서 정밀도에 대한 기준으로 주어진 조건을 식으로 쓰면

$$2 \times z_{\alpha/2} \times \frac{\sigma}{\sqrt{n}} \leqq L$$

이고, 이 부등식을 풀면

$$n \geqq \left(\frac{2 \times z_{\alpha/2} \times \sigma}{L}\right)^2$$

이 성립한다. 비용의 측면을 고려할 때 표본의 크기는 작을수록 좋으므로 보통 위 식을 만족하는 최소의 정수 n을 추정에 필요한 표본의 크기로 결정한다. 만약 모분산 σ^2의 값이 알려지지 않은 경우에는 과거의 경험으로부터 얻은 값을 대신 사용한다. 참고로 표본의 크기는 표본을 추출하기 전에 결정하므로 표본분산 S^2를 사용할 수 없다.

마찬가지로 모비율 p의 구간추정을 위한 표본의 크기는

$$n \geqq \left(\frac{2 \times z_{\alpha/2} \times \sqrt{p(1-p)}}{L}\right)^2$$

를 통해 결정할 수 있다. 다만 모비율 p는 모르기 때문에 과거의 경험으로 얻은 사전추정값 또는 예상값을 이용한다. 만약 p에 대하 사전추정값이 없다면 $\sqrt{p(1-p)}$의 최댓값이 1/2이므로 이 값을 대신 사용한다.

08장 연습문제

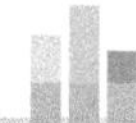

01 (1) $\alpha=0.05$일 때 $z_{\alpha/2}$를 구하시오.

(2) $\alpha=0.02$일 때 $z_{a/2}$를 구하시오.

(3) 신뢰수준이 96%일 때 그에 해당하는 $z_{a/2}$를 구하시오.

(4) $\alpha=0.05$이고, 표본이 20개일 때 $t_{a/2}$를 구하시오.

(5) $\alpha=0.01$이고, 표본이 15개일 때 $t_{a/2}$를 구하시오.

02 $\sigma=5,\ \overline{x}=70.4,\ n=36$일 때 평균 μ에 대한 90% 신뢰구간을 구하시오.

03 $s=15,\ \overline{x}=98.6,\ n=25$일 때 평균 μ에 대한 95% 신뢰구간을 구하시오.

04 다음 경우에 모비율 p에 대한 95% 신뢰구간을 구하시오.

(1) $n=400,\ x=100$

(2) $n=512,\ x=309$

05 오래된 동전의 가치를 알아보는데 그 무게가 대단히 중요하다. 4명의 전문가가 무게를 재어보니 $\overline{x}=14.30,\ s=0.037$이었다. 동전의 참 무게에 대한 99% 신뢰구간을 구하시오.

06 김포 공항에서 승객 120명을 대상으로 실시한 어느 조사에 의하면 승객들이 그들의 짐을 찾는데 평균 11.45분을 기다렸으며 표준편차는 1.94분이었다. 짐을 찾는데 기다리는 평균시간에 대한 95% 신뢰구간을 구하시오.

07 어느 도시에서 500명의 시민을 임의로 추출하여 어떤 법안의 제정에 대한 찬성여부를 물은 결과 200명이 찬성하였다고 한다. 이 도시시민들의 이 법안 제정에 대한 찬성률의 95% 신뢰구간을 구하시오.

08 자동차 수리에 필요한 시간을 추정하기 위하여, 50명의 기술자를 표본으로 뽑아 수리시간을 재어보니 평균이 24.85분이고 표준편차가 3.22분이었다. 참 평균 수리시간을 추정하기 위하여 $\overline{x}$=24.85분을 사용한다면 95% 신뢰도에서 최대 오차의 크기가 얼마인가?

09 어떤 새 냉장고가 수리를 요하게 될 때까지 계속해서 사용하게 되는 평균일자를 추정하고자 한다. σ=242일이라고 가정한다면, 표본평균이 30일보다 적게 될 것이라고 확률 0.95로 추정할 수 있기 위

해 필요한 표본의 크기가 얼마여야 하는가?

10 우리나라 고등학생의 IQ를 추정하고자 한다. IQ의 표준편차가 $\sigma=4$로 알려져 있다. 95%의 확신을 갖고 허용오차가 1 이내가 되도록 하려면 얼마나 많은 표본을 추출해야 하는가?

11 $n=100$일 때, $\sum_{i=1}^{n} X_i = 100$과 $\sum_{i=1}^{n} X_i^2 = 895$이라고 한다.

(1) μ에 대한 95% 신뢰구간을 구하시오.

(2) σ^2에 대한 95% 신뢰구간을 구하시오.

12 모회사가 제작중인 동파이프의 직경은 제작기계의 노후로 인해 점차 정확도가 떨어지는 경향이 있다고 하자. 이제 이 기계의 정확성을 확인하고자 15개의 단순임의추출표본 자료를 다음과 같이 얻었다면, 모평균과 모분산의 99% 구간추정값들은 얼마가 될까?

10.5	10.3	9.5	9.0	10.0	9.3	9.2	10.2
9.7	9.9	10.1	9.8	10.0	9.4	9.3	

13 한 도시의 실업률 p를 추정하기 위하여 2000명의 취업적령자를 임의로 추출하여 조사한 결과 실업자는 165명 이었다.

(1) 모실업률 p의 점추정값을 구하시오.

(2) 모실업률 p에 대한 95% 신뢰구간을 구하시오.

14 어느 대학에서 남학생의 평균신장 μ를 추정하기 위하여 50명을 임의로 추출한 결과 $\overline{X}=173cm$, $S=3cm$를 얻었다고 한다.

(1) 남학생의 평균신장 μ에 대한 99% 신뢰구간을 구하시오.

(2) μ에 대한 99% 신뢰구간의 길이를 $1cm$ 이하로 하려면 최소한 몇 명의 표본이 필요한가?

(3) σ^2에 대한 99% 신뢰구간을 구하시오.

CHAPTER 09

가설검정

CONTENTS

9.1 서 론

추정에서 우리는 모집단의 알려지지 않은 특성을 파악하기 위해 표본을 추출하고, 추출된 표본으로부터 얻은 정보를 통해 모집단의 특성, 특히 미지의 모수에 대한 추측값을 구하는 것에 관심이 있었다. 그러나 이제부터는 모집단의 특성이나 모수에 대한 주장이 있을 때, 이 주장의 옳고 그름을 표본자료를 이용하여 판단하는 방법에 대해 생각해보고자 한다. 보통 모수에 대한 주장을 가설이라고 부르며, 주어진 가설을 표본자료로부터 얻은 정보를 통해 검토하는 과정을 통계적 가설검정(statistical hypothesis testing) 또는 간단히 검정(testing)이라고 한다. 이 장에서는 가설을 설정하는 방법과 검정을 하는 절차에 대해 자세하게 배우고자 한다.

9.2 귀무가설과 대립가설

가설검정은 검토하고자 하는 가설을 설정하는 것부터 시작한다. 가설에 대한 개념과 설정하는 방법을 이해하기 위해 다음의 예를 살펴보기로 하자.

(예 1)

공정한 동전을 던지면 앞면이 나올 확률이 1/2이라고 믿는다. 과연 앞면이 나올 확률이 1/2인지 확인하기 위해 실제 동전을 100번 던져보기로 하였다.

(예 2)

인터넷 서비스를 제공하는 한 회사에서는 자신들이 제공하는 서비스의 속도가 적어도 100Mbps(mega byte per second)이라고 장담하고 있다. 한 소비자 단체에서 이 주장이 사실인지 알아보기 위해 회사가 인터넷 서비스를 제공하는 30곳을 임의로 선택하여 서비스 속도를 측정하여 살펴보기로 하였다.

(예 3)

자동차에는 리터당 연비가 표시되어 있다. 한 자동차의 리터당 연비가 11.5Km라고 표시되어 있을 때, 이 값이 맞는지 확인하기 위해 같은 종류의 차 50대를 임의로 선택하여 주행연비를 조사하였다.

(예 4)

한 지역의 단체장 선거에 입후보한 A 후보는 과반수 이상의 득표를 장담하고 있다. 즉, 자신에 대한 지지율이 50%를 넘을 것이라고 호언하고 있다. 얼마 전 시행한 전화 조사 결과를 바탕으로 A 후보의 지지율이 50%보다 높은지 알아보고자 한다.

위에 주어진 네 가지 예는 우리 주변에서 흔히 접할 수 있는 상황으로 모두 진위가 알려져 있지 않은 주장이나 믿음을 자료를 조사하여 검토하려는 문제들이다. 많은 경우 검토하고자 하는 주장은 모수를 이용하여 표현할 수 있다. 예를 들어, (예 1)에서 동전을 던졌을 때 앞면이 나올 확률을 p라고 하면, 공정한 동전에 대한 믿음은 "$p = 1/2$"이라고 나타낼 수 있다. 또한 (예 4)

에서도 A 후보에 대한 지지율을 p라고 하면, 후보의 주장은 "$p > 0.5$"가 된다. (예 2)와 (예 3)의 경우엔 모평균을 이용하여 주장을 표현할 수 있다. 예 2에서 인터넷 서비스 속도에 대한 모평균 값을 μ라고 하면, 회사의 주장은 "$\mu \geqq 100$"으로 표현할 수 있다. 그리고 (예 3)의 경우에도 평균 주행연비를 μ라고 표시하면, 검토하고자 하는 주장은 "$\mu = 11.5$"로 나타낼 수 있다. 보통 모수에 대한 주장이나 믿음을 통계적 가설(statistical hypothesis) 또는 간단히 가설(hypothesis)이라고 한다.

가설은 크게 귀무가설(null hypothesis)과 대립가설(alternative hypothesis)로 나눌 수 있으며, 귀무가설은 H_0, 대립가설은 H_1으로 많이 표기한다. 하나의 검정 문제가 주어지면, 가장 먼저 귀무가설과 대립가설을 설정해야 한다. 보통 자료를 통해 입증하고자 하는 가설을 대립가설로 정하고, 이에 상반되는 경우를 귀무가설로 한다. 예를 들어, (예 1)에서 동전을 던질 때 앞면이 나올 확률이 1/2이라는 주장, 즉 "$p = 1/2$"는 대부분의 사람들이 믿고 있는 것으로 이에 대한 증거를 찾을 필요가 없을 것이다. 그러나 "$p \neq 1/2$"은 어떨까? 사람들이 동전을 던졌을 때 앞면이 나올 확률이 1/2이 아니라는 주장을 믿을 수 있게 하려면 이를 뒷받침할 수 있는 강력한 증거가 필요할 것이다. 따라서 (예 1)의 경우, 귀무가설과 대립가설을 다음처럼 설정할 수 있다.

$$H_0 : p = 1/2 \quad \text{vs.} \quad H_1 : p \neq 1/2$$

(예 2)에서는 회사의 주장 "$\mu \geqq 100$"과 이와 반대되는 주장 "$\mu < 100$"의 두 가지 가설을 고려할 수 있다. 소비자 단체가 회사의 주장에 반박하기 위해서는 충분한 증거가 수집되어야 할 것이므로, 두 개의 가설 중 후자인 "$\mu < 100$"이 대립가설이 될 것이다. 그러므로 이 문제에서는 귀무가설과 대립가설을

$$H_0 : \mu \geqq 100 \quad \text{vs.} \quad H_1 : \mu < 100$$

과 같이 정할 수 있다. (예 3)과 (예 4)의 경우에도 마찬가지 방식으로 귀무가설과 대립가설을 설정할 수 있으며, 이들을 정리하면 다음과 같다.

$$\text{(예 3)}: \ H_0 : \mu = 11.5 \quad \text{vs.} \quad H_1 : \mu \neq 11.5$$
$$\text{(예 4)}: \ H_0 : p \leqq 0.5 \quad \text{vs.} \quad H_1 : p > 0.5$$

위에서 설정된 귀무가설과 대립가설을 살펴보면, 귀무가설을 만족하는 모수들의 집합과 대립가설을 만족하는 모수들의 집합을 각각 Θ_0와 Θ_1이라고 표시할 때 $\Theta_0 \cap \Theta_1 = \varnothing$ 임을 알 수 있다. 그리고 $\Theta_0 \cup \Theta_1$이 모수가 가질 수 있는 값들의 전체 집합과 같아지는 것도 확인할 수 있다. 일반적으로 귀무가설과 대립가설은 위 두 가지 조건을 만족하도록 설정한다.

가설 설정과 관련된 예제들을 좀 더 살펴보자.

예제 9-1

한 회사에서는 자신들이 생산하는 형광등의 평균수명이 적어도 500시간이라고 광고하고 있다. 그러나 소비자들은 이 회사의 광고가 과장광고라고 소비자 고발센터에 고발하였다. 이 경우에 회사의 주장과 소비자의 주장에 대응하는 가설을 설정하여라.

풀이 9-1

회사가 생산하는 형광등의 평균수명을 μ라고 할 때, 회사의 주장은 "$\mu \geq 500$"이고, 소비자들의 주장은 "$\mu < 500$"으로 표현할 수 있다. 이들을 검정을 위한 귀무가설과 대립가설로 구분하면 다음과 같다.

$$H_0 : \mu \geqq 500 \quad \text{vs.} \quad H_1 : \mu < 500$$

검정 결과 H_0 대신 H_1을 선택하면, 이 회사의 형광등의 수명은 500시간 미만, 즉 소비자의 주장이 합당한 것으로 판단한다.

예제 9-2

어떤 질병에 대한 기존의 치료약의 치유율은 30%라고 한다. 한 제약회사에서는 이 질병치료를 위해 새로운 약을 개발하였다. 개발한 치료약이 기존의 치료약보다 효능이 높은지를 검정하기 위한 가설을 설정하여라.

풀이 9-2

새롭게 개발된 치료약의 치유율을 p라고 하자. 만약 새로운 치료약이 기존의 치료약보다 효능이 좋다면 치유율이 더 높을 것이다. 기존 치료약의 치유율이 30%이므로 검정하고자 하는 가설은

$$H_0 : p \leqq 0.3 \quad \text{vs.} \quad H_1 : p > 0.3$$

이 된다.

통계적 가설검정에서는 이와 같이 설정한 귀무가설과 대립가설에 대한 옳고 그름을 표본자료를 통해 검토하고, 두 가설 중 옳다고 판단되는 하나의 가설을 선택한다. 좀 더 구체적으로 말하면, 주어진 표본자료로부터 얻은 정보가 대립가설을 충분히 지지한다고 판단되면 귀무가설과 대립가설 중 대립가설을 선택하고, 주어진 자료가 대립가설을 충분히 뒷받침하지 못하면 귀무가설을 선택한다. 보통 전자처럼 대립가설을 선택하는 경우에는 "귀무가설 H_0을 기각한다"라고 표현

하고, 후자처럼 귀무가설을 선택하는 경우에는 “귀무가설 H_0을 기각할 수 없다 또는 채택한다” 라고 표현한다.

가설검정에서는 귀무가설의 기각 여부와 실제 가설의 참과 거짓에 따라 <표 9-1>에서 보듯이 네 가지 상황이 발생할 수 있다. 먼저 귀무가설이 참일 때 검정 결과 귀무가설을 채택하는 경우와 귀무가설이 거짓일 때 귀무가설을 기각하는 경우가 일어날 수 있는데, 이 두 가지 경우는 모두 옳은 결정이다. 그리고 이와는 달리 귀무가설이 참일 때 귀무가설을 기각하는 잘못된 결정과 귀무가설이 거짓일 때 귀무가설을 채택하는 잘못된 결정도 발생할 수 있다. 보통 두 가지 잘못된 결정 중 전자의 경우, 즉 귀무가설이 참일 때 귀무가설을 기각하는 경우를 제1종의 오류(type I error)라고 부르고, 후자의 경우를 제2종의 오류(type II error)라고 한다.

〈표 9-1〉 제1종의 오류와 제2종의 오류

		가설검정 결과	
		H_0 채택	H_0 기각
실제 상태	H_0가 참	옳은 결정	잘못된 결정 (제1종의 오류)
	H_0가 거짓	잘못된 결정 (제2종의 오류)	옳은 결정

가설검정은 모집단의 부분집합인 표본자료를 보고 전체집합에 대한 가설을 검토하는 것으로 100% 옳은 결정을 하기는 어려우며, 오류를 범할 수밖에 없다. 가장 좋은 가설검정방법이란 바로 이 오류를 범할 확률이 가장 작은 검정방법일 것이다. 그러나 뒤에서 살펴보겠지만, 안타깝게도 두 가지 오류를 동시에 최소화하는 검정방법은 존재하지 않거나 또는 찾기 어렵다. 보통 두 가지 오류 중 제1종의 오류를 범할 때 더 큰 손실이나 비용이 발생하는 경우가 많다. 예를 들어, (예제 9-2)에서 귀무가설과 대립가설을 모수가 아닌 말로 표현하면 다음과 같다.

H_0 : 새로운 치료약의 치유율이 기존 치료약의 치유율보다 높지 않다.
H_1 : 새로운 치료약의 치유율이 기존 치료약의 치유율보다 높다.

이 경우 제1종의 오류는 새로운 치료약의 치유율이 기존 치료약보다 높지 않음에도 불구하고 높다고 잘못 판단하는 것으로, 제약회사에서는 생산 설비를 바꾸어 기존 치료약 대신 새로운 치료약을 생산하려 할 것이다. 그리고 제2종의 오류는 새로운 치료약의 치유율이 기존 치료약의 것보다 높은 것이 사실이지만, 반대로 높지 않다고 판단하는 것이며, 이 경우 제약회사는 새로운 치료약의 개발을 중지하고 기존 치료약을 계속 생산할 것이다. 두 경우 중 어떤 경우에 더 큰 손실이 발생할까? 아마 제1종의 오류를 범하는 경우일 것이다. 일반적으로 가설검정에서는 제1종의 오류를 더 심각한 오류로 판단하고 제1종의 오류를 범할 확률부터 미리 지정한 기준 값 이

하가 되도록 하는 검정방법을 우선적으로 찾는다. 그리고 이런 검정방법들 중에서 제2종의 오류를 범할 확률이 최소가 되는 하나의 검정방법을 선택하는 것이 통계학에서 검정방법을 선택하는 전통적인 방법이다. 보통 제1종의 오류를 범할 확률에 대한 최대 허용한계, 즉 앞서 이야기한 기준 값을 유의수준(significance level)이라고 부르며, α라고 표기한다. 오류를 범할 확률은 작은 것이 좋으므로, 분석가들은 가설검정에서 유의수준 α의 값으로 0.01과 0.10 사이의 작은 값을 주로 사용한다.

9.3 검정을 위한 기준과 유의확률

앞에서 우리는 가설검정을 위한 몇 가지 개념에 대해 배웠다. 이제는 실제로 가설검정이 어떻게 이루어지는지를 알아보기 위하여 검정절차를 단계별로 정리하면서 살펴보고자 한다. 이를 위해 다음과 같은 예를 생각해보자.

예) 전구를 만드는 한 공장에서 전구의 수명이 450시간이 되는 공정을 이용하여 전구를 생산하고 있다. 공장의 한 기술자가 전구의 수명이 450시간보다 길 수 있는 새로운 공정을 개발하였다고 하자. 새로운 공정에서 생산되는 전구의 수명이 450시간보다 큰지 확인하기 위하여 표본을 얻어 검정하고자 한다. 새로운 공정에서 생산되는 전구의 수명은 분산이 3600시간인 정규분포를 따른다고 가정한다.

가설검정에서 가장 먼저 할 일은 검토하고자 하는 가설을 설정하는 것이다. 위에 주어진 예에서 기술자가 개발한 새로운 공정에서 생산되는 전구의 평균 수명을 μ시간이라고 하면, 귀무가설과 대립가설을 다음과 같이 정할 수 있다.

H_0 : $\mu \leq 450$ (새로운 공정이 전구의 수명을 연장시키지 못함)
H_1 : $\mu > 450$ (새로운 공정은 전구의 수명을 연장시킴)

가설을 설정하고 난 뒤에 할 일은 표본자료를 관측하고, 가설검정에 사용할 통계량을 선택하는 것이다. 보통 가설검정에 사용되는 통계량을 검정통계량(test statistic)이고 부르며, 많은 경우 모수에 대한 일치추정량이나 이를 가지고 만든 통계량을 검정통계량으로 사용한다. 앞서 주어진 전구의 수명 예제에서 새로운 공정으로 생산한 전구 중 9개를 랜덤하게 선택하여 수명을 측정한 결과 다음과 같은 자료를 얻었다고 하자.

583	518	464	384	445	534	549	563	376

위 표본자료를 이용하여 앞서 설정한 가설의 옳고 그름을 어떻게 판단할 수 있을까? 8장에서 우리는 표본평균이 모평균에 대한 일치추정량임을 배웠다. 이는 자료의 개수가 충분히 많을 때 표

본평균과 모평균이 매우 가깝다는 뜻이다. 그러므로 표본평균이 450보다 크면 모평균도 450보다 클 것이라 예상할 수 있으며, 대립가설이 참이 아닐까 생각할 수 있다. 그러나 표본평균은 모평균에 대한 추정량으로 두 값이 100% 일치할 수 없으며, 오차가 존재하므로, 표본평균이 450보다 충분히 큰 경우에만 모평균도 450보다 크다고 판단할 수 있을 것이다. 아마도 표본평균이 450보다는 크지만 451처럼 450에 가까우면, 모평균이 450보다 크다고 확신하기 어려울 것이다. 위에 주어진 표본자료에 대한 평균은 490.67시간으로 450보다 크다. 그럼 490.67은 450보다 충분히 클까? 우리는 490.67이라는 값으로부터 전체 전구의 평균 수명 μ도 450보다 크다고 확신할 수 있을까? 아마 이에 대한 대답은 사람마다 다를 것이다. 이는 사람마다 숫자 차이에 대한 다른 기준을 가지고 있어서 490.67과 450의 차이를 다르게 인식하기 때문이다.

이제 490.67이 450보다 충분히 큰지를 판단할 수 있는 기준을 찾아보자. 즉 귀무가설과 대립가설을 선택할 때 사용할 수 있는 기준을 구해보자. 앞서 검정통계량으로 표본평균 $\overline{X}$을 선택하였다. 그리고 대부분의 사람들이 표본평균의 값이 450보다 크면 클수록 귀무가설이 거짓이고 대립가설이 참일 것이라 생각할 것이다. 따라서 표본자료로부터 구한 표본평균이

$$\overline{x} \geq 450 + c, \quad \text{단 } c > 0$$

을 만족하면 귀무가설을 기각하고, 대립가설을 채택하는 방법을 사용할 수 있다. 일반적으로 $\{\overline{x} : \overline{x} \geq 450 + c\}$처럼 검정통계량의 관측값이 속하면 귀무가설을 기각하고, 속하지 않으면 귀무가설을 채택하게 해주는 집합을 기각역(rejection region)이라고 부르며, R로 표기한다. 그리고 R^c를 채택역(acceptance region)이라고 하고, 기각역과 채택역의 경계에 해당하는 값, 예를 들면 $450 + c$을 임계값(critical value)이라고 부른다.

이제 양수 c를 구해보자. 앞서 실제 귀무가설의 진위 여부와 검정 결과에 따라 제1종의 오류와 제2종의 오류가 발생할 수 있으며, 좋은 검정방법은 오류가 발생할 확률을 최소화하는 검정이라고 설명하였다. 제1종의 오류는 귀무가설이 참일 때 귀무가설을 기각하는 잘못된 결정으로, $\mu \leq 450$일 때 검정통계량의 관측값이 기각역에 속하는 것, 즉 $\overline{x} \geq 450 + c$인 경우를 말한다. 그리고 제2종의 오류는 귀무가설이 거짓일 때 귀무가설을 채택하는 잘못된 결정을 말하는 것으로, $\mu > 450$일 때 표본평균이 $\overline{x} < 450 + c$를 만족하는 경우이다. 예를 들어, $\mu_0 = 450$은 귀무가설이 참인 경우이고, $\mu_1 = 500$은 대립가설이 참인 경우이다. 전구의 수명 예에서 새로운 공정으로 생산한 전구의 수명에 대한 분포는 분산이 3600인 정규분포라고 가정했으므로, 9개의 확률표본으로 만든 표본평균 $\overline{X}$의 확률분포는 정규분포 $N(\mu, 3600/9)$이 된다. 따라서 $\mu = \mu_0 = 450$인 경우에는 $\overline{X}$의 확률분포가 $N(450, 400)$이며, 이에 대한 확률밀도함수가 [그림 9-1]의 왼쪽에 주어져 있다. 그리고 [그림 9-1]의 오른쪽에 있는 곡선은 $\mu = \mu_1 = 500$일 때 $\overline{X}$의 확률분포 $N(500, 400)$를 나타낸다.

[그림 9-1] 전구수명을 위한 검정에서의 제1종의 오류와 제2종의 오류

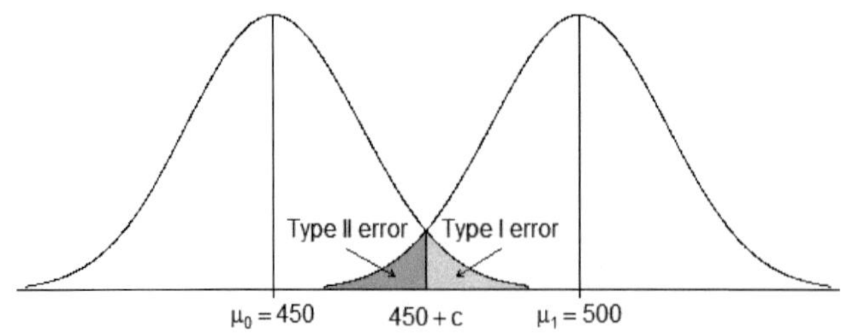

[그림 9-1]을 보면 $450+c$를 경계로 하여 오른쪽 연한 회색 부분과 왼쪽 진한 회색 부분이 있다. 연한 회색으로 색칠된 부분은 표본평균 $\overline{X}$가 $N(450,400)$의 분포를 따를 때, $\overline{X} \geq 450+c$를 만족하는 부분으로, 이 부분의 넓이는 $\mu=\mu_0=450$일 때 제1종의 오류를 범할 확률에 해당한다. 그리고 진한 회색으로 색칠된 부분의 넓이는 $\overline{X} \sim N(500,400)$일 때 $\overline{X} < 450+c$을 만족할 확률이므로 $\mu=\mu_1=500$일 때 제2종의 오류를 범할 확률이 된다. [그림 9-1]에서 보면 알 수 있듯이 c의 값이 작아지면, 제1종의 오류를 범할 확률은 커지고 제2종의 오류를 범할 확률은 작아진다. 또한 반대로 c의 값이 커지면, 제1종의 오류를 범할 확률은 작아지지만 제2종의 오류를 범할 확률이 커지게 된다. 이와 같이 두 가지의 오류를 범할 확률을 모두 최소로 하는 상수 c는 존재하지 않는다. 앞서 설명한 것처럼 제1종의 오류를 제2종의 오류보다 심각한 오류라고 생각하므로, c의 값을 정할 때 먼저 (1) 제1종의 오류를 범할 확률이 유의수준 α보다 작거나 같아지도록 하고, 그 다음에 (2) 대립가설이 참일 각각의 경우에 대해 제2종의 오류를 범할 확률이 최소가 되도록 한다.

먼저 조건 (1)을 만족하는 상수 c부터 구해보자. 귀무가설이 참일 때 모평균 μ의 참값을 $\mu_0(\leq 450)$라고 하자. 앞서 설명한 것처럼 검정통계량으로 사용하는 표본평균 $\overline{X}$가 $N(\mu_0,400)$을 따르므로, 정규분포의 성질을 이용하면 조건 (1)은 다음과 같이 쓸 수 있다.

$$P\left(\overline{X} \geq 450+c \mid \mu=\mu_0\right)=P\left(Z_0 \geq \frac{450+c-\mu_0}{20}\right) \leq \alpha$$

여기서, Z_0는 표준정규분포를 따르는 확률변수를 말한다. 앞으로 이 장의 남은 부분에서도 Z_0는 표준정규분포 $N(0,1)$을 따르는 확률변수를 표기하는 것으로 약속한다. 다시 위에 주어진 부등식으로 돌아가서 표준정규분포의 상위 α-분위수를 z_α라고 표기할 때, 우리는 다음 결과를 얻을 수 있다.

$$\frac{450+c-\mu_0}{20} \geq z_\alpha, \text{ 즉 } c \geq \mu_0-450+20z_\alpha$$

조건 (1)은 특정 μ_0가 아닌 귀무가설이 참이 되게 하는 모든 $\mu_0(\leqq 450)$에 대해 성립해야 한다. 따라서 c는

$$c \geqq \max_{\mu_0 \leqq 450}\{\mu_0 - 450 + 20z_\alpha\} = 450 - 450 + 20z_\alpha = 20z_\alpha$$

을 만족해야 한다.

다음으로 조건 (2)를 이용하여 앞서 구한 c 중에서 최적의 c를 선택한다. 대립가설이 참일 때 모평균 μ가 가질 수 있는 하나의 값을 $\mu_1(> 450)$이라고 하자. $\mu = \mu_1$일 때 검정통계량 $\overline{X}$는 $N(\mu_1, 400)$을 따르므로, 이를 이용하여 제2종의 오류를 범할 확률을 구하면

$$P(\overline{X} < 450 + c | \mu = \mu_1) = P\left(Z_0 < \frac{450 + c - \mu_1}{20}\right)$$

이 된다. 이 확률값은 c에 대한 증가함수이므로 c가 최소일 때 제2종의 오류를 범할 확률도 최소가 된다. 앞서 (1)의 조건을 이용하여 구한 $c \geqq 20z_\alpha$ 중에서 $c = 20z_\alpha$가 최소이므로, 우리가 구하고자 하는 c는 $20z_\alpha$가 된다.

지금까지의 내용을 종합하면, 전구의 수명 예에서 가설

$$H_0 : \mu \leqq 450 \quad \text{vs.} \quad H_1 : \mu > 450$$

을 검정하기 위해 검정통계량으로 표본평균 $\overline{X}$을 선택하였다. 그리고 유의수준이 α라고 주어질 때, 검정통계량 $\overline{X}$의 확률분포를 이용하여 기각역을 구하면 다음과 같다.

$$R = \{\overline{x} : \overline{x} \geqq 450 + 20z_\alpha\}$$

예를 들어, 유의수준이 $\alpha = 0.05$이면 $z_{0.05} = 1.645$이므로 기각역은

$$R = \{\overline{x} : \overline{x} \geqq 450 + 20 \times 1.645\} = \{x : \overline{x} \geqq 482.897\}$$

이 된다. 앞서 주어진 9개의 관측값을 이용하면, 표본평균이 $\overline{x} = 490.67$이고 이 값은 기각역에 속하는 값이므로, 우리는 유의수준 5%, 즉 $\alpha = 0.05$에서 귀무가설을 기각할 수 있다. 즉 주어진 자료에 의하면 새로운 공정에 의해 생산되는 전구의 평균 수명은 450시간보다 크다고 할 수 있다.

〈표 9-2〉 기각역을 이용한 가설검정절차

검정절차	전구의 평균수명 μ에 대한 가설검정
i) 가설의 설정	$H_0 : \mu \leq 450$ vs. $H_1 : \mu > 450$
ii) 검정통계량 선택 및 관측값 계산	검정통계량 : $\overline{X}$ 검정통계량의 관측값 : $\overline{x} = 490.67$
iii) 기각역 계산	유의수준 : $\alpha = 0.05$ 기각역 : $R = \{\overline{x} : \overline{x} \geq 482.897\}$
iv) 검정 결과 및 결과 해석	검정통계량의 관측값 $\overline{x} = 490.67$이 유의수준 5%에서 구한 기각역에 속하므로, 유의수준 5%에서 귀무가설을 기각한다. 즉, 새로운 공정은 전구의 평균수명은 450시간 보다 연장시킨다고 판단한다.

이와 같이 유의수준을 먼저 정하고, 주어진 유의수준에 따라 정해진 기각역을 구하여 검정하는 방법을 고전적 가설검정이라고 부른다. 고전적 가설검정에서 유의수준 α는 고정된 것이 아니라 분석자의 판단에 따라 다양한 값을 사용할 수 있다. 이로 인해 선택된 α에 따라 기각역과 검정 결과가 달리질 수 있다. 앞서 소개한 예에서 유의수준 $\alpha = 0.05$에서의 기각역은 $R = \{\overline{x} : \overline{x} \geq 482.897\}$으로 우리가 구한 표본평균 $\overline{x} = 490.67$이 기각역에 속하며, 귀무가설을 기각할 수 있었다. 그러나 유의수준으로 $\alpha = 0.05$ 대신 $\alpha = 0.01$을 사용하면, 기각역은 $R = \{\overline{x} : \overline{x} \geq 496.527\}$이 되고 표본평균 $\overline{x} = 490.67$이 기각역에 속하지 않으므로 귀무가설을 기각할 수 없게 된다. 이렇듯 고전적 가설검정은 유의수준에 따라 상이한 결과를 줄 수 있다.

그럼 유의수준에 의존하는 기각역을 사용하는 검정방법 외에 또 다른 방법은 없을까? 사람들이 많이 사용하는 검정방법으로 유의확률을 이용하여 검정하는 방법이 있다. 유의확률(significance probability)이란 주어진 표본자료가 대립가설을 지지하는 정도를 0과 1 사이의 숫자로 나타낸 값으로 p-값(p-value)이라고 부르기도 한다. 앞서 소개한 전구의 수명 예와 관측된 표본자료를 통해 유의확률의 개념에 대해 알아보기로 하자. 먼저 9개의 표본자료를 가지고 계산한 표본평균 $\overline{x} = 490.67$을 가지고 $\max_{\mu_0 \leq 450} P(\overline{X} \geq 490.67 | \mu = \mu_0)$의 값을 구해보자. 모평균이 $\mu = \mu_0$일 때, 표본평균 $\overline{X}$는 정규분포 $N(\mu_0, 400)$을 따르므로

$$P(\overline{X} \geq 490.67 | \mu = \mu_0) = P\left(Z_0 \geq \frac{490.67 - \mu_0}{20}\right)$$

이 성립한다. 그리고 이 확률값은 μ_0에 대한 증가함수이므로 우리가 구하고자 하는 최댓값은 다음과 같다.

$$\max_{\mu_0 \leq 450} P(\overline{X} \geq 490.67 \mid \mu = \mu_0) = P(\overline{X} \geq 490.67 \mid \mu = 450)$$

$$= P\left(Z_0 \geq \frac{490.67 - 450}{20}\right)$$

$$= P(Z_0 \geq 2.03) = 0.0212$$

이제 이 값이 의미를 살펴보자. 먼저 모평균이 $\mu = \mu_0 \leq 450$을 만족하므로 귀무가설이 참인 경우이다. 즉, 귀무가설 참일 때 표본평균 $\overline{X}$가 490.67시간보다 더 큰 값을 가질 확률이 기껏해야 0.0212에 불과하다는 뜻이다. 다시 말하면, 귀무가설이 참일 때 9개의 표본을 추출하여 표본평균을 계산하는 과정을 100번 반복하면, 이 중 많아야 2개의 표본평균값만 490.67보다 크다는 의미이며, 490.67은 충분히 큰 값이라고 생각할 수 있다. 따라서 주어진 표본자료는 대립가설을 충분히 지지한다고 판단할 수 있다.

위에 계산한 값을 또 다른 방법으로 해석해 보자. 만약 관측값 $\overline{x} = 490.67$을 임계값으로 사용하면, 기각역은 $R = \{\overline{x} : \overline{x} \geq 490.67\}$이 된다. 그리고 이 경우 우리가 계산한 값 $\max_{\mu_0 \leq 450} P(\overline{X} \geq 490.67 \mid \mu = \mu_0) = 0.0212$은 귀무가설이 참일 때 표본평균이 기각역에 속하여 귀무가설을 기각하게 될 확률의 최댓값이다. 즉, 제1종의 오류를 범할 최대 확률이 된다.

또한 기각역 $R = \{\overline{x} : \overline{x} \geq 490.67\}$은 유의수준이 $\alpha = 0.0212$일 때 얻게 되는 기각역으로, 만약 유의수준이 $\alpha \geq 0.0212$이면 기각역이 $\{\overline{x} : \overline{x} \geq 490.67\}$를 포함하게 되어 $\overline{x} = 490.67$은 기각역에 항상 속한다. 반대로 $\alpha < 0.0212$이면 기각역에 $\overline{x} = 490.67$이 속하지 않으며, 귀무가설을 기각할 수 없게 된다. 따라서 0.0212는 검정통계량 $\overline{X}$의 관측값 $\overline{x} = 490.67$를 가지고 귀무가설을 기각할 수 있는 최소의 유의수준이 된다.

일반적으로 유의확률은 관측값을 이용하여 귀무가설을 기각할 수 있는 최소의 유의수준, 즉 검정통계량의 관측값을 임계값으로 하여 만든 기각역을 사용하여 가설검정을 할 때 얻게 되는 제1종의 오류를 범할 최대 확률을 말한다. 유의수준은 항상 0과 1 사이의 값을 가지며, 0에 가까울수록 주어진 관측값이 대립가설을 지지함을 의미한다. 이렇듯 유의확률은 주어진 표본자료가 대립가설을 지지하는 정도에 대한 척도로 사용될 수 있다. 그리고 앞서 잠시 설명했듯이 유의확률이 미리 지정된 유의수준보다 크면 검정통계량의 관측값이 기각역에 속하지 않고, 반대로 유의확률이 유의수준보다 작으면 검정통계량의 관측값은 기각역에 속하게 된다. 그러므로 유의확률과 정해진 유의수준을 비교하여 귀무가설의 기각여부를 정할 수 있다.

지금까지 설명한 가설검정의 절차를 요약하면 <표 9-3>처럼 정리할 수 있다.

〈표 9-3〉 유의확률을 이용한 가설검정절차

검 정 절 차	전구의 평균수명 μ에 대한 가설검정
i) 가설의 설정	$H_0 : \mu \leq 450$ vs. $H_1 : \mu > 450$
ii) 검정통계량 선택 및 관측값 계산	검정통계량 : $\overline{X}$ 검정통계량의 관측값 : $\overline{x} = 490.67$
iii) 유의확률 계산	$\max_{\mu_0 \leq 450} P(\overline{X} \geq 490.67 \mid \mu = \mu_0) = 0.0212$
iv) 검정 결과 및 결과 해석	유의확률이 5%보다 작으므로 유의수준 5%에서 귀무가설을 기각한다. 즉, 새로운 공정은 전구의 평균수명은 450시간 보다 연장시킨다고 판단한다.

예제 9-3

한 대학의 재학생들의 지능지수는 평균 120, 분산 100인 정규분포를 따른다고 한다. 새로 입학한 신입생의 평균지능지수가 재학생들보다 더 높아졌는지 검정하기 위해 신입생들 중에서 64명을 단순확률추출하여 조사하였다. 그 결과 64명의 평균 지능지수는 $\overline{x} = 122.5$이었다. 전체 신입생들의 지능지수도 재학생들과 마찬가지로 평균이 μ, 분산이 100인 정규분포를 따른다고 가정할 때, 유의확률을 계산하여라.

풀이 9-3

우선 주어진 문제에 대한 가설을 설정하면 다음과 같다.

$$H_0 : \mu \leq 120 \quad \text{vs.} \quad H_1 : \mu > 120$$

모집단의 분포가 $N(\mu, 100)$이고, 표본의 크기가 $n = 64$이므로 표본평균 $\overline{X}$는 정규분포 $N(\mu, 100/64)$을 따르게 된다. 그리고 표본평균의 값이 클수록 대립가설을 지지하게 된다. 그러므로 유의확률을 구하면

$$\begin{aligned} p\text{-값} &= \max_{\mu_0 \leq 120} P(\overline{X} \geq 122.5 \mid \mu = \mu_0) = P(\overline{X} \geq 122.5 \mid \mu = 120) \\ &= P\left(Z_0 \geq \frac{122.5 - 120}{10/\sqrt{64}}\right) = P(Z_0 \geq 2.0) = 0.0228 \end{aligned}$$

이 된다.

예제 9-4

(예제 9-3)에서 유의수준을 1%와 5%로 할 때의 임계값을 구하여 검정하여라.

풀이 9-4

유의수준이 α일 때, 위에 주어진 가설

$$H_0 : \mu \leqq 120 \quad \text{vs.} \quad H_1 : \mu > 120$$

에 대한 기각역은

$$R = \left\{ \bar{x} : \bar{x} \geqq 120 + z_\alpha \times \frac{10}{\sqrt{64}} \right\}$$

이다. 그러므로 유의수준이 $\alpha = 0.01$인 경우에는 $z_{0.01} = 2.33$이므로 임계값이 $120 + 2.33 \times \frac{10}{\sqrt{64}} =$ 122.9가 되며, 검정통계량의 관측값 $\bar{x} = 122.5$이 임계값보다 작으므로 귀무가설을 기각할 수 없다. 한편, 유의수준이 $\alpha = 0.05$인 경우에는 $z_{0.05} = 1.645$이다. 따라서 임계값이 $120 + 1.645 \times \frac{10}{\sqrt{64}} =$ 122.05가 되며, 검정통계량의 관측값 $\bar{x} = 122.5$과 비교하면 임계값이 더 작다. 그러므로 유의수준 5%에서는 $\bar{x} = 122.5$가 기각역에 속하므로 귀무가설을 기각할 수 있다.

9.4 모평균에 대한 검정

이제 모평균에 대한 가설검정을 집중적으로 다루려고 한다. 모평균 μ가 관심모수일 때 사람들이 주로 관심을 갖는 가설은 다음의 세 가지 형태이다.

$$\text{(A)} \quad H_0 : \mu \leqq \mu^* \quad \text{vs.} \quad H_1 : \mu > \mu^*$$
$$\text{(B)} \quad H_0 : \mu \geqq \mu^* \quad \text{vs.} \quad H_1 : \mu < \mu^*$$
$$\text{(C)} \quad H_0 : \mu = \mu^* \quad \text{vs.} \quad H_1 : \mu \neq \mu^*$$

여기서 μ^*는 주어진 상수로 앞에서 살펴본 전구 수명 예에서의 450시간과 같은 역할을 하는 값이다. 우리는 제9.3절에서 설명한 것처럼 표본평균을 검정통계량으로 선택하여 위에 주어진 가설들을 검정할 수 있다. 먼저 가설 (A)의 경우는 제9.3절의 전구 수명 예에서 고려한 가설과 같은 형태로, 유의수준 α에서의 기각역은

$$R = \{ \bar{x} : \bar{x} \geqq c_\alpha \}$$

이 된다. 여기서 c_α는 유의수준 α에서의 임계값을 의미하는 것으로 전구 수명 예와 동일한 방식으로 표본평균의 확률분포를 이용하여 구할 수 있다. 또한 가설 (B)의 경우는 (A)와는 반대로 표본평균의 값이 μ^*에 비해 충분히 작을 때 대립가설이 참일 가능성이 높기 때문에 기각역의 형태는

$$R = \left\{ \overline{x} : \overline{x} \leq c_\alpha \right\}$$

가 될 것이다. 가설 (C)의 경우에는 표본평균이 μ^*와 멀리 떨어져 있을 때 모평균도 μ^*와 다를 것이라고 판단할 수 있으므로 기각역은 다음처럼 주어진다.

$$R = \left\{ \overline{x} : |\overline{x} - \mu^*| \geq c_\alpha \right\}$$

가설 (A), (B), (C)를 각각 검정하기 위한 기각역과 채택역을 그림으로 나타내면 [그림 9-2]와 같다. 보통 (A)와 (B)의 가설을 검정하는 문제를 단측검정(one-sided test)이라고 하고, 가설 (C)를 검정하는 문제를 양측검정(two-sided test)이라고 부른다.

[그림 9-2] (A), (B), (C)의 기각역

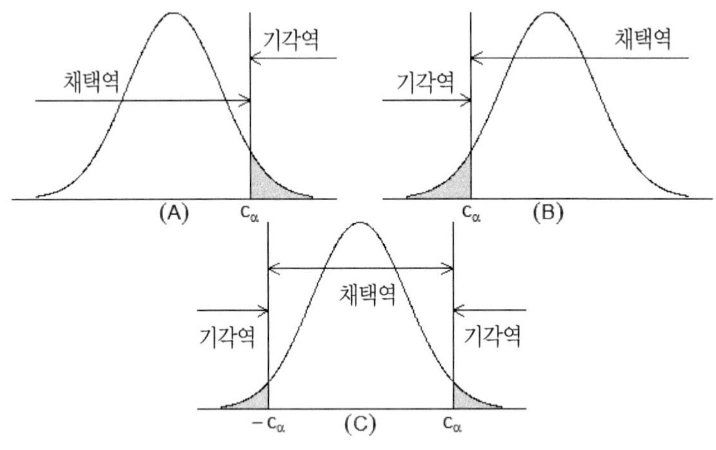

이제 (A), (B), (C) 각각의 가설을 검정하는데 필요한 기각역과 유의확률을 구해보자. 이를 위해 모집단의 분포가 $N(\mu, \sigma^2)$을 따르고, 모분산 σ^2의 값이 알려져 있다고 가정하자. 그리고 모평균 μ에 대한 가설검정을 위해 모집단에서 추출한 n개의 확률표본 $X_1, X_2, \cdots, X_n$이 서로 독립이고 동일하게 모집단의 분포를 따른다고 가정한다. 그러면 7장과 8장에서 배운 것처럼 표본평균 $\overline{X} = \frac{1}{n}\sum_{i=1}^{n} X_i$는 정규분포 $N(\mu, \sigma^2/n)$을 따른다.

먼저 가설 (A) $H_0 : \mu \leq \mu^*$ vs. $H_1 : \mu > \mu^*$을 검정하는 문제부터 생각해보자. 앞서 전구 수명 예에서 기각역을 구하는 과정을 생각해보면, 유의수준 α에서의 기각역 $R = \left\{ \overline{x} : \overline{x} \geq c_\alpha \right\}$은 제1종의 오류를 범할 확률에 대한 조건으로 다음 식을 만족해야 한다.

$$\max_{\mu_o \leq \mu^*} P(\overline{X} \geq c_\alpha | \mu = \mu_0) = P(\overline{X} \geq c_\alpha | \mu = \mu^*) \leq \alpha$$

$\mu = \mu^*$일 때 표본평균 $\overline{X}$의 확률분포는 $N(\mu^*, \sigma^2/n)$이므로, $Z = \dfrac{\overline{X} - \mu^*}{\sigma/\sqrt{n}}$은 표준정규분포를 따른다. 그러므로 위 식은

$$P(\overline{X} \geq c_\alpha | \mu = \mu^*) = P\left(Z_0 \geq \frac{c_\alpha - \mu^*}{\sigma/\sqrt{n}}\right) \leq \alpha$$

이 된다. 여기서 Z_0는 앞서 약속한 것처럼 표준정규분포를 따르는 확률변수를 의미한다. 이제 위에 주어진 부등식을 풀면

$$\frac{c_\alpha - \mu^*}{\sigma/\sqrt{n}} \geq z_\alpha, \text{ 즉 } c_\alpha \geq \mu^* + z_\alpha \times \frac{\sigma}{\sqrt{n}}$$

이 성립한다. 그리고 이렇게 구한 c_α 중에서 가능하면 제2종의 오류를 범할 확률이 최소가 되도록 하는 c_α를 선택한다. 모평균 μ가 $\mu_1 (> \mu^*)$일 때 제2종의 오류를 범할 확률 $P(\overline{X} < c_\alpha | \mu = \mu_1)$은 c_α가 작을수록 그 값이 작아진다. 그러므로 $c_\alpha = \mu^* + z_\alpha \times \sigma/\sqrt{n}$일 때 제2종의 오류를 범할 확률 $P(\overline{X} < c_\alpha | \mu = \mu_1)$는 최솟값을 가지게 된다. 따라서 유의수준이 α일 때 표본평균의 관측값 $\overline{x}$가

$$\overline{x} \geq \mu^* + z_\alpha \times \frac{\sigma}{\sqrt{n}}$$

을 만족하면, 즉

$$z = \frac{\overline{x} - \mu^*}{\sigma/\sqrt{n}} \geq z_\alpha$$

이면 귀무가설을 기각할 수 있다.

다음으로 가설 (A)를 검정하는 문제에서의 유의확률을 구해보자. 기각역이 $R = \{\overline{x} : \overline{x} \geq c_\alpha\}$의 형태이므로 검정통계량의 관측값 $\overline{x}$를 이용하여 유의확률을 계산하면 다음과 같다.

$$\max_{\mu_0 \leq \mu^*} P(\overline{X} \geq \overline{x} | \mu = \mu_0) = P(\overline{X} \geq \overline{x} | \mu = \mu^*) = P\left(Z_0 \geq \frac{\overline{x} - \mu^*}{\sigma/\sqrt{n}}\right)$$

이와 유사한 방식으로 가설 (B) $H_0 : \mu \geq \mu^*$ vs. $H_1 : \mu < \mu^*$를 검정하기 위한 기각역과 유의확률을 구할 수 있다. 이 경우엔 유의수준 α에서의 기각역이 $R = \{\overline{x} : \overline{x} \leq c_\alpha\}$이므로 제1종의 오류를 범할 확률에 대한 조건이

$$\max_{\mu_0 \geq \mu^*} P(\overline{X} \leq c_\alpha | \mu \geq \mu^*) = P(\overline{X} \leq c_\alpha | \mu = \mu^*) = P\left(Z_0 \leq \frac{c_\alpha - \mu^*}{\sigma/\sqrt{n}}\right) \leq \alpha$$

와 같고, 이 부등식을 풀면 다음과 같다.

$$\frac{c_\alpha - \mu^*}{\sigma/\sqrt{n}} \leqq -z_\alpha, \text{ 즉 } c_\alpha \leqq \mu^* - z_\alpha \times \frac{\sigma}{\sqrt{n}}$$

그리고 $\mu = \mu_1(>\mu^*)$에서 제2종의 오류를 범할 확률 $P(\overline{X} > c_\alpha | \mu = \mu_1)$은 c_α에 대한 감소함수이므로 $c_\alpha = \mu^* - z_\alpha \times \sigma/\sqrt{n}$일 때 최솟값을 가지게 되며, 이 값이 유의수준 α에서의 임계값이 된다. 검정통계량의 관측값이 $\overline{x}$일 때 유의확률을 구하면

$$\max_{\mu_0 \geqq \mu^*} P(\overline{X} \leqq \overline{x} | \mu = \mu_0) = P(\overline{X} \leqq \overline{x} | \mu = \mu^*) = P\left(Z_0 \leqq \frac{\overline{x} - \mu^*}{\sigma/\sqrt{n}}\right)$$

이 된다.

마지막으로 가설 (C) $H_0: \mu = \mu^*$ vs. $H_1: \mu \neq \mu^*$를 검정하는 문제를 생각해 보자. 앞서 설명한 것처럼 표본평균과 μ^*의 차이가 클수록 대립가설을 지지한다고 생각할 수 있으므로, 유의수준 α에서의 기각역은 $R = \{\overline{x} : |\overline{x} - \mu^*| \geq c_\alpha\}$이 된다. 이 경우 제1종의 오류를 범할 확률은

$$P(|\overline{X} - \mu^*| \geq c_\alpha | \mu = \mu^*) = P\left(|Z_0| \geq \frac{c_\alpha}{\sigma/\sqrt{n}}\right) = 2P\left(Z_0 \geq \frac{c_\alpha}{\sigma/\sqrt{n}}\right)$$

이 된다. 그러므로 제1종의 오류를 범할 확률이 α 이하인 c_α는

$$c_\alpha \geqq z_{\alpha/2} \times \frac{\sigma}{\sqrt{n}}$$

을 만족해야 한다. 그리고 이 중에서 $\mu = \mu_1(\neq \mu^*)$일 때 제2종의 오류를 범할 확률 $P(|\overline{X} - \mu^*| \geq c_\alpha | \mu = \mu_1)$은 $c_\alpha = z_{\alpha/2} \times \sigma/\sqrt{n}$일 때 최솟값을 가진다. 그러므로 유의수준 α에서의 임계값은

$$c_\alpha = z_{\alpha/2} \times \frac{\sigma}{\sqrt{n}}$$

이고, 표본으로부터 구한 $\overline{x}$가

$$|z| = \left|\frac{\overline{x} - \mu^*}{\sigma/\sqrt{n}}\right| \geqq z_{\alpha/2}$$

을 만족하면 귀무가설 $H_0: \mu = \mu^*$을 기각하게 된다. 그리고 가설 (C)를 검정하기 위한 유의확률은 다음과 같다.

$$P(|\overline{X} - \mu^*| \geq |\overline{x} - \mu^*| \,|\, \mu = \mu^*) = P\left(|Z_0| \geq \left|\frac{\overline{x} - \mu^*}{\sigma/\sqrt{n}}\right|\right)$$

$$= 2P\left(Z_0 \geq \left|\frac{\overline{x} - \mu^*}{\sigma/\sqrt{n}}\right|\right)$$

표본평균 $\overline{X}$를 검정통계량으로 사용하여 구한 기각역과 유의확률을 정리하면 다음과 같다.

〈표 9-4〉 σ를 알 때 모평균에 대한 가설검정

가 설	기각역 (유의수준 α)	유의확률 ($Z_0 \sim N(0,1)$)
(A) $H_0 : \mu \leqq \mu^*$ vs. $H_1 : \mu > \mu^*$	$\bar{x} \geqq \mu^* + z_\alpha \times \dfrac{\sigma}{\sqrt{n}}$	$P\left(Z_0 \geqq \dfrac{\bar{x}-\mu^*}{\sigma/\sqrt{n}}\right)$
(B) $H_0 : \mu \geqq \mu^*$ vs. $H_1 : \mu < \mu^*$	$\bar{x} \leqq \mu^* - z_\alpha \times \dfrac{\sigma}{\sqrt{n}}$	$P\left(Z_0 \leqq \dfrac{\bar{x}-\mu^*}{\sigma/\sqrt{n}}\right)$
(C) $H_0 : \mu = \mu^*$ vs. $H_1 : \mu \neq \mu^*$	$\lvert\bar{x} - \mu^*\rvert \geqq z_{\alpha/2} \times \dfrac{\sigma}{\sqrt{n}}$	$P\left(\lvert Z_0\rvert \geqq \left\lvert \dfrac{\bar{x}-\mu^*}{\sigma/\sqrt{n}} \right\rvert\right)$

<표 9-4>에 정리된 내용과 이전의 설명을 잘 살펴보면, 가설 (A)와 (B)의 경우 기각역과 유의확률을 구할 때 모두 제1종의 오류를 범할 최대 확률을 사용하고 있으며, 최댓값은 $\mu = \mu^*$일 때 가짐을 알 수 있다. 그러므로 가설 (A)와 (B)에서 귀무가설을 $H_0 : \mu = \mu^*$라고 바꾸어도 동일한 검정 결과를 얻게 된다. 보통 귀무가설로 $H_0 : \mu = \mu^*$를 사용하면 기각역과 유의확률을 더 쉽게 계산할 수 있으므로 $H_0 : \mu \leqq \mu^*$나 $H_0 : \mu \geqq \mu^*$보다 더 많이 사용한다. 앞으로 본 교재에서도 (A)와 (B)의 가설을 각각 $H_0 : \mu = \mu^*$ vs. $H_1 : \mu > \mu^*$와 $H_0 : \mu = \mu^*$ vs. $H_1 : \mu < \mu^*$으로 바꾸어 사용할 것이다.

또한 앞에서 우리는 유의수준 α에서의 기각역을 구할 때, 제1종의 오류를 범할 확률과 제2종의 오류를 범할 확률에 대한 두 가지 조건을 사용하였다. 그러나 계산 결과로 얻은 임계값은 $\mu = \mu^*$에서 제1종의 오류를 범할 확률이 정확하게 α가 되는 경우와 동일함을 알 수 있다. 예를 들어, 가설 (A)의 경우

$$P\left(\overline{X} \geqq c_\alpha \mid \mu = \mu^*\right) = P\left(Z_0 \geqq \frac{c_\alpha - \mu^*}{\sigma/\sqrt{n}}\right) = \alpha$$

를 만족하는 c_α는 $\mu^* + z_\alpha \times \sigma/\sqrt{n}$으로 앞에서 구한 임계값과 같아진다. 그러므로 앞으로는 기각역을 구할 때 위와 같은 등식을 활용할 것이다.

세 가지 가설을 검정할 때 우리는 검정통계량으로 표본평균 $\overline{X}$을 사용하였다. 그러나 <표 9-4>를 보면 알 수 있듯이 유의수준 α에서의 기각역과 유의확률은 모두 $\dfrac{\bar{x}-\mu^*}{\sigma/\sqrt{n}}$에 대한 식이다. 따라서 대부분 검정통계량으로 표본평균 $\overline{X}$을 그냥 사용하지 않고, 이를 변환한

$$Z = \frac{\overline{X} - \mu^*}{\sigma/\sqrt{n}}$$

을 주로 사용하며, 검정통계량 Z는 귀무가설이 참일 때, 즉 $\mu = \mu^*$일 때 표준정규분포를 따른

다. 검정통계량 Z의 관측값을 $z=\dfrac{\overline{x}-\mu^*}{\sigma/\sqrt{n}}$라고 할 때, <표 9-4>에 주어진 내용은 다음처럼 바꿔 쓸 수 있으며, 보통 이와 같은 검정방법을 정규검정(normal test) 또는 Z-검정(Z-test)이라고 한다.

〈표 9-5〉 σ를 알 때 모평균에 대한 가설검정 (Z-검정)

가 설	기각역 (유의수준 α)	유의확률 ($Z_0\sim N(0,1)$)
(A) $H_0:\mu=\mu^*$ vs. $H_1:\mu>\mu^*$	$z\geq z_\alpha$	$P(Z_0\geq z)$
(B) $H_0:\mu=\mu^*$ vs. $H_1:\mu<\mu^*$	$z\leq -z_\alpha$	$P(Z_0\leq z)$
(C) $H_0:\mu=\mu^*$ vs. $H_1:\mu\neq\mu^*$	$\lvert z\rvert\geq z_{\alpha/2}$	$P(\lvert Z_0\rvert\geq\lvert z\rvert)=2P(Z_0\geq\lvert z\rvert)$

예제 9-5

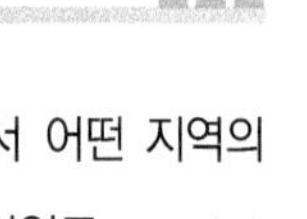

한 해양학자는 $n=35$개의 단순확률표본으로부터 얻은 평균값에 기초하여, 유의수준 5%에서 어떤 지역의 해저 깊이가 과거의 기록인 72.4미터가 맞는지 검정하고자 한다. 표본으로부터 $\overline{x}=73.5$를 얻었고, $\sigma=2.1$이라고 알려져 있다면 이 해양학자는 어떤 의사결정을 내려야 하는가? 고전적 가설검정에 의해 검정을 수행하여라.

풀이 9-5

먼저 해저의 평균 깊이를 μ라고 할 때, 해양학자가 수행하고자 하는 검정의 가설은 다음과 같다.

$$H_0:\mu=72.4 \quad \text{vs.} \quad H_1:\mu\neq 72.4$$

이제 고전적 가설검정을 수행하기 위해 $\alpha=0.05$에서의 기각역을 구하면

$$R=\{z:\lvert z\rvert\geq z_{0.025}\}=\{z:\lvert z\rvert\geq 1.96\}$$

이 된다. Z-검정통계량의 관측값을 구하면

$$z=\frac{\overline{x}-\mu^*}{\sigma/\sqrt{n}}=\frac{73.5-72.4}{2.1/\sqrt{35}}=3.0988$$

이고, 이 값은 기각역에 속하므로 우리는 귀무가설을 기각할 수 있다.

예제 9-6

지난해 대졸 신입사원들의 평균월급은 150만원이었으며, 금년도 대졸 신입사원들의 평균월급은 100명을 조사하여 구한 결과 155만원이었다. 대졸 신입사원들의 월급은 $\sigma^2 = 400$인 정규분포를 따른다고 할 때, 금년도의 평균월급이 지난해보다 올랐는지 유의확률을 구하여 검정하여라. 단 유의수준은 5%이다.

풀이 9-6

μ를 금년도 대졸 신입사원들의 평균 월급이라고 하면, 주어진 문제에 대한 가설은 다음과 같다.

$$H_0 : \mu = 150 \quad \text{vs.} \quad H_1 : \mu > 150$$

표본평균이 $\bar{x} = 155$이므로, 이를 이용하여 유의확률을 구하면 다음과 같다.

$$P\left(Z_0 > \frac{155 - 150}{20/\sqrt{100}}\right) = P(Z_0 > 2.5) = 0.0062$$

유의확률이 0.0062로 매우 작으므로 주어진 자료는 대립가설을 충분히 지지한다고 판단할 수 있다.

모평균에 대한 가설검정에서 검정통계량 $Z = \dfrac{\overline{X} - \mu^*}{\sigma/\sqrt{n}}$은 모분산의 알아야 구할 수 있다. 만약 모분산 σ^2의 값을 모르면 어떻게 해야 할까? 8장에서 모평균에 대한 신뢰구간을 구할 때처럼 검정통계량 Z에서 미지의 σ를 표본표준편차 S로 바꾸면 될 것이다. 이렇게 구한 검정통계량은

$$T = \frac{\overline{X} - \mu^*}{S/\sqrt{n}}$$

이 된다. 앞서 8장에서 배운 것처럼 $X_1, X_2, \cdots, X_n$이 서로 독립이면서 동일하게 $N(\mu, \sigma^2)$를 따르면, $\dfrac{\overline{X} - \mu}{S/\sqrt{n}}$은 자유도가 $n-1$인 t-분포를 따르게 된다. 그러므로 귀무가설 $H_0 : \mu = \mu^*$이 참인 경우 검정통계량 T는

$$T = \frac{\overline{X} - \mu^*}{S/\sqrt{n}} \sim t(n-1)$$

을 만족한다. 이를 이용하면 모평균에 대한 가설검정을 하는데 필요한 기각역과 유의확률을 구할 수 있다. 실제 T-검정통계량을 이용한 검정절차는 Z-검정통계량을 이용한 검정절차와 매우 유사하다. 다만 $H_0 : \mu = \mu^*$가 참일 때,

$$Z=\frac{\overline{X}-\mu^*}{\sigma/\sqrt{n}}\sim N(0,1)\text{이고,}\quad T=\frac{\overline{X}-\mu^*}{S/\sqrt{n}}\sim t(n-1)$$

이라는 차이만 있을 뿐이다. 그러므로 <표 9-5>에서 검정통계량 Z의 관측값 $z=\frac{\overline{x}-\mu^*}{\sigma/\sqrt{n}}$을 T의 관측값 $t=\frac{\overline{x}-\mu^*}{s/\sqrt{n}}$로 바꾸고, 표준정규분포와 관련된 부분을 자유도가 $n-1$인 t분포에 해당하는 것으로 바꾸면, T-검정통계량을 이용한 검정에서의 기각역과 유의확률을 얻을 수 있다. <표 9-6>은 이를 정리한 것이며, 보통 이와 같은 검정을 t-검정(t-test)이라고 부른다.

〈표 9-6〉 σ를 모를 때 모평균에 대한 가설검정 (t-검정)

가 설	기각역 (유의수준 α)	유의확률 ($T_0\sim t(n-1)$)
(A) $H_0:\mu=\mu^*$ vs. $H_1:\mu>\mu^*$	$t\geq t_\alpha(n-1)$	$P(T_0\geq t)$
(B) $H_0:\mu=\mu^*$ vs. $H_1:\mu<\mu^*$	$t\leq -t_\alpha(n-1)$	$P(T_0\leq t)$
(C) $H_0:\mu=\mu^*$ vs. $H_1:\mu\neq\mu^*$	$\lvert t\rvert\geq t_{\alpha/2}(n-1)$	$P(\lvert T_0\rvert\geq\lvert t\rvert)=2P(T_0\geq\lvert t\rvert)$

지금까지 모집단의 분포가 정규분포일 때 모평균에 대한 가설검정 문제를 살펴보았다. 만약 조사한 자료의 개수가 충분히 많다면, 모집단의 분포가 정규분포가 아니어도 앞서 배운 정규검정이나 t-검정을 이용하여 가설검정을 시행할 수 있다. 표본의 크기 n이 충분히 크면, 중심극한정리에 의해 귀무가설 $H_0:\mu=\mu^*$이 참일 때

$$Z=\frac{\overline{X}-\mu^*}{\sigma/\sqrt{n}}\approx N(0,1),\quad T=\frac{\overline{X}-\mu^*}{S/\sqrt{n}}\approx N(0,1)$$

이 성립하고, 또한 $t(n-1)\approx N(0,1)$이 성립하기 때문이다. 그러므로 모분산의 값을 알면 정규검정을 시행하고, 모르면 t-검정을 시행할 수 있다.

예제 9-7

한 밀가루 제조 공장에서 한 봉지에 5Kg이 되도록 포장하는 포장기계를 사용하고 있다. 이 포장기계의 정확성을 측정하기 위하여 6개의 봉지를 조사한 결과 다음과 같은 자료를 얻게 되었다. 이 자료를 통해 포장기계가 5Kg씩 포장하고 있는지 여부를 유의수준 5%에서 검정하여라. 단, 한 봉지에 들어있는 밀가루의 무게는 정규분포를 따른다고 가정한다.

5.3	5.2	4.8	5.2	4.8	5.3

풀이 9-7

밀가루의 봉지당 평균 무게를 μ라고 하면, 주어진 문제에 대한 가설은 다음과 같이 설정할 수 있다.

$$H_0 : \mu = 5 \quad \text{vs.} \quad H_1 : \mu \neq 5$$

또한 주어진 자료에 의하면 $\overline{x} = 5.1$, $s^2 = 0.056$, $n = 6$이므로 검정통계량의 관측값은

$$t = \frac{\overline{x} - \mu^*}{s / \sqrt{n}} = \frac{5.1 - 5}{\sqrt{0.056/6}} = 1.04$$

이 된다. 유의수준 $\alpha = 0.05$에서의 임계값은 $t_{0.025}(6-1) = 2.5706$이고, t-값은 이 값보다 작으므로 기각역에 속하지 않는다. 따라서 유의수준 5%에서 귀무가설을 기각할 수 없다. 또한 통계 패키지를 이용하여 유의확률을 계산하면 다음과 같다.

$$p\text{-값} = 2P(T_0 \geq 1.04) = 2 \times 0.173 = 0.346$$

유의확률이 유의수준 $\alpha = 0.05$보다 크므로 귀무가설을 기각할 수 없다.

예제 9-8

한 화물운송회사에서는 차량에 장착하고 있는 타이어의 평균수명이 28,000Km라는 주장에 의심을 가지고 있다고 하자. 이러한 주장을 확인하기 위해 30개의 타이어의 수명을 조사하여 보았더니, 평균 수명이 27,563Km이고 표준편차가 1170Km임을 알았다. 화물운송회사에서 의심하고 있듯이 타이어의 평균수명이 28,000Km보다 적은지 유의수준 5%에서 검정하여라.

풀이 9-8

타이어의 평균 수명을 μ라고 하자. 그러면 주어진 문제에 대한 가설을 다음과 같이 설정할 수 있다.

$$H_0 : \mu = 28{,}000 \quad \text{vs.} \quad H_1 : \mu < 28{,}000$$

그리고 주어진 자료에 의하면 검정통계량의 값이

$$t = \frac{27{,}563 - 28{,}000}{1{,}170 / \sqrt{30}} = -2.0458$$

이고, 유의수준 $\alpha = 0.05$에서의 임계값은 $-t_{0.05}(30-1) = -1.699$이다.

따라서 $t = -2.0458 < -t_{0.05}(29) = -1.699$이고, 우리는 유의수준 5%에서 귀무가설을 기각한다. 또한 자유도가 29인 t분포를 이용하여 유의확률을 구하면

$$P(T \leq -2.0458) = 0.025$$

이 되므로, 역시 귀무가설은 유의수준 5%에서 기각된다. 즉, 화물운송회사의 주장과 같이 타이어의 평균수명은 28,000Km보다 적다고 판단할 수 있다.

참고로 (예제 9-8)에서는 자유도가 29인 t분포를 이용하여 검정하였지만, 표준정규분포를 이용하여 임계값과 유의확률을 계산하여도 비슷한 결과를 얻을 수 있다.

9.5 모비율에 대한 검정

이제 모비율에 대한 가설검정 문제에 대해 생각해 보자. 앞서 제9.3절에서 잠깐 설명한 것처럼 유의수준 α가 주어졌을 때 기각역을 구하여 검정하는 것과 유의확률을 유의수준과 비교하여 검정하는 것은 동일한 결과를 준다. 그러므로 이 절과 다음 절에서는 기각역에 대한 설명은 생략하고, 유의확률에 대해서만 집중적으로 살펴볼 것이다.

모평균의 경우와 마찬가지로 상수 p^*가 주어질 때 사람들이 관심을 주로 갖는 가설은 다음과 같다.

(A) $H_0 : p = p^*$ vs. $H_1 : p > p^*$

(B) $H_0 : p = p^*$ vs. $H_1 : p < p^*$

(C) $H_0 : p = p^*$ vs. $H_1 : p \neq p^*$

그리고 8장에서 배운 것처럼 표본비율 $\hat{p}$은 모비율 p에 대한 일치추정량이므로 표본비율을 검정통계량으로 하여 위에 주어진 가설을 검정할 수 있다.

이제 각각의 가설을 검정하는데 사용할 유의확률을 구해보자. 이를 위해 모집단에서 추출한 n개의 표본 중 우리가 관심을 갖는 조건을 만족하는 표본의 개수를 X라고 하자. 그러면 8장에서 배운 것처럼 모비율이 p일 때 X의 확률분포는 이항분포 $B(n,p)$가 된다.

가설 (A)의 경우, X가 큰 값을 가질수록 대립가설이 참일 것이라 예상할 수 있다. 또한 귀무가설이 참일 때 X가 $B(n,p^*)$를 따르므로, X의 관측값을 x라고 할 때 유의확률을 구하면 다음과 같다.

$$p\text{-값} = P(X \geq x \mid p = p^*) = \sum_{y=x}^{n} \binom{n}{y} p^{*y} (1-p^*)^{n-y}$$

또한 가설 (B)를 검정하는 경우에는 X의 값이 작을수록 대립가설을 지지하게 되므로, 유의확률은

$$p\text{-값} = P(X \le x \mid p = p^*) = \sum_{y=0}^{x} \binom{n}{y} p^{*y}(1-p^*)^{n-y}$$

이 된다. 마지막으로 가설 (C)를 검정하기 위한 유의확률은 $2P(X \ge x \mid p = p^*)$와 $2P(X \le x \mid p = p^*)$ 중에서 1보다 작은 값이다. 가설 (C)의 경우 이항분포 $B(n, p^*)$이 p^*에 대해 좌우대칭이 아니므로 모평균에 대한 양측검정에서처럼 $|X - np^*|$를 이용하여 유의확률을 구할 수 없다. 그대신 모평균에 대한 양측검정에서의 유의확률은 단측검정에서의 유의확률의 2배가 된다는 사실을 이용하여 유의확률을 정의한 것이다.

만약 표본의 크기 n이 충분히 크다면 이항분포 대신 정규분포를 이용하여 유의확률을 구할 수 있다. 귀무가설 $H_0 : p = p^*$가 참일 때 이항분포의 정규근사를 사용하면

$$Z = \frac{X - np^*}{\sqrt{np^*(1-p^*)}} = \frac{\hat{p} - p^*}{\sqrt{p^*(1-p^*)/n}} \approx N(0,1)$$

이 성립한다. 그러므로 (A)와 (B)에 대한 유의확률은 각각

$$P(X \ge x \mid p = p^*) \approx P\left(Z_0 \ge \frac{x - np^*}{\sqrt{np^*(1-p^*)}}\right),$$
$$P(X \le x \mid p = p^*) \approx P\left(Z_0 \le \frac{x - np^*}{\sqrt{np^*(1-p^*)}}\right),$$

이 되고, 가설 (C)에 대한 유의확률에 대한 근사값은

$$2P\left(Z_0 \ge \left|\frac{x - np^*}{\sqrt{np^*(1-p^*)}}\right|\right)$$

이 된다. 여기서 Z_0는 $N(0,1)$을 따르는 확률변수이다.

지금까지의 내용을 정리하면 다음과 같다.

〈표 9-7〉 모비율에 대한 가설검정

가설	유의확률	유의확률 (n이 충분히 클 때)
$H_0 : p = p^*$ vs. $H_1 : p > p^*$	$\sum_{y=x}^{n} \binom{n}{y} p^{*y}(1-p^*)^{n-y}$	$P\left(Z_0 \ge \frac{x-np^*}{\sqrt{np^*(1-p^*)}}\right)$
$H_0 : p = p^*$ vs. $H_1 : p < p^*$	$\sum_{y=0}^{x} \binom{n}{y} p^{*y}(1-p^*)^{n-y}$	$P\left(Z_0 \le \frac{x-np^*}{\sqrt{np^*(1-p^*)}}\right)$
$H_0 : p = p^*$ vs. $H_1 : p \ne p^*$	$2P(X \ge x \mid p = p^*)$와 $2P(X \le x \mid p = p^*)$ 중에서 1보다 작은 값	

예제 9-9

(예제 9-2)에서 다루었던 문제에서 새롭게 개발된 치료약을 100명의 환자들에게 임상실험한 결과 40명이 치료되었다면, 이 결과를 통해 새롭게 개발된 치료약의 효능이 더 우수하다고 할 수 있겠는가? 유의수준 5%에서 검정하여라.

풀이 9-9

검정하고자 하는 가설은

$$H_0 : p = 0.3 \quad \text{vs.} \quad H_1 : p > 0.3$$

이다. 100명 중 치료된 환자의 수가 $x = 40$, 즉 표본비율이 0.4이므로 유의확률은

$$P(\hat{p} \geq 0.40 | p = 0.3) \approx P\left(Z_0 \geq \frac{0.40 - 0.3}{\sqrt{0.3(1-0.3)/100}}\right)$$
$$= P(Z_0 \geq 2.18) = 0.0146$$

이 되고, 유의수준 $\alpha = 0.05$보다 작다. 따라서 우리는 유의수준 5%에서 귀무가설을 기각하고, 새롭게 개발된 치료약의 효능이 기존의 치료약보다 우수하다고 판단할 수 있다.

예제 9-10

한 TV평론가는 모든 시청자의 80%가 상업 광고에 불만이 있다고 주장한다. 표본으로 추출된 320명의 시청자 중에서 245명이 상업광고에 불만이 있었다면, 평론가의 주장대로 불만율 p가 0.8인지 아니면 차이가 있는지를 유의수준 5%에서 검정하여라.

풀이 9-10

주어진 문제는 다음의 가설

$$H_0 : p = 0.8 \quad \text{vs.} \quad H_0 : p \neq 0.8$$

을 검정하는 문제이다. 이항분포의 정규근사를 이용하면

$$P(X \leq 245 | p = 0.8) \approx P\left(Z_0 \leq \frac{245 - 320 \times 0.8}{\sqrt{320 \times 0.8 \times 0.2}}\right)$$
$$= P(Z_0 \leq -1.537) = 0.062$$

이므로, 위에 주어진 가설을 검정하기 위한 유의확률은 $2 \times 0.0621 = 0.124$가 된다. 유의확률이 0.124로 유의수준 0.05보다 크다. 따라서 유의수준 5%에서 귀무가설을 기각할 수 없다.

9.6 모분산에 대한 검정

양수 σ_*^2이 주어질 때, 모분산 σ^2에 대한 검정에서 고려할 수 있는 가설들은 다음과 같다.

$$\text{(A)}\ H_0 : \sigma^2 = \sigma_*^2 \quad \text{vs.} \quad H_1 : \sigma^2 > \sigma_*^2$$
$$\text{(B)}\ H_0 : \sigma^2 = \sigma_*^2 \quad \text{vs.} \quad H_1 : \sigma^2 < \sigma_*^2$$
$$\text{(C)}\ H_0 : \sigma^2 = \sigma_*^2 \quad \text{vs.} \quad H_1 : \sigma^2 \neq \sigma_*^2$$

모평균과 모비율에 대한 가설검정처럼 모분산에 대한 검정에서는 모분산에 대한 추정량인 표본분산을 검정통계량으로 사용할 수 있다. 모집단의 분포가 정규분포 $N(\mu, \sigma^2)$인 경우, 표본분산 S^2은

$$\frac{(n-1)S^2}{\sigma^2} \sim \chi^2(n-1)$$

을 만족함을 8장에서 배운바 있다. 그러므로 귀무가설 $H_0 : \sigma^2 = \sigma_*^2$이 참일 때, 검정통계량 $\chi^2 = \dfrac{(n-1)S^2}{\sigma_*^2}$은 자유도가 $n-1$인 카이제곱분포 $\chi^2(n-1)$을 따르게 된다. 따라서 실제 관측한 표본자료를 이용하여 구한 표본분산과 검정통계량의 관측값을 각각 s^2와 $\chi_0^2 = \dfrac{(n-1)s^2}{\sigma_*^2}$이라고 하면, 카이제곱분포를 이용하여 유의확률을 구할 수 있다.

먼저 가설 (A)를 검정하는 경우, 표본분산의 값이 클수록, 즉 검정통계량의 값이 클수록 대립가설을 지지하게 될 것이다. 그러므로 유의확률은

$$P(S^2 \geqq s^2 | \sigma^2 = \sigma_*^2) = P(\chi^2 \geqq \chi_0^2 | \sigma^2 = \sigma_*^2) = P(V \geqq \chi_0^2)$$

이 된다. 여기서 V는 자유도가 $n-1$인 카이제곱분포를 따르는 확률변수를 의미한다. 마찬가지로 가설 (B)를 위한 유의확률은

$$P(S^2 \leqq s^2 | \sigma^2 = \sigma_*^2) = P(\chi^2 \leqq \chi_0^2 | \sigma^2 = \sigma_*^2) = P(V \leqq \chi_0^2)$$

이고, 가설 (C)를 검정하기 위한 유의확률은 $P(V \geqq \chi_0^2)$과 $P(V \leqq \chi_0^2)$ 중에서 작은 값을 두 배하여 얻는다.

예제 9-11

도시가스 배관을 생산하는 업체가 생산기계의 정밀도를 확인하고자 10개의 표본을 임의추출하여 직경을 조사한 결과 표본표준편차가 0.05mm이었다. 배관의 직경에 대한 표준편차가 0.03mm를 넘으면 생산기계의 정밀도에 문제가 있는 것으로 생각한다. 배관의 직경은 정규분포를 따른다고 할 때, 생산기계의 정밀도에 문제가 있는지 유의수준 5%에서 검정하여라.

풀이 9-11

직경에 대한 표준편차를 σ라고 할 때, 검정하고자 하는 가설은

$$H_0 : \sigma = 0.03 \quad \text{vs.} \quad H_1 : \sigma > 0.03$$
$$(H_0 : \sigma^2 = 0.03^2 \quad \text{vs.} \quad H_1 : \sigma^2 > 0.03^2)$$

이 된다. 주어진 자료에 의하면 표본표준편차가 $s = 0.05$이고, 자료의 개수가 $n = 10$이므로, 검정통계량의 관측값은

$$\chi_0^2 = \frac{(10-1) \times 0.05^2}{0.03^2} = 25$$

이다. 그러므로 자유도가 9인 카이제곱분포를 이용하여 유의확률을 구하면

$$p\text{-값} = P(\chi^2 \geq 25 \mid \sigma^2 = 0.03^2) = 0.003$$

이 되며, 이는 주어진 유의수준 0.05보다 작다. 그러므로 유의수준 5%에서 귀무가설을 기각하고, 정밀도에 이상이 있다고 판단할 수 있다.

09장 연습문제

01 다음 각 경우에 귀무가설 H_0와 대립가설 H_1을 결정하시오.

(1) 어느 대학의 교수평균연령은 40세 이상이다.

(2) 죄수들의 평균 지능지수는 100이 넘는다.

(3) 어느 대학 신입생들의 지능지수는 최소 100이다.

(4) 여성의 평균신장은 1m 60cm이다.

02 문제 1번에서 제1종의 오류와 제2종의 오류를 어떤 경우에 범하게 되는지 설명하시오.

03 문제 1번의 각 경우를 양측검정인지 단측검정인지 구분하시오.

04 유의확률과 유의 수준이 다음과 같이 주어져 있을 때 귀무가설에 대한 기각여부를 결정하시오.

(1) 유의확률 0.03, 유의수준 5%

(2) 유의확률 0.04, 유의수준 1%

(3) 유의확률 0.405, 유의수준 10%

(4) 유의확률 0.09, 유의수준 10%

05 K회사의 형광등 수명이 1600시간으로 알려져 있다. 이를 확인하기 위하여 100개의 형광등을 무작위로 추출하여 수명을 조사해 봤더니 평균이 1,570시간, 표준편차가 120시간이었다. 이러한 표본결과를 가지고 K회사의 형광등 수명시간을 1,600시간이라고 말할 수 있는지 유의수준 5%로 검정하시오

06 5번 문제에서 $n=16$일 때 똑같은 표본결과를 얻었다면 어떻게 검정할 것인지 유의수준 5%로 검정하시오. 단, 형광등의 수명은 정규분포를 따른다고 가정한다.

07 어떤 제약회사에서 알레르기 환자의 치료약을 개발하였는데 치유율이 90%라고 주장하고 있다. 이를 확인하기 위해 200명의 환자를 임의 추출하여 이 약을 투여한 결과 160명이 완치되었다. 이 결과를 가지고 이 제약회사의 주장이 옳다고 할 수 있는지 $\alpha=0.01$로 검정하시오.

08 $\sigma=12$인 모집단으로부터 $n=64$의 표본을 뽑아 다음과 같은 가설을 검정하고자 한다. 유의수준이 5%라면, 귀무가설을 기각하게 되는 $\bar{x}$의 값은 얼마인가?

$$H_0 : \mu = 100$$
$$H_1 : \mu > 100$$

09 새 진정제의 실험을 위해, 18명의 환자의 맥박을 진정제 투약전과 투약 5분후에 재었다. 그들의 맥박은 표준편차 1.9이고 투약후에 평균 7.8번까지 줄일 수 있음을 알았다. 유의수준 5%일 때, 이 진정제가 5분 안에 적어도 9번 맥박수를 줄일 수 있다는 주장에 관해 어떤 결론을 내릴 수 있는지 설명하시오.

10 공금 횡령자의 형량이 평균 12.8개월이라는 주장을 확인하고자 하는 법학과 학생이 법원기록에서 이와 같은 경우 40건을 표본조사했다. 그 조사 결과인 $\overline{x}$ =11.1개월과 s =3.4개월을 이용하여, 유의수준 0.01에서 대립가설 $\mu \neq$12.8개월에 대한 귀무가설 μ =12.8개월을 검정하시오.

11 다음 각 경우에 H_0을 기각하게 되는 기각역을 구하시오.

(1) 유의수준 5%, $n = 160$, $H_1 : p < 0.5$

(2) 유의수준 10%, $n = 15$, $H_1 : \mu \neq 1.23$

(3) 유의수준 1%, $n = 35$, $H_1 : \mu > 1.23$

CHAPTER

10

두 모수의 비교

CONTENTS

10.1 서 론

우리는 9장에서 가설검정의 원리와 절차에 대해 알아보았다. 특히 모평균과 같은 미지의 모수와 주어진 상수의 대소 관계를 관측한 표본자료로부터 판단하는 검정 문제를 주로 다루었다. 이 장에서는 왼쪽과 오른쪽의 평균 시력을 비교하거나 새로운 치료약의 치유율과 기존 치료약의 치유율을 비교하는 것처럼 두 개의 모수를 서로 비교하는 문제를 생각해보고자 한다.

10.2 대응비교

강의실에서 학생들을 대하면, 매년 안경 혹은 콘택트렌즈를 착용하는 학생들이 늘고 있다는 생각을 하곤 했다. 정말 학생들의 시력저하 현상이 몇 년 전에 비해 뚜렷해지고 있을까? 이런 생각이 들자 또 다른 의문이 생기기 시작했다. 그렇다면 학생들의 왼쪽 눈과 오른쪽 눈의 시력 차이는 어떨까? 이 궁금증에 대한 답을 찾기 위해 통계학 전공과목을 수강하는 학생들 중에서, 특히 안경 혹은 콘택트렌즈를 착용하는 학생들 중에서 11명을 랜덤하게 추출하여 양쪽 시력을 측정하여 조사하였다. 조사 결과 <표 10-1>과 같은 자료를 얻을 수 있었다.

〈표 10-1〉 왼쪽 눈과 오른쪽 눈의 시력

번 호	1	2	3	4	5	6	7	8	9	10	11
왼쪽 시력	0.3	0.1	0.5	0.4	0.2	0.2	0.3	0.2	0.5	0.5	0.3
오른쪽 시력	0.1	0.1	0.2	0.2	0.3	0.2	0.4	0.5	0.4	0.3	0.3
시력 차이	0.2	0.0	0.3	0.2	-0.1	0.0	-0.1	-0.3	0.1	0.2	0.0

왼쪽 눈의 평균 시력을 μ_L, 오른쪽 눈의 평균 시력을 μ_R이라고 하면, 우리가 검정하고자 하는 가설은

$$H_0 : \mu_L = \mu_R \quad \text{vs.} \quad H_1 : \mu_L \neq \mu_R$$

이 된다. 그리고 두 모평균의 차이를 $\delta = \mu_L - \mu_R$이라고 하면, 위 가설은

$$H_0 : \delta = 0 \quad \text{vs.} \quad H_1 : \delta \neq 0$$

처럼 쓸 수 있다. <표 10-1>에 주어진 자료는 11명의 학생 개개인의 양쪽 시력을 모두 측정하여 얻은 관측값으로, i번째 학생의 왼쪽과 오른쪽 시력을 각각 x_i, y_i라고 할 때 두 눈의 시력 차이는

$$d_i = x_i - y_i$$

이 된다. 그리고 이에 대응하는 확률표본을 $D_i = X_i - Y_i$라고 하면

$$E(D_i) = E(X_i) - E(Y_i) = \mu_L - \mu_R = \delta$$

이다. 따라서 우리는 9장에서 배운 모평균에 대한 가설검정 방법을 이용하여 양쪽 눈의 평균 시력을 비교할 수 있다.

이제 주어진 자료를 이용하여 유의확률을 구해보자. 편의상 양쪽 눈의 시력 차이는 정규분포를 따른다고 가정한다. <표 10-1>의 자료에서 t-검정에 필요한 값들을 구하면, 표본의 크기 $n = 11$, 시력차이의 평균 $\overline{d} = 0.0455$, 그리고 표본표준편차 $s_d = 0.1753$이다. 그러므로 우리는 검정통계량의 관측값을 다음과 같이 계산할 수 있다.

$$t = \frac{0.0455 - 0}{0.1753/\sqrt{11}} = 0.86$$

귀무가설이 참일 때 검정통계량 $T = \dfrac{\overline{D} - 0}{S_D/\sqrt{n}}$은 자유도가 10인 t-분포를 따르므로, 유의확률을 구하면

$$P(|T| \geq 0.86 | \delta = 0) = 2 \times P(T \geq 0.86 | \delta = 0) = 0.4099$$

이 된다. 유의확률이 상당히 큰 값이므로 주어진 자료에 의하면 대립가설을 지지하기 어렵다. 또한 유의수준 5%에서의 임계값 $t_{0.025}(10) = 2.228$보다 $t = 0.86$이 작으므로, 유의수준 5%에서 귀무가설을 기각할 수 없다. 결국 안경 또는 콘택트렌즈를 착용하는 학생들의 양쪽 눈은 시력차이가 없다고 판단할 수 있다.

비록 시력차이를 검정하는 문제에서 9장에서 배운 모평균에 대한 가설검정 방법을 사용하였으나, 제기된 문제나 표본을 얻는 방법에는 차이가 있다. 우선 관심을 가지는 모수가 한 개가 아니라 두 개다. 이를테면 왼쪽의 평균 시력에만 관심이 있는 것이 아니라 왼쪽의 평균 시력과 오른쪽의 평균 시력 두 개가 모두 관심 모수이며, 이 두 모수의 대소를 비교하는 것이 검정의 목적이다. 그리고 모집단에서 추출된 하나의 개체로부터 하나의 변수만 조사하는 것이 아니라 두 개의 변수에 대한 값을 모두 조사한다. 즉, 동일한 사람에게서 서로 대응되는 왼쪽과 오른쪽 시력의 두 값을 측정한다. 이와 같은 표본을 대응표본(matched sample)이라고 하며, 시력차이 예제처럼 두 변수의 차이를 이용하여 두 모수를 비교하는 방법을 대응비교(paired comparison)라고 한다.

다음은 대응비교를 적용할 수 있는 상황들이다.

(예 1)
콘택트렌즈를 제조하는 한 회사는 기존 렌즈에 비해 더 오래 착용할 수 있는 렌즈를 개발하였다. 개발한 제품의 효과를 측정하기 위하여 표본으로 추출된 대상자들에게 왼쪽에는 새로운 제품을 오른쪽에는 기존 제품을 착용시킨 후 착용시간을 측정하였다. 만일 새로운 제품에 효과가 없다면 두 눈에 착용한 렌즈의 착용시간 차이는 없을 것이다.

(예 2)
히스테리 환자를 치료하는 새로운 신경안정제의 효과를 알아보기 위하여, 실험에 참가한 환자마다 일주일 동안은 가짜약(placebo)을, 그리고 다음 일주일은 새로운 약을 투여하였다. 만일 가짜약을 투여했을 때와 새로운 약을 투여했을 때를 비교하여 환자들의 정신 상태를 점검하여 차이가 없다면 새로운 약의 효과는 없는 것으로 판단될 것이다.

(예 1)의 경우, 왼쪽 새로운 렌즈의 평균착용시간을 μ_L, 오른쪽 기존 렌즈의 평균착용시간을 μ_R이라고 하면 검정하고자 하는 가설은

$$H_0 : \mu_L = \mu_R \quad \text{vs.} \quad H_1 : \mu_L > \mu_R$$

이 된다. 렌즈 착용시간의 차이는 왼쪽 착용시간에서 오른쪽 착용시간을 빼는 방식과 반대로 오른쪽 착용시간에서 왼쪽 착용시간을 빼는 방식 두 가지로 구할 수 있다. 만약 왼쪽에서 오른쪽 착용시간을 빼서 구한 차이를 사용하여 검정하면, 위에 주어진 가설은 $\delta = \mu_L - \mu_R$를 가지고 다음처럼 바꿔 쓸 수 있다.

$$H_0 : \delta = 0 \quad \text{vs.} \quad H_1 : \delta > 0$$

그리고 이 경우에는 t-분포의 오른쪽 꼬리로부터 유의확률을 구할 수 있다. 반대로 오른쪽 착용시간에서 왼쪽 착용시간을 빼서 구한 차이를 자료로 이용하면, 검정하고자 하는 가설은

$$H_0 : \delta' = 0 \quad \text{vs.} \quad H_1 : \delta' < 0 \quad (\delta' = \mu_R - \mu_L)$$

와 같이 표현할 수 있으며, 유의확률과 기각역은 t-분포의 왼쪽 꼬리와 관련되어 있다.

(예 2)도 환자마다 가짜약과 새로운 약을 모두 투여하여 결과를 비교하였으므로 대응비교로 새로운 약의 효과를 검정할 수 있다. 예 1처럼 두 가지 차이를 모두 이용할 수 있으며, 검정 결과는 동일하게 얻게 된다. 이처럼 대응비교의 경우 두 가지 방식으로 구한 차이를 이용하여 검정하는 것이 모두 가능하며, 각각의 경우에 맞게 모수를 조정하여 검정을 시행하면 된다.

대응비교에서도 추정을 할 수 있다. 다만 추정의 대상이 되는 모수가 두 개의 모평균이 아니라 두 모평균의 차이가 될 뿐이다. 예를 들면, 시력차이 예에서 대응표본으로 추정할 수 있는 모수는 왼쪽 눈의 평균 시력 μ_L이나 오른쪽 눈의 평균 시력 μ_R이 아닌 이들의 차이인 $\delta = \mu_L - \mu_R$이다. 시력차이에 대한 가설검정에서 모평균에 대한 검정방법을 사용한 것과 마찬가지로, 모수 δ에

대한 추정과 신뢰구간은 8장에서 배운 모평균에 대한 추정방법을 이용하여 구할 수 있다. <표 10-1>에 주어진 시력 차이 자료로부터 δ에 대한 추정값을 구하면

$$\hat{\delta} = \overline{d} = 0.0455$$

이 되고, δ에 대한 95% 신뢰구간을 구하면 다음과 같다.

$$\left(\overline{d} - t_{0.025}(10) \times \frac{s}{\sqrt{n}}, \overline{d} + t_{0.025}(10) \times \frac{s}{\sqrt{n}}\right)$$

$$= \left(0.0455 - 2.228 \times \frac{0.1753}{\sqrt{11}}, 0.0455 + 2.228 \times \frac{0.1753}{\sqrt{11}}\right)$$

$$= (-0.0723, 0.1632)$$

예제 10-1

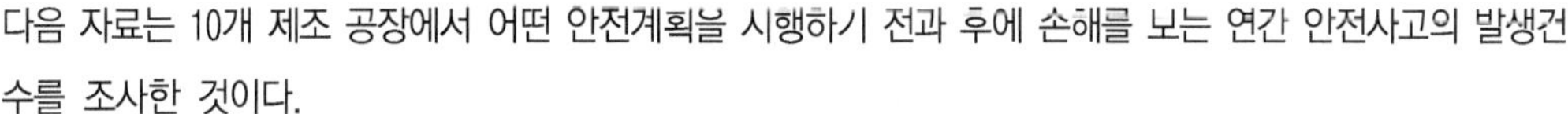

다음 자료는 10개 제조 공장에서 어떤 안전계획을 시행하기 전과 후에 손해를 보는 연간 안전사고의 발생건수를 조사한 것이다.

공 장	1	2	3	4	5	6	7	8	9	10
시행 전	45	73	46	124	33	57	83	34	26	17
시행 후	36	60	44	119	35	51	77	29	24	11

유의수준 5%에서 안전계획이 효과적인가를 검정하라.

풀이 10-1

자료로부터 안전계획을 시행하기 전과 후의 안전사고 발생건수의 차이를 다음과 같이 구할 수 있다.

9 13 2 5 -2 6 6 5 2 6

또한 안전계획을 시행하기 전과 후에 발생한 평균 사고건수를 각각 $\mu_{전}$, $\mu_{후}$라 하고, 그 차이를 $\delta = \mu_{전} - \mu_{후}$라고 표기하면, 검정하고자 하는 가설은 다음과 같이 설정될 수 있다.

$$H_0 : \mu_{전} = \mu_{후} \text{ vs. } H_1 : \mu_{전} > \mu_{후} \quad (\text{또는 } H_0 : \delta = 0 \text{ vs. } H_1 : \delta > 0)$$

즉, 대립가설은 안전계획을 시행하기 전보다 시행한 후에 발생하는 사고가 줄어들었다는 뜻이다. 안전계획 시행 전과 후의 차이로부터 $\overline{d} = 5.2$, $s_d = 4.08$을 얻을 수 있다. 그리고 표본의 크기가 $n = 10$이므로 유의확률을 구하는 데 필요한 t-분포의 자유도는 9이다. 그러므로 위 가설을 검정하기 위한 유의확률은 다음과 같다.

$$P\left(T \geq \frac{5.2-0}{4.08/\sqrt{10}} \mid \delta=0\right) = P(T \geq 4.03 \mid \delta=0) = 0.0015 < 0.05$$

그러므로 우리는 유의수준 5%에서 귀무가설을 기각한다. 또는 검정통계량의 관측값 $t=4.03$이 유의수준 5%에서의 임계값 $t_{0.05}(9)=1.833$보다 크므로, 역시 귀무가설을 기각할 수 있다. 결국 안전계획을 시행한 후에 발생하는 사고의 수가 줄어들었으며, 안전계획이 효과적이었다고 판단할 수 있다.

10.3 두 모평균의 비교

먼저 [그림 10-1]을 보기로 하자. [그림 10-1]은 안경 또는 콘택트렌즈를 착용하는 학생들의 양쪽 눈의 시력차이와 아무것도 착용하지 않은 학생들의 시력차이에 대한 상자그림을 그린 것이며, 안경과 콘택트렌즈를 착용한 학생들과 착용하지 않은 학생들의 시력차이에 대한 자료는 <표 10-2>에 정리되어 있다.

[그림 10-1] 시력차이에 대한 상자그림표

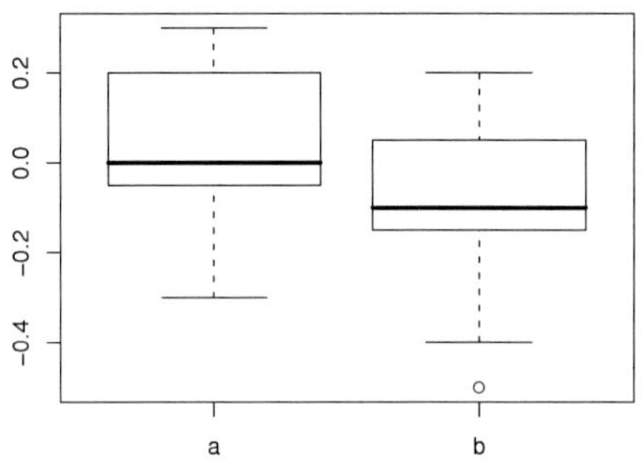

〈표 10-2〉 안경 혹은 콘택트렌즈 착용여부에 따른 시력차이

표본번호	1	2	3	4	5	6	7	8	9	10	11
착용	0.2	0.0	0.3	0.2	-0.1	0.0	-0.1	-0.3	0.1	0.2	0.0
미착용	-0.2	-0.1	-0.4	0.0	0.1	0.0	0.2	-0.1	-0.5	-0.1	0.1

[그림 10-1]을 살펴보면, 안경 또는 콘택트렌즈를 착용하는 그룹과 아무것도 착용하지 않은 그룹 간에 분포의 모양이 서로 같지 않을 것이라는 의심을 갖게 된다. 특히 두 그룹의 분포의 중심위치가 다른 것처럼 보인다. 이 절에서는 두 그룹의 분포의 중심위치를 비교하는 문제, 즉 두

모평균의 차이를 검정하는 방법에 대해 알아보고자 한다.

먼저 표본자료를 수집하는 과정부터 살펴보자. <표 10-2>의 자료는 학생들 전체를 안경이나 콘택트렌즈를 착용한 그룹과 착용하지 않은 그룹으로 나누고, 그 뒤에 각각의 그룹에서 랜덤하게 11명의 학생들을 추출하여 시력차이를 조사한 것이다. 그러므로 두 그룹에서 얻은 표본은 서로 영향을 주지 않을 것이며, 그룹 내의 표본들은 앞서 9장처럼 서로 독립이고, 동일한 분포를 따른다고 가정할 수 있다. 보통 이와 같은 과정을 통해 수집한 표본을 독립 이표본(independent two-sample)이라고 부르며, 대응표본과는 달리 두 개의 그룹에서 추출한 표본의 개수가 서로 다를 수 있다.

이제 독립 이표본 자료를 이용하여 두 그룹의 모평균의 차이를 검정하는 방법에 대해 알아보자. 이를 위해 각각의 그룹에 해당하는 모집단의 분포를 정규분포라고 가정하기로 한다. 따라서 첫 번째 모집단에서 추출한 n_X개의 확률표본과 두 번째 모집단에서 추출한 n_Y개의 확률표본은 다음을 만족한다.

(1) $X_1, X_2, \cdots, X_{n_X}$는 서로 독립이고, 동일하게 $N(\mu_X, \sigma_X^2)$를 따른다.
(2) $Y_1, Y_2, \cdots, Y_{n_Y}$는 서로 독립이고, 동일하게 $N(\mu_Y, \sigma_Y^2)$를 따른다.
(3) $X_1, X_2, \cdots, X_{n_X}$와 $Y_1, Y_2, \cdots, Y_{n_Y}$는 서로 독립이다.

일반적으로 모분산의 값이 알려지지 않은 경우가 더 많으므로, 여기에서도 σ_X^2와 σ_Y^2는 미지의 상수라고 가정한다. 그러나 [그림 10-1]을 보면 두 그룹의 산포는 크게 다르지 않고, <표 10-2>의 자료로부터 구한 두 그룹의 표본분산은 각각 0.0307과 0.0419로 비슷한 값을 가진다. 그러므로 두 모분산 σ_X^2와 σ_Y^2는 비록 참값이 알려지지는 않았지만, 두 값이 동일하다고 추가로 가정한다. 보통 이 때의 동일한 분산을 공통분산(common variance)이라고 부르며, 이 절에서는 σ^2로 표시하겠다.

이러한 가정이 성립할 때 우리가 관심을 갖는 문제, 즉 두 모평균의 비교 문제는 다음과 같은 가설로 정리할 수 있다.

$$H_0 : \mu_X = \mu_Y \quad \text{vs.} \quad H_1 : \mu_X \neq \mu_Y$$

그럼 독립 이표본으로부터 이 가설을 어떻게 검정할 수 있을까? 9장에서 배운 모평균에 대한 가설검정을 떠올리면, 두 그룹의 표본평균을 이용하면 좋지 않을까 생각할 수 있다. 좀 더 구체적으로 설명하면, μ_X는 첫 번째 그룹의 모평균이므로 표본평균 $\overline{X} = \frac{1}{n_X}\sum_{i=1}^{n_X} X_i$와 그 값이 유사할 것이다. 그리고 μ_Y도 두 번째 그룹의 모평균이므로 $\overline{Y} = \frac{1}{n_Y}\sum_{j=1}^{n_Y} Y_j$와 가까운 값일 것이다. 그러므로 우리는 $\overline{X}$와 $\overline{Y}$가 멀리 떨어진 값이면, 즉 $|\overline{X} - \overline{Y}|$의 값이 크면 대립가설이 옳고, 반대

로 $\overline{X}-\overline{Y}\approx 0$이면 귀무가설이 옳지 않을까 생각할 수 있다. 따라서 위에 주어진 두 모평균의 차이를 검정하기 위한 검정통계량으로 $\overline{X}-\overline{Y}$를 선택하고, 유의수준 α에서의 임계값을 c_α라고 할 때 검정통계량의 관측값이

$$|\overline{x}-\overline{y}| \geq c_\alpha$$

을 만족하면 귀무가설을 기각하는 방식으로 검정을 수행할 수 있다.

이제 임계값 c_α와 유의확률을 구해보자. 정규모집단과 독립 이표본, 그리고 공통분산에 대한 가정들을 이용하면, 두 그룹의 표본평균 $\overline{X}$와 $\overline{Y}$는 서로 독립이고 다음을 만족한다.

$$\overline{X}\sim N\left(\mu_X, \frac{\sigma^2}{n_X}\right),\quad \overline{Y}\sim N\left(\mu_Y, \frac{\sigma^2}{n_Y}\right)$$

그러므로 정규분포의 성질을 적용하면, 두 표본평균의 차의 확률분포는

$$\overline{X}-\overline{Y}\sim N\left(\mu_X-\mu_Y, \sigma^2\left(\frac{1}{n_X}+\frac{1}{n_Y}\right)\right)$$

이 된다. 만약 귀무가설이 참이라면, $\mu_X=\mu_Y$이므로

$$Z=\frac{\overline{X}-\overline{Y}}{\sqrt{\sigma^2\left(\frac{1}{n_X}+\frac{1}{n_Y}\right)}}\sim N(0,1)$$

이 성립하고, 따라서 임계값과 유의확률은 공통분산 σ^2에 의존하게 된다. 그러나 공통분산 σ^2은 미지의 값이라고 가정하였으므로, 우리는 공통분산 σ^2을 추정해야하며, 공통분산에 대한 추정량으로 합동분산을 주로 사용한다.

합동분산(pooled variance)은 여러 개의 그룹에서 각각 구한 표본분산들의 가중평균으로, 그룹의 개수가 두 개인 경우는 다음과 같다.

합동분산

표본의 수가 각각 n_X와 n_Y인 두 그룹의 합동분산 S_P^2는

$$S_P^2=\frac{(n_X-1)S_X^2+(n_Y-1)S_Y^2}{n_X+n_Y-2}$$

이다. 여기서 S_X^2, S_Y^2는 각 그룹의 표본분산을 나타낸다.

앞서 귀무가설이 참일 때, 두 표본평균의 차이 $\overline{X}-\overline{Y}$를 표준화한 확률변수 Z에서 미지의 공통분산 σ^2를 합동분산 S_P^2로 대체하면

$$T=\frac{\overline{X}-\overline{Y}}{\sqrt{S_P^2\left(\frac{1}{n_X}+\frac{1}{n_Y}\right)}}\sim t(n_X+n_Y-2)$$

이 성립한다. 그러므로 만약 표본자료로부터 구한 표본평균 $\overline{x}$와 $\overline{y}$가

$$t=\frac{|\overline{x}-\overline{y}|}{\sqrt{s_P^2\left(\frac{1}{n_X}+\frac{1}{n_Y}\right)}}\geq t_{\alpha/2}(n_X+n_Y-2)$$

을 만족하면, 유의수준 α에서 귀무가설을 기각할 수 있다. 여기서 s_P^2는 합동분산의 관측값으로, 표본자료를 이용하여 구한 표본분산의 값 s_X^2, s_Y^2를 합동분산 공식에 대입하여 계산한 것이다. 지금까지의 설명을 보면, 검정통계량으로 두 표본평균의 차이 $\overline{X}-\overline{Y}$를 직접 쓰는 것보다 T를 사용하는 것이 편리하므로, 9장에서 배운 모평균에 대한 t-검정과 마찬가지로 검정통계량으로 T를 주로 사용한다. 이 때 검정통계량 T의 관측값 t로부터 유의확률을 구하면 다음과 같다.

$$p\text{-값}=P(|T|\geq|t|\,|\,\mu_X=\mu_Y)=2P(T\geq|t|\,|\,\mu_X=\mu_Y),$$

<표 10-2>의 자료를 이용하여 두 그룹의 평균 시력이 차이가 있는지 여부를 검정해보자. 두 그룹의 표본평균과 표본분산은 각각 다음과 같다.

$$\overline{x}=0.0455,\ s_X^2=0.0306,\ \overline{y}=-0.0909,\ s_Y^2=0.0449$$

두 그룹의 표본의 개수는 각각 $n_X=11$, $n_Y=11$이므로 합동분산 s_P^2은

$$s_P^2=\frac{(11-1)\times0.0307+(11-1)\times0.0449}{(11+11-2)}=0.0378$$

이고, 검정통계량의 관측값은 다음과 같다.

$$t=\frac{\overline{x}-\overline{y}}{\sqrt{s_P^2\left(\frac{1}{n_X}+\frac{1}{n_Y}\right)}}=\frac{0.0455-(-0.0909)}{\sqrt{0.0378\left(\frac{1}{11}+\frac{1}{11}\right)}}=1.6445$$

이 값은 유의수준 5%에서 구한 임계값 $t_{0.025}(20)=2.086$보다 작으므로 유의수준 5%에서 귀무가설을 기각할 수 없다. 또한 유의확률을 구하면,

$$p\text{-값}=2P(T\geq1.6445\,|\,\mu_X=\mu_Y)=0.1157$$

으로 유의수준 5% 또는 10%와 비교해도 작지 않다. 그러므로 두 그룹간의 시력차이는 없다고 판단할 수 있다.

지금까지 두 모평균의 차이에 대한 가설 $H_0:\mu_X=\mu_Y$ vs. $H_1:\mu_X\neq\mu_Y$을 검정하는 방법을

설명하였다. 이 외에도 모평균에 대한 t-검정처럼 대립가설이 $\mu_X < \mu_Y$ 또는 $\mu_X > \mu_Y$인 단측검정도 위에 주어진 검정통계량 T를 이용하여 수행할 수 있다. 또한 T의 분자를 $\overline{X} - \overline{Y}$ 대신 $\overline{X} - \overline{Y} - \delta^*$로 바꾸면, 두 모평균의 차이를 주어진 상수 δ^*와 비교하는 일반적인 검정도 할 수 있다. 이에 대한 내용을 정리하면 다음과 같으며, 보통 이와 같은 검정을 등분산 가정에서의 독립 이표본 t-검정(independent two-sample t-test)이라고 한다.

〈표 10-3〉 독립 이표본 t-검정 (등분산 가정)

가설의 설정	귀무가설	$H_0 : \mu_X - \mu_Y = \delta^*$		
	대립가설	$H_1 : \mu_X - \mu_Y < \delta^*$	$H_1 : \mu_X - \mu_Y > \delta^*$	$H_1 : \mu_X - \mu_Y \neq \delta^*$
검정통계량의 선택과 관측값 계산		검정통계량 : $T = \dfrac{\overline{X} - \overline{Y} - \delta^*}{\sqrt{S_P^2\left(\dfrac{1}{n_X} + \dfrac{1}{n_Y}\right)}} \overset{H_0}{\sim} t(n_X + n_Y - 2)$ 검정통계량의 관측값 : $t = \dfrac{\overline{x} - \overline{y} - \delta^*}{\sqrt{s_P^2\left(\dfrac{1}{n_X} + \dfrac{1}{n_Y}\right)}}$		
유의확률 계산 $(T_0 \sim t(n_X + n_Y - 2))$		$P(T_0 \geq t)$	$P(T_0 \leq t)$	$P(\lvert T_0 \rvert \geq \lvert t \rvert) = 2P(T_0 \geq \lvert t \rvert)$
검정 결과 및 결과 해석		유의확률이 작을수록 대립가설을 지지한다. 만약 유의확률이 유의수준 α보다 작으면 유의수준 α에서 귀무가설을 기각할 수 있다.		

다음은 두 모평균에 대한 비교 중 차이가 아닌 대소를 비교하는 단측검정에 대한 예제이다.

예제 10-2

다음 자료는 두 광산에서 캐낸 석탄의 1톤당 열량(단위 : 백만 칼로리)을 나타낸다.

광산 1	8,400	8,230	8,380	7,860	7,930
광산 2	7,510	7,690	7,720	8,070	7,660

유의수준 5%에서 광산 1에서 캐낸 석탄의 열량이 광산 2에 비해 열량이 높은지 검정하라. 단, 두 그룹의 모분산은 동일한 것으로 가정한다.

풀이 10-2

광산 1과 광산 2에서 캐낸 석탄의 평균열량을 각각 μ_X와 μ_Y라고 하면, 검정하고자 하는 가설은 다음과 같다.

$$H_0 : \mu_X = \mu_Y \quad \text{vs.} \quad H_1 : \mu_X > \mu_Y$$

주어진 자료에 의하면 다음과 같은 정보를 얻을 수 있다.

	표본평균	표본분산	자료의 수
광산 1	8160	63450	5
광산 2	7730	42650	5

그러므로 합동분산은

$$s_P^2 = \frac{4 \times 63450 + 4 \times 42650}{5+5-2} = 53050$$

이고, 그리고 검정통계량값은

$$t = \frac{8160 - 7730}{\sqrt{53050 \times \left(\frac{1}{5} + \frac{1}{5}\right)}} = 2.95$$

이 된다. 따라서 자유도가 $5+5-2=8$인 t-분포를 따르는 확률변수 T_0를 이용하면, 유의확률을 다음과 같이 구할 수 있다.

$$p\text{-값} = P(T_0 \geq 2.95) = 0.0092 < 0.05$$

따라서 유의수준 5%에서 귀무가설을 기각하고, 광산 1에서 캐낸 석탄의 열량이 광산 2에서 캐낸 석탄의 열량에 비해 높다고 판단할 수 있다.

지금까지 우리는 두 모집단의 분산이 같다고 가정하였다. 만약 두 모분산이 다르면 어떻게 해야 할까? 앞서 설명한 바와 같이 두 정규모집단 $N(\mu_X, \sigma_X^2)$와 $N(\mu_Y, \sigma_Y^2)$에서 각각 n_X개의 확률표본과 n_Y개의 확률표본을 독립적으로 추출하였다면, 표본평균 $\overline{X}$와 $\overline{Y}$의 차는

$$\overline{X} - \overline{Y} \sim N\left(\mu_X - \mu_Y, \frac{\sigma_X^2}{n_X} + \frac{\sigma_Y^2}{n_Y}\right)$$

을 만족한다. 그러므로 귀무가설이 $H_0 : \mu_X - \mu_Y = \delta^*$인 경우, 두 모분산의 값이 알려져 있으면

$$Z = \frac{(\overline{X} - \overline{Y}) - \delta^*}{\sqrt{\frac{\sigma_X^2}{n_X} + \frac{\sigma_Y^2}{n_Y}}}$$

을 검정통계량으로 하여 정규검정을 시행할 수 있다. 즉, 9장의 <표 9-5>에 주어진 것처럼 표준정규분포를 이용하여 기각역과 유의확률을 구할 수 있다.

만약 두 모분산의 값을 모른다면, 이들을 표본분산으로 대체한

$$T = \frac{(\overline{X} - \overline{Y}) - \delta^*}{\sqrt{\frac{S_X^2}{n_X} + \frac{S_Y^2}{n_Y}}}$$

을 검정통계량으로 사용한다. 안타깝게도 이 통계량은 앞서 공통분산을 가정하는 경우와는 달리 귀무가설이 참일 때에도 정확하게 t-분포를 따르지는 않는다. 그러나 표본의 크기 n_X와 n_Y가 모두 충분히 큰 경우 중심극한정리에 의해 T는 근사적으로 표준정규분포를 따르므로, 표준정규분포를 이용하여 유의확률의 근사값을 구할 수 있다. 만약 표본의 크기가 충분히 크지 않다면, 표준정규분포 대신 자유도가 $\nu \approx \dfrac{(s_X^2/n_X + s_Y^2/n_Y)^2}{s_X^4/(n_X^2(n_X-1)) + s_Y^4/(n_Y^2(n_Y-1))}$ 인 t-분포를 이용하여 유의확률의 근사값을 구할 수 있다는 사실이 알려져 있다. 보통 이와 같은 검정을 이분산 가정에서의 독립 이표본 t-검정(unequal variance t-test) 또는 Welch의 t-검정(Welch's t-test)이라고 부른다.

예제 10-3

섬유를 생산하는 두 회사의 여성근로자의 평균임금(단위 : 만원)을 비교하기 위해 두 회사에서 각각 120명, 150명의 여성근로자를 랜덤하게 추출하여 임금을 조사하였고, 다음과 같은 결과를 얻었다.

	표본평균	표본표준편차	자료의 수
회사 1	62.7	2.50	120
회사 2	61.8	2.62	150

두 회사의 임금의 분산은 다르다는 사실이 알려져 있을 때, 유의수준 5%에서 두 회사의 임금이 차이가 있는지 검정하여라.

풀이 10-3

두 회사의 평균 임금을 각각 μ_X, μ_Y라고 할 때, 검정하고자 하는 가설은 다음처럼 쓸 수 있다.

$$H_0 : \mu_X = \mu_Y \quad \text{vs.} \quad H_1 : \mu_X \neq \mu_Y$$

주어진 결과값들을 이용하여 검정통계량의 관측값을 계산하면

$$z = \frac{62.7 - 61.8}{\sqrt{\frac{2.50^2}{120} + \frac{2.62^2}{150}}} = 2.88$$

이 된다. 표본의 크기가 120, 150으로 충분히 크므로 표준정규분포를 이용하여 유의확률을 구하면 다음을 만족한다.

$$p\text{-값} = P(|Z_0| \geq 2.88) = 2P(Z_0 \geq 2.88) = 0.004 < 0.05$$

여기서 Z_0는 표준정규분포를 따르는 확률변수를 의미한다. 따라서 유의수준 5%에서 귀무가설을 기각하며, 두 회사의 평균임금은 차이가 있다고 판단한다.

10.4 두 모분산의 비교

우리는 앞 절에서 독립 이표본 t-검정을 이용하여 두 모집단의 모평균을 비교하는 방법에 대해 살펴보았다. 독립 이표본 t-검정은 두 모집단의 분산에 대한 공통분산 가정 여부에 따라 검정통계량과 유의확률이 조금 달라진다. 그러므로 동일한 표본자료로 동일한 가설을 검정하더라도 어떤 방법을 사용하느냐에 따라 검정 결과가 다를 수 있다. 따라서 두 그룹의 모분산을 서로 비교할 필요가 있으며, 이 절에서는 두 모분산의 값이 다른지 여부를 검정을 통해 판단하는 방법에 대해 알아보고자 한다.

앞 절과 마찬가지로 두 그룹의 모분산을 비교하기 위해 조사한 표본은 다음과 같은 조건을 만족한다고 가정한다.

(1) $X_1, X_2, \cdots, X_{n_X}$는 서로 독립이고, 동일하게 $N(\mu_X, \sigma_X^2)$를 따른다.
(2) $Y_1, Y_2, \cdots, Y_{n_Y}$는 서로 독립이고, 동일하게 $N(\mu_Y, \sigma_Y^2)$를 따른다.
(3) $X_1, X_2, \cdots, X_{n_X}$와 $Y_1, Y_2, \cdots, Y_{n_Y}$는 서로 독립이다.

이 때 두 그룹의 표본으로부터 계산한 표본분산을 각각 S_X^2, S_Y^2라고 하면, S_X^2와 S_Y^2는 서로 독립이 된다. 그리고 8장에서 배운 것처럼

$$\frac{(n_X - 1)S_X^2}{\sigma_X^2} \sim \chi^2(n_X - 1), \quad \frac{(n_Y - 1)S_Y^2}{\sigma_Y^2} \sim \chi^2(n_Y - 1)$$

이 성립한다. 따라서 두 모분산의 값이 같으면, 표본분산의 비율은 다음을 만족하게 된다.

$$\frac{S_X^2}{S_Y^2} = \frac{\dfrac{(n_X - 1)S_X^2/\sigma_X^2}{n_X - 1}}{\dfrac{(n_Y - 1)S_Y^2/\sigma_Y^2}{n_Y - 1}} \sim F(n_X - 1, n_Y - 1)$$

여기서, $F(n_X - 1, n_Y - 1)$은 분자의 자유도가 $n_X - 1$, 분모의 자유도가 $n_Y - 1$인 F-분포를 나타낸다. F-분포란 서로 독립인 두 확률변수 U와 V가 각각 자유도가 r_1, r_2인 카이제곱분포를 따를 때, 두 확률변수의 비율 $\dfrac{U/r_1}{V/r_2}$이 가지는 확률분포를 말하는 것으로 두 자유도 r_1과 r_2에 따라 분포의 모양이 결정된다.

이제 두 모집단의 분산을 비교해보자. 이와 관련된 가설로 다음의 세 가지 형태를 고려할 수 있다.

$$\text{(A)} \quad H_0 : \sigma_X^2 = \sigma_Y^2 \quad \text{vs.} \quad H_1 : \sigma_X^2 < \sigma_Y^2$$
$$\text{(B)} \quad H_0 : \sigma_X^2 = \sigma_Y^2 \quad \text{vs.} \quad H_1 : \sigma_X^2 > \sigma_Y^2$$
$$\text{(C)} \quad H_0 : \sigma_X^2 = \sigma_Y^2 \quad \text{vs.} \quad H_1 : \sigma_X^2 \neq \sigma_Y^2$$

표본분산은 모분산에 대한 일치추정량이므로 표본의 크기가 충분히 크면 앞서 정의한 표본분산의 비율 S_X^2/S_Y^2은 모분산의 비율 σ_X^2/σ_Y^2와 그 값이 비슷할 것이다. 그러므로 위에 주어진 가설들을 검정할 때 검정통계량으로 표본분산의 비율을 사용할 수 있다. 검정통계량 $F = \dfrac{S_X^2}{S_Y^2}$에 대한 관측값을 $f = \dfrac{s_X^2}{s_Y^2}$라고 할 때, 가설 (A)를 검정하기 위한 기각역은 $R = \{f : f \leqq c\}$의 형태로 주어진다. 왜냐하면 f의 값이 1보다 충분히 작으면 s_X^2가 s_Y^2에 비해 아주 작을 것이고, 따라서 σ_X^2이 σ_Y^2보다 작다고 생각할 수 있기 때문이다. 반대로 가설 (B)를 검정하기 위한 기각역은 $R = \{f : f \geqq c\}$의 형태가 되며, 가설 (C)를 검정하기 위한 기각역은 $R = \{f : f \geqq c_U\} \cup \{f : f \leqq c_L\}$로 주어진다. 또한 귀무가설이 참일 때, 표본분산의 비율 S_X^2/S_Y^2은 분자의 자유도가 $n_X - 1$, 분모의 자유도가 $n_Y - 1$인 F-분포를 따르므로, 이로부터 유의확률과 유의수준 α에서의 기각역을 다음처럼 구할 수 있다.

〈표 10-4〉 두 모분산의 비교 (F-검정)

귀무가설	$H_0 : \sigma_X^2 = \sigma_Y^2$		
대립가설	$H_1 : \sigma_X^2 < \sigma_Y^2$	$H_1 : \sigma_X^2 > \sigma_Y^2$	$H_1 : \sigma_X^2 \neq \sigma_Y^2$
검정통계량	검정통계량 : $F = \frac{S_X^2}{S_Y^2}$, 검정통계량의 관측값 : $f = \frac{s_X^2}{s_Y^2}$		
기각역	$f \leq F_{1-\alpha}$	$f \geq F_\alpha$	$f \leq F_{1-\alpha/2}$ 또는 $f \geq F_{\alpha/2}$
유의확률	$P(F_0 \leq f)$	$P(F_0 \geq f)$	$2P(F_0 \leq f)$과 $2P(F_0 \geq f)$ 중 1보다 작은 값

<표 10-4>에서 F_α는 분자의 자유도가 $n_X - 1$, 분모의 자유도가 $n_Y - 1$인 F-분포에 대한 상위 α-분위수를 의미하고, F_0는 $F(n_X - 1, n_Y - 1)$을 따르는 확률변수를 나타낸다.

예제 10-4

제10.3절에서 살펴본 시력차이 예에서 두 모분산의 값이 같다고 가정하였다. 〈표 10-2〉에 주어진 자료를 이용하여 공통분산을 가정하는 것이 옳은지 검정해보자.

풀이 10-4

이 경우 검정하고자 하는 가설은

$$H_0 : \sigma_X^2 = \sigma_Y^2 \quad \text{vs.} \quad H_1 : \sigma_X^2 \neq \sigma_Y^2$$

이고, 검정통계량의 관측값은 $f = 0.0306/0.0449 = 0.6815$이다. 두 그룹의 표본의 수가 각각 $n_X = 11$, $n_Y = 11$이므로, 분자의 자유도가 10, 분모의 자유도가 10인 F-분포를 이용하여 유의확률을 구하면 다음과 같다.

$$2P(F_0 \leq 0.6815) = 2 \times 0.2777 = 0.5554, \quad \text{단 } F_0 \sim F(10,10)$$

유의확률이 상당히 크므로 유의수준 5%나 10%에서 귀무가설을 기각할 수 없고, 두 그룹의 모분산이 다르다고 판단하기 어렵다.

10.5 두 모비율의 비교

마지막으로 두 모집단의 모비율을 비교해보자. 편의상 두 모집단을 각각 모집단1과 모집단 2 라고 하고, 모집단1과 모집단2의 모비율을 각각 p_1, p_2라고 표시하자. 이 때 우리가 검정하고자 하는 가설은 다음의 세 가지이다.

$$\begin{aligned}
&\text{(A)}\ H_0 : p_1 = p_2 \quad \text{vs.} \quad H_1 : p_1 < p_2 \\
&\text{(B)}\ H_0 : p_1 = p_2 \quad \text{vs.} \quad H_1 : p_1 > p_2 \\
&\text{(C)}\ H_0 : p_1 = p_2 \quad \text{vs.} \quad H_1 : p_1 \neq p_2
\end{aligned}$$

이 가설들은 앞서 두 모평균을 비교할 때처럼 모비율에 대한 추정량 $\hat{p_1}$과 $\hat{p_2}$의 차이를 이용하여 검정할 수 있을 것이다.

두 표본비율의 차이를 이용하여 모비율을 비교하는 검정절차에 대해 좀 더 구체적으로 알아보자. 먼저 자료수집과정부터 살펴보면, 두 모비율을 비교하기 위해 모집단1과 모집단2에서 독립적으로 확률표본을 추출하여 성공, 즉 우리가 관심을 가지고 있는 조건을 만족하는 표본의 개수를 조사한다. 이 때 모집단1에서 추출한 표본의 크기를 n_1이라 하고, n_1개 중 성공의 개수를 X라고 표기하면, X의 확률분포는 $B(n_1, p_1)$이 된다. 마찬가지로 모집단2에서 추출한 n_2개의 표본 중 성공의 개수를 Y라고 표시하면, Y는 $B(n_2, p_2)$를 따른다. 또한 X와 Y는 서로 독립인 확률변수가 된다. 그러므로 표본의 크기 n_1과 n_2가 충분히 크면, 이항분포의 정규근사에 의해 두 표본비율 $\hat{p_1} = X/n_1$과 $\hat{p_2} = Y/n_2$의 차이는

$$\frac{\hat{p_1} - \hat{p_2} - (p_1 - p_2)}{\sqrt{\dfrac{p_1(1-p_1)}{n_1} + \dfrac{p_2(1-p_2)}{n_2}}} \approx N(0,1)$$

을 만족한다. 따라서, 만약 $p_1 = p_2 = p$가 성립한다면, 즉 귀무가설이 참이라면

$$\frac{\hat{p_1} - \hat{p_2}}{\sqrt{p(1-p)\left(\dfrac{1}{n_1} + \dfrac{1}{n_2}\right)}} \approx N(0,1)$$

이 성립한다. 그러나 공통모비율 p가 미지의 값이므로 우리는 검정통계량으로 위에 주어진 식을 사용할 수 없으며, p를 추정량으로 바꿔야 한다.

제10.3절에서 공통분산에 대한 추정량으로 합동분산을 사용한 것처럼 공통모비율 p에 대한 추정량으로 합동표본비율을 사용할 수 있다. 합동표본비율(pooled sample proportion)은 여러 그룹에서 얻은 표본비율을 가중 평균한 것으로 앞서 우리가 고려한 상황에서는 다음과 같은 값을 가진다.

$$\hat{p}=\frac{n_1}{n_1+n_2}\times\hat{p_1}+\frac{n_2}{n_1+n_2}\times\hat{p_2}=\frac{X+Y}{n_1+n_2}$$

즉, 합동표본비율은 두 모집단에서 얻은 n_1+n_2개 전체 표본 중에서 성공이 차지하는 표본비율이다. 만약 귀무가설과 우리가 가정한 상황이 참이라면, $X+Y$는 $B(n_1+n_2, p)$를 따르므로 합동표본비율 $\hat{p}$은 p에 대한 일치추정량이자 불편추정량이 되며, $\hat{p}$는 p와 매우 가까운 값을 가질 것이다.

그러므로 위에 주어진 가설들을 검정하기 위한 검정통계량으로

$$Z=\frac{\hat{p_1}-\hat{p_2}}{\sqrt{\hat{p}(1-\hat{p})\left(\frac{1}{n_1}+\frac{1}{n_2}\right)}}$$

을 선택하면, Z는 귀무가설이 참일 때 근사적으로 표준정규분포를 따르므로 정규검정을 시행할 수 있다.

예제 10-5

지식경제부에서 조사한 남녀의 TV프로그램 기호도 중에서 뉴스청취를 선호하는 비율은 남자가 35%, 여자는 23%로 나타났다고 한다. 이 조사 결과가 남녀 각각 100명씩을 표본으로 추출하여 조사한 결과라고 가정할 때, 과연 남자의 뉴스 청취 선호도가 여자보다 높다고 볼 수 있는지 유의수준 5%에서 검정하라.

풀이 10-5

남자의 뉴스 청취 비율을 p_1, 여자의 뉴스 청취 비율을 p_2라고 하면, 검정하고자 하는 가설은 다음과 같이 설정된다.

$$H_0: p_1 = p_2 \quad \text{vs.} \quad H_1: p_1 > p_2$$

주어진 자료에 의하면, $\hat{p_1}=0.35$, $\hat{p_2}=0.25$이고, 이로부터 합동표본비율을 계산하면 다음과 같다.

$$\hat{p}=\frac{100}{200}\times 0.35+\frac{100}{200}\times 0.23=0.29$$

그러므로 검정통계량의 관측값은

$$z=\frac{0.35-0.23}{\sqrt{0.29\times 0.71\times\left(\frac{1}{100}+\frac{1}{100}\right)}}=1.87$$

이 되고, 표준정규분포를 이용하여 유의확률을 구하면 다음을 만족한다.

$$p\text{-값} = P(Z_0 \geqq 1.87) = 0.0307 < 0.05, \quad \text{단 } Z_0 \sim N(0,1)$$

따라서 유의수준 5%에서 귀무가설을 기각하고, 남자의 뉴스 청취 비율이 여자에 비해 높다고 판단할 수 있다.

10장 연습문제

01 한 종류의 잘 자란 감귤나무 15개를 골라보니 평균 높이가 14.8피트이고 표준편차가 1.3피트였다. 다른 종류의 잘 자란 감귤나무 12개를 골라보니 평균 높이가 13.6피트이고 표준편차가 1.5피트였다. 유의수준 0.01에서 두 표본평균 간의 차이가 유의적인지 검정하시오.

02 A, B 2개반에서 각각 40명, 50명의 학생을 뽑아서 통계학 시험을 치른 결과 A반은 평균이 74점, 표준편차가 8점, B반은 평균이 78점, 표준편차가 7점이었다. 이 결과를 가지고 A, B 두 반의 통계학 성적이 차이가 있는지 유의수준 5%로 검정하시오

03 2번문제에서 A반에서 10명, B반에서 15명을 임의추출하여 똑같은 표본결과를 얻었다면 어떻게 되겠는지 설명하시오. 단, 두 모집단이 정규분포를 하고 동일한 모분산을 갖는다고 가정한다.

04 어떤 약을 투여하기 전과 투여 한 후의 민감도 측정결과가 다음과 같을 때 민감도차이에 대한 95%신뢰구간을 구하시오. 또 유의수준 5%로 검정하시오.

표 본	A	B	C	D	E	F	G	H
투약 전	6.6	6.5	9.0	10.3	11.3	8.1	6.3	11.6
투약 후	6.8	2.4	7.4	8.5	8.1	6.1	3.4	2.0

05 서울과 부산의 소비자들의 A제품에 대한 선호도가 같은지 여부를 알아보기 위하여 서울에서 1,000명, 부산에서 1,500명을 임의 추출하여 조사해 보았더니 서울에서는 400명, 부산에서는 500명이 A제품을 사용하였다. 서울과 부산의 A제품에 대한 선호도가 같다고 말할 수 있는지 유의수준 5%에서 검정하시오.

06 감기환자중에서 100명을 임의 추출하여 A그룹이라 하고, 이와 독립적으로 100명을 임의추출하여 B그룹이라 하자. A그룹 환자들에게는 어떤 감기약을 투여한 결과 1주일 후에 75명이 완쾌되었고, B그룹 환자들에게는 감기약을 투여하지 않고 그대로 둔 결과 1주일 후에 65명이 완쾌되었다. 이 결과를 가지고 이 감기약이 효과가 있다고 말할 수 있는지 유의수준 1%로 검정하시오.

07 (1) X의 점수가 5, 10, 15인 모집단의 분산을 구하시오.

(2) Y의 점수가 1, 2, 3인 모집단의 분산을 구하시오.

(3) $X-Y$의 모든 가능한 값을 나열하고 분산을 구하시오.

(4) (1), (2), (3)의 결과를 이용하여 $\sigma^2_{X-Y} = \sigma^2_X + \sigma^2_Y$임을 증명하시오.

08 세 개의 서로 독립인 모집단으로부터 표본자료를 얻었다. 각 표본의 크기와 성공의 횟수가 다음과 같을 때

모집단 1	모집단 2	모집단 3
n = 100	n = 100	n = 100
x = 40	x = 30	x = 20

(1) 유의수준 0.05에서 $p_1 = p_2$라는 가설을 검정하시오.

(2) 유의수준 0.05에서 $p_2 = p_3$라는 가설을 검정하시오.

(3) 유의수준 0.05에서 $p_1 = p_3$라는 가설을 검정하시오.

(4) 일반적으로, 가설검정에서 $p_1 = p_2$, $p_2 = p_3$라는 결과를 얻었을 때 $p_1 = p_3$라는 결론을 내릴 수 있는지 토론하시오.

09 13회의 확률실험의 결과를 기초로 하여, 유의수준 0.05에서 대립가설 $p > 0.20$에 대한 귀무가설 $p = 0.20$을 검정하고자 한다. 몇 번의 성공일 때 귀무가설을 기각하여야 하며, 실제 유의수준은 얼마인가?

10 공기 중의 수은의 농도를 측정하는 두 가지 기기 A, B의 정밀도를 검사하기 위해 각각의 기기로 측정한 결과 다음과 같은 자료를 얻었다. 두 분산의 차이가 있는지 검정하시오.

기기 A	0.95	0.83	0.78	0.96	0.72	0.86	0.99
기기 B	0.90	0.92	0.94	0.91	0.90	0.89	

CHAPTER 11

분산분석

CONTENTS

11.1 서 론

우리는 앞 장에서 두 개의 모평균을 비교하는 방법에 대해 살펴보았으며, 이를 활용하면 고졸과 대졸 이상의 평균 연봉 차이, 기존 제품과 새로운 제품의 성능 비교 등의 문제를 풀 수 있다. 그런데 평균 연봉을 비교하는 문제에서 최종 학력을 고졸과 대졸 이상으로 구분하지 않고, 고졸, 대졸, 석사 이상의 세 가지로 구분하면 연봉을 어떻게 비교할 수 있을까? 그리고 4개 회사에서 생산된 제품의 성능을 동시에 비교하려면 어떻게 해야 할까? 만약 두 모평균의 차이를 검정하는 방법을 사용하여 비교한다면, 비교의 대상이 되는 전체 그룹에서 두 그룹을 선택하여 모평균을 비교하는 일을 여러 번 수행해야 할 것이다. 예를 들어, 3그룹의 모평균을 비교한다면 두 모평균의 차이에 대한 가설검정을 3번 수행해야 하고, 만약 4그룹이라면 검정을 6번 수행해야 한다. 그러나 이는 매우 번거로운 일이며, 특히 모평균을 비교하고자 하는 그룹의 수가 많다면 검정 결과를 헤아리는 것조차 복잡할 것이다. 따라서 하나의 검정통계량으로 세 개 이상의 모평균을 동시에 비교할 수 있는 방법이 필요하며, 이 장에서는 이 검정방법에 대해 알아보려 한다.

11.2 분산분석의 가정과 가설

먼저 표본자료는 독립 이표본과 동일한 방법으로 수집한다. 만약 비교하고자 하는 모평균의 수가 k개면, k개의 모집단으로부터 독립적으로 표본을 각각 랜덤하게 추출한다. 각각의 모집단으로부터 추출하는 표본의 수는 서로 다를 수 있으며, 편의상 i번째 모집단에서 추출한 표본의 크기를 n_i라고 한다. <표 11-1>은 $k=3$일 때, 즉 세 개의 모집단에서 이와 같은 방식으로 수집한 자료의 한 예이며, 각 모집단에서 추출한 표본의 개수는 $n_1 = n_2 = n_3 = 3$이다.

학력 수준에 따라 임금을 비교하는 예를 살펴보면, 최종 학력에 따라 모집단을 구분하였다. 즉 최종 학력이 임금에 영향을 준다고 생각한 것이다. 이처럼 모평균을 비교하는 문제에서는 관측값 또는 평균에 영향을 주는 특정 조건이 있으며, 보통 이러한 조건을 나타내는 변수를 인자(factor)라 하고, 인자가 가지는 값을 인자수준(factor level)이라고 부른다. 임금 비교 예에서는 최종 학력이 인자이며, 고졸, 대졸, 석사 이상의 세 가지 값이 인자수준인 동시에 처리(treatment)가 된다. 보통 k개의 모평균을 비교하는 경우에는 k개의 인자수준 또는 처리가 존재한다. <표 11-1>처럼 처리 번호를 i라 하고, 각 모집단에서 추출한 표본의 번호를 j로 표시하면, 9개의 관측값은

$$x_{ij},\ i = 1,2,3,\ j = 1,2,3$$

으로 구분하여 표시할 수 있다. 예를 들어, x_{11}은 첫 번째 처리의 첫 번째 관측값, 즉 첫 번째 모집단에서 얻은 첫 번째 관측값을 나타내며, <표 11-1>에 주어진 9개의 관측값 중 제일 위에 있는 4를 말한다.

〈표 11-1〉 세 개의 모집단에서의 관측값

처리(i)	표본번호(j)	관측값
i=1 (▲)	1	4
	2	5
	3	6
i=2 (●)	1	10
	2	11
	3	12
i=3 (■)	1	1
	2	2
	3	3

우리는 이러한 자료를 이용하여 k개의 모평균들 사이에 차이가 있는지 여부를 통계적으로 검정하고자 하며, 이를 위해 i번째 처리의 j번째 확률표본, 즉 i번째 모집단에서 추출한 j번째 확률표본 X_{ij}가 다음을 만족한다고 가정한다.

표본에 대한 가정

i번째 처리에 대한 모평균을 μ_i라고 할 때,

$$\epsilon_{ij} = X_{ij} - \mu_i,\ \ i = 1,2,\cdots,k, j = 1,2,\cdots,n_i$$

은 서로 독립이고, 동일하게 $N(0,\sigma^2)$를 따른다.

여기서 ϵ_{ij}는 i번째 처리에서 표본과 모평균의 차이를 나타내는 값으로 오차항(error term)이라고 부른다. 그리고 우리가 관심을 가지는 k개의 모평균으로부터 다음과 같은 값들을 정의할 수 있다.

$$\mu = \frac{n_1\mu_1 + n_2\mu_2 + \ \cdots\ + n_k\mu_k}{n_1 + n_2 + \ \cdots\ + n_k}$$

$$\alpha_i = \mu_i - \mu,\ \ i = 1,\ 2,\ \cdots,\ k$$

μ는 $\mu_1,\ \mu_2,\ \cdots,\ \mu_k$의 가중평균으로 전체 모평균을 나타낸다. 그리고 α_i는 i번째 처리에서의 모평균과 전체 모평균의 차이로 i번째 처리효과(treatment effect)라고 부른다. 만약 k개의 모평균의 값이 모두 같으면, 전체 모평균 μ 또한 동일한 값을 가지게 되므로 k개의 처리효과는 모두 0이 된다. 반대로 처리효과가 모두 0이면, k개의 모평균은 모두 μ와 동일한 값을 가진다.

모평균의 비교에서 관심을 가지는 가설은 다음과 같다.

$$H_0 : \mu_1 = \mu_2 = \cdots = \mu_k$$
$$H_1 : \text{적어도 하나의 모평균은 다른 값을 가진다.}$$

그리고 이 가설은 앞서 설명한 것처럼 처리효과를 이용하여 다음처럼 바꿔 쓸 수 있다.

$$H_0 : \alpha_1 = \alpha_2 = \cdots = \alpha_k = 0 \quad \text{vs.} \quad H_1 : \alpha_i \neq 0\text{인 } \alpha_i\text{가 존재한다.}$$

또한 $\alpha_1 = \alpha_2 = \cdots = \alpha_k = 0$와 $n_1\alpha_1^2 + n_2\alpha_2^2 + \cdots + n_k\alpha_k^2 = 0$은 필요충분조건이므로 이 가설은 다시 다음처럼 쓸 수 있다.

$$H_0 : n_1\alpha_1^2 + n_2\alpha_2^2 + \cdots + n_k\alpha_k^2 = 0 \quad \text{vs.} \quad H_1 : n_1\alpha_1^2 + n_2\alpha_2^2 + \cdots + n_k\alpha_k^2 > 0$$

따라서 우리는 추정된 처리효과의 제곱합을 구하여 이 값이 크면 귀무가설을 기각하고, 제곱합의 값이 작으면 귀무가설을 채택하는 방식으로 모평균 비교에 대한 가설검정을 수행할 수 있다.

보통 지금까지 설명한 방식으로 제곱합을 이용하여 k개의 모평균 또는 처리효과를 비교하는 분석방법을 분산분석(analysis of variance, ANOVA), 특히 일원배치 분산분석(one-way ANOVA)이라고 한다. 다음 절에서 이에 대해 자세하게 알아보자.

11.3 변동의 분해와 분산분석표

먼저 <표 11-1>에 주어진 자료를 이용하여 세 처리에 대한 표본평균을 각각 구하면 다음과 같다.

$$\bar{x}_1 = \frac{4+5+6}{3} = 5, \ \bar{x}_2 = \frac{10+11+12}{3} = 11, \ \bar{x}_3 = \frac{1+2+3}{3} = 2$$

그리고 9개 전체 자료에 대한 표본평균, 즉 총평균은

$$\bar{x} = \frac{4+5+ \cdots +3}{9} = \frac{3\times5+3\times11+3\times2}{9} = 6$$

이 된다. [그림 11-1]은 9개의 관측값, 세 개의 처리평균, 그리고 1개의 총평균의 관계를 보여주는 그림으로, 굵은 회색 선은 총평균과 처리평균의 편차를 나타내고, 이보다 가는 회색 선은 처리평균과 관측값의 편차를 나타낸다. 그리고 [그림 11-2]을 보면 관측값과 총평균의 차이가 이들 두 편차의 합으로 분해되는 것을 알 수 있다.

[그림 11-1] 관측값, 처리평균, 총평균의 관계

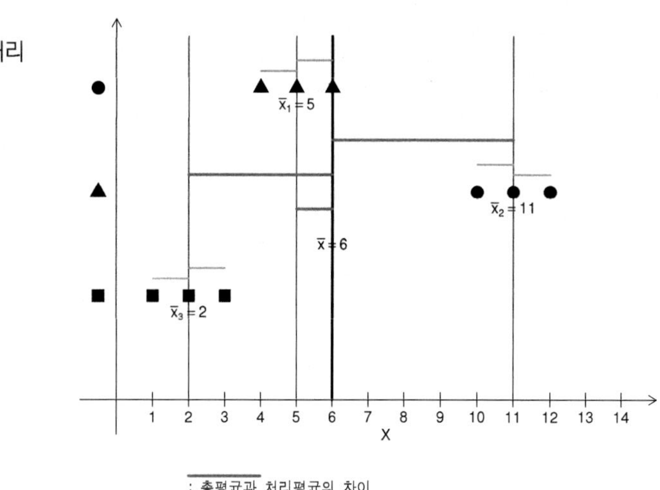

[그림 11-2] 편차의 분해

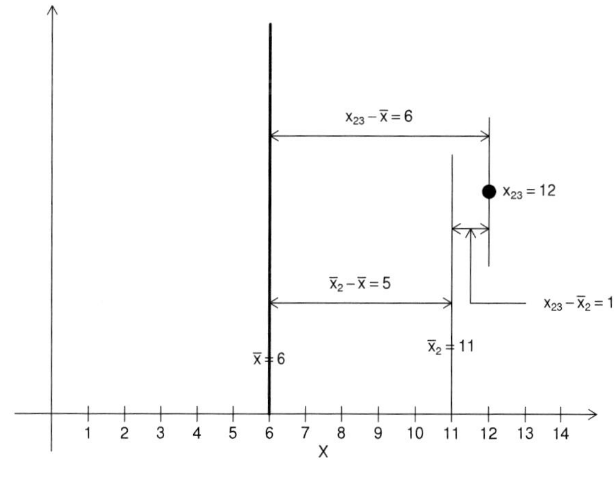

일반적으로 관측값과 총평균의 차이 $x_{ij}-\overline{x}$를 총편차(total deviation)라고 부르며, [그림 11-2]에서 보듯이 다음 식을 만족한다.

$$x_{ij}-\overline{x}=(\overline{x}_i-\overline{x})+(x_{ij}-\overline{x}_i),\ \ i=1,2,\cdots,k,\ \ j=1,2,\cdots,n_i$$

여기서 각 처리에서의 표본평균 $\overline{x}_i$는 i번째 모평균 μ_i에 대한 추정값이 될 수 있으므로,

$x_{ij}-\overline{x}_i$는 앞서 정의한 오차항 $\epsilon_{ij}=X_{ij}-\mu_i$에 대응하는 관측값이며, 보통 이 값을 잔차(residual)라고 한다. 그리고 전체 자료의 개수를 $n=\sum_{i=1}^{k} n_i$이라고 할 때, 총평균은

$$\overline{x}=\frac{1}{n}\sum_{i=1}^{k}\sum_{j=1}^{n_i} x_{ij}=\frac{n_1\overline{x}_1+n_2\overline{x}_2+\cdots+n_k\overline{x}_k}{n_1+n_2+\cdots+n_k}$$

를 만족하므로, 앞서 정의한 전체 모평균 μ에 해당하는 값이며, $\overline{x}_i-\overline{x}$는 i번째 처리효과 $\alpha_i=\mu_i-\mu$에 대한 추정값이 된다.

위에 주어진 관계식과 편차의 합이 0이라는 사실을 종합하면, 총편차들의 제곱합도 다음처럼 두 개의 제곱합으로 분해할 수 있다.

$$\begin{aligned}&\sum_{i=1}^{k}\sum_{j=1}^{n_i}(x_{ij}-\overline{x})^2\\&=\sum_{i=1}^{k}\sum_{j=1}^{n_i}(\overline{x}_i-\overline{x})^2+2\sum_{i=1}^{k}\sum_{j=1}^{n_i}(\overline{x}_i-\overline{x})(x_{ij}-\overline{x}_i)+\sum_{i=1}^{k}\sum_{j=1}^{n_i}(x_{ij}-\overline{x}_i)^2\\&=\sum_{i=1}^{k}n_i(\overline{x}_i-\overline{x})^2+\sum_{i=1}^{k}\sum_{j=1}^{n_i}(x_{ij}-\overline{x}_i)^2\end{aligned}$$

세 개의 제곱합 중에서 총편차의 제곱합 $TSS=\sum_{i=1}^{k}\sum_{j=1}^{n_i}(x_{ij}-\overline{x})^2$은 전체 자료에 대한 산포의 정도를 나타내는 값으로 총제곱합(total sum of squares) 또는 총변동(total variation)이라 부른다. 그리고 나머지 두 개의 제곱합

$$SST=\sum_{i=1}^{k}n_i(\overline{x}_i-\overline{x})^2,\quad SSE=\sum_{i=1}^{k}\sum_{j=1}^{n_i}(x_{ij}-\overline{x}_i)^2$$

은 각각 처리제곱합(sum of squares of treatment)과 오차제곱합(sum of squares due to error)이라고 부른다.

처리제곱합 SST는 각 처리의 표본평균과 총평균의 편차의 제곱합으로 서로 다른 처리를 받은 집단의 중심위치의 차이를 요약한 값으로 해석할 수 있으며, 처리간 변동(between treatment variation)이라고 부르기도 한다. 만약 k개의 처리 평균이 비슷한 값을 가지면 SST는 작은 값을 가지게 될 것이고, 반대로 처리 평균들의 차이가 크다면 SST는 크게 나타날 것이다. 그리고 마지막 제곱합인 오차제곱합 SSE는 잔차들의 제곱합으로 정의된 값이며, 각각의 처리 안에서 우연에 의해 나타날 수 있는 변동을 설명하는 값이므로 처리내 변동(within treatment variation)이라고도 한다.

앞서 살펴본 것처럼 총제곱합은 처리제곱합과 오차제곱합으로 나눌 수 있으며, 만약 처리로

인한 평균의 차이가 뚜렷하게 존재한다면 처리제곱합이 오차제곱합에 비해 상대적으로 큰 값을 가질 것이다. 반대로 처리 효과가 미비하다면 처리제곱합의 값은 오차제곱합에 비해 크지 않을 것이다. 따라서 우리는 처리제곱합과 오차제곱합의 비교를 통해 처리효과, 즉 모평균의 차이를 검정할 수 있다.

이를 위해 다음과 같은 통계값을 고려해보자.

$$f = \frac{SST/(k-1)}{SSE/(n-k)}$$

여기서 분자의 $k-1$과 분모의 $n-k$는 각각 처리제곱합 SST와 오차제곱합 SSE의 자유도를 의미한다. 잠시 제곱합의 자유도에 대해 살펴보자. 앞서 표본분산에서 설명한 것처럼 제곱합의 자유도는 제곱합을 구하기 위해 사용한 편차들의 개수에서 편차들이 만족하는 제약조건의 개수를 뺀 것과 같다. 처리제곱합 SST는 k개의 편차 $\overline{x}_i - \overline{x}$, $i = 1, 2, \cdots, k$으로 만들어지는 값이며, 이들은

$$\sum_{i=1}^{k} n_i(\overline{x}_i - \overline{x}) = 0$$

를 만족한다. 그러므로 SST의 자유도는 $k-1$이 된다. 마찬가지로 오차제곱합 SSE는 n개의 잔차 $x_{ij} - \overline{x}_i$들의 제곱합이고, 잔차들은 다음과 같은 k개의 조건을 만족한다.

$$\sum_{j=1}^{n_i}(x_{ij} - \overline{x}_i) = 0, \ i = 1, 2, \cdots, k$$

따라서 SSE의 자유도는 $n-k$가 된다. 참고로 총제곱합이 자유도는 $n-1$이며, 처리제곱합과 오차제곱합의 자유도를 합한 것과 같다. 보통 $SST/(k-1)$이나 $SSE/(n-k)$처럼 제곱합을 이에 내응하는 자유도로 나눈 것을 평균제곱(mean square)이라고 한다. 앞서 정의한 통계값 f에서 분자와 분모는 각각 처리평균제곱(mean square treatment)과 오차평균제곱(mean square error)이라고 하며, MST와 MSE로 표기한다.

지금까지 제곱합에 대해 설명한 내용을 정리하여 표로 작성하면 <표 11-2>를 얻을 수 있다. 보통 이와 같은 표를 분산분석표(ANOVA table)라고 한다.

〈표 11-2〉 **분산분석표**

변동요인	자유도	제곱합	평균제곱	F
처리	$k-1$	$SST=\sum_{i=1}^{k} n_i(\overline{x}_i-\overline{x})^2$	$MST=\dfrac{SST}{k-1}$	$f=\dfrac{MST}{MSE}$
오차	$n-k$	$SSE=\sum_{i=1}^{k}\sum_{j=1}^{n_i}(x_{ij}-\overline{x}_i)^2$	$MSE=\dfrac{SSE}{n-k}$	
합	$n-1$	$TSS=\sum_{i=1}^{k}\sum_{j=1}^{n_i}(x_{ij}-\overline{x})^2$		

이제 분산분석표에 주어진 통계값 f를 이용하여 다음에 주어진 가설

$$H_0 : \mu_1 = \mu_2 = \cdots = \mu_k \quad \text{vs.} \quad H_1 : \text{적어도 하나의 모평균은 다르다.}$$

$$(\text{또는 } H_0 : \alpha_1 = \alpha_2 = \cdots = \alpha_k = 0 \quad \text{vs.} \quad H_1 : \alpha_i \neq 0 \text{인 } \alpha_i \text{가 존재한다.})$$

을 검정해보자. 앞서 설명한 것처럼 f의 값이 클수록 대립가설을 지지하므로, 기각역을 $R=\{f : f \geq c\}$처럼 정할 수 있다. 검정에 필요한 임계값과 유의확률을 계산하기 위해서는 f에 대응하는 검정통계량

$$F=\frac{\sum_{i=1}^{k} n_i(\overline{X}_i-\overline{X})^2/(k-1)}{\sum_{i=1}^{k}\sum_{j=1}^{n_i}(X_{ij}-\overline{X}_i)^2/(n-k)}$$

의 확률분포를 알아야 한다. 제11.2절에서 기술한 표본에 대한 가정이 성립하고 귀무가설이 참일 때, 검정통계량 F는 분자의 자유도가 $k-1$, 분모의 자유도가 $n-k$인 F-분포를 따른다는 사실이 알려져 있다. 따라서 귀무가설이 참일 때

$$P(F \geq F_\alpha(k-1, n-k)) = \alpha$$

이므로, 유의수준 α에서의 임계값은 F-분포의 상위 α-분위수 $F_\alpha(k-1, n-k)$가 된다. 즉, 우리가 분산분석표에서 구한 f값이 $F_\alpha(k-1, n-k)$보다 크거나 같으면 유의수준 α에서 귀무가설을 기각하고, 모평균들이 차이가 있다 또는 처리효과가 있다고 판단한다. 또한, 관측값 f로부터 유의확률을 구하면

$$p\text{-값} = P(F \geq f \mid H_0 \ is \ true)$$

이고, 이 값은 $F(k-1, n-k)$분포를 이용하여 계산할 수 있다. 유의확률이 작을수록 모평균들 사이에 차이가 뚜렷하게 존재함을 뜻한다.

예제 11-1

〈표 11-1〉에 주어진 자료를 이용하여 분산분석표를 작성하고, 유의수준 5%에서 세 처리 간에 모평균의 차이가 있는지 검정하여라.

풀이 11-1

먼저 주어진 자료를 가지고 분산분석표를 작성하면 다음과 같다.

변동요인	자유도	제곱합	제곱평균	F
처 리	2	126.00	63.00	63.00
오 차	6	6.00	1.00	
합	8	132.00		

세 처리에 대한 모평균을 각각 μ_1, μ_2, μ_3라고 할 때, 검정하고자 하는 가설은 다음처럼 쓸 수 있다.

$$H_0 : \mu_1 = \mu_2 = \mu_3 \quad \text{vs.} \quad H_1 : \text{세 모평균은 같지 않다.}$$

위에 주어진 분산분석표에 의하면 $f = 63$이므로 분자의 자유도가 2, 분모의 자유도가 6인 F-분포를 이용하여 유의확률을 구하면 0.0001로 그 값이 매우 작다. 또한 유의수준 5%에서의 임계값 $F_{0.05}(2,6) = 5.1432$보다 $f = 63$이 크므로 유의수준 5%에서 귀무가설을 기각한다. 따라서 세 처리간의 평균에는 차이가 있다고 판단할 수 있다.

11.4 이원배치 분산분석

지금까지 관측값들의 평균에 영향을 줄 수 있는 요인으로 한 개의 인자만을 고려하였으나, 두 개 이상의 인자가 영향을 주는 경우도 많다. 여기에서는 고려하는 인자의 수가 두 개인 경우 분산분석을 수행하는 방법에 대해 알아보고자 하며, 이때의 분석방법을 이원배치 분산분석(two-way ANOVA)이라고 부른다.

먼저 <표 11-3>의 자료부터 살펴보자. 이 자료는 네 개의 학교에서 각 학교의 내신 성적 8등급에 속하는 학생들 중에서 3명씩 추출하여 독해력을 측정한 결과이다.

〈표 11-3〉 네 개 학교에서 측정한 독해력 자료

학 교	독해력			표본평균
A	89	71	92	84
B	85	51	44	60
C	64	50	72	62
D	67	86	81	78

학교별 표본평균은 각각 84, 60, 62, 78이며, 비교적 차이가 큰 편이다. 그러므로 각 학교의 8등급에 속하는 학생들의 평균 독해력은 차이가 있다고 의심할 수 있다. 그러나 앞에서 배운 방식대로 작성한 분산분석표를 보면, $f=2.02$로 크지 않으며, $F(3,8)$로부터 구한 유의확률도 $P(F \geq 2.02)=0.190$으로 조금 큰 편이다. 그러므로 유의수준 5%나 10%에서 학교간 평균 독해력 차이가 없다는 귀무가설을 기각할 수 없다.

〈표 11-4〉 독해력 차이 검정을 위한 분산분석표

변동요인	자유도	제곱합	제곱평균	F
처 리	3	1,260	420	2.02
오 차	8	1,662	208	
합	11	2,992		

학교 간 평균차이가 비교적 크게 나타났음에도 불구하고 분산분석으로 검정한 결과 차이가 없다고 나온 이유는 무엇일까? 이는 분산분석표에서 오차평균제곱 MSE도 크기 때문이다. 다시 말해서, 학교별 표본평균들의 차이가 클 뿐만 아니라 같은 학교 학생들 사이의 독해력 값들도 서로 차이도 크기 때문이다. 같은 학교 내의 학생들의 독해력 차이가 이렇게 큰 것은 학생들을 뽑을 때 지능차이를 고려하지 않고 추출했기 때문이라고 생각할 수 있다. 지능은 독해력에 영향을 줄 수 있는 요인으로 이로 인한 변동은 꽤 큰 값을 가질 수 있다. 따라서 지능차이를 고려하지 않은 상태에서 오차제곱합을 구하면, 그 값이 과대평가될 수 있으며, 이로 인해 f값이 작아진 것이다.

그럼 이러한 상황을 피하기 위해서는 어떻게 해야 할까? 자료를 수집할 때 학교뿐만 아니라 지능지수도 고려하여 학생들을 추출하면 될 것이다. 예를 들어, 각 학교의 8등급 학생들 중에서 표본을 선출할 때 학생들의 지능지수를 상(120 이상), 중(105-120), 하(105이하)로 나누어 각각의 그룹에서 한 명씩 랜덤하게 추출하는 것이다. 이렇게 수집한 자료는 <표 11-5>처럼 나타낼 수 있다.

〈표 11-5〉 학교와 지능에 따른 독해력

		지 능		
		하	중	상
학교	A	71	92	89
	B	44	51	85
	C	50	64	72
	D	67	81	86

이와 같은 경우에 세 종류의 지능수준들을 블록(block)이라 하고, 블록으로 나누어서 실험하는 것을 블록화라 한다.

일원배치 분산분석은 한 인자가 가지는 여러 수준(즉, 처리)에서의 모평균 차이를 검정하는 방법이었다. 이에 비해 이원배치 분산분석은 두 인자가 가지는 여러 수준들의 조합을 고려하여 관측값을 수집하고, 이를 바탕으로 모평균의 차이를 검정하는 방법이다. 이 때 두 인자는 처리와 블록이 된다. 이원배치 분산분석을 수행할 때, 두 인자의 수준들의 조합별로 자료를 한 개씩만 관측할 수도 있고 여러번 반복하여 관측할 수도 있다. 보통 전자를 반복이 없는 이원배치라고 하고, 후자를 반복이 있는 이원배치라고 한다. 이 절에서는 <표 11-5>처럼 반복이 없는 이원배치에 대해 살펴보고, 반복이 있는 경우에 대한 설명은 생략하기로 한다.

이원배치 분산분석을 수행하기 위해 먼저 a개의 처리와 b개의 블록이 있으며, i번째 처리와 j번째 블록에 해당하는 확률표본과 관측값을 각각 X_{ij}와 x_{ij}라고 표시하자. 그리고 확률표본 X_{ij}, $i=1,2,\cdots,a$, $j=1,2,\cdots,b$에 대해 다음 모형을 가정한다.

표본에 대한 가정

$$X_{ij}=\mu+\alpha_i+\beta_j+\epsilon_{ij},\ i=1,2,\cdots,a,\ j=1,2,\cdots,b$$

여기서, μ는 전체모평균,

α_i는 i번째 처리 효과로 $\sum_{i=1}^{a}\alpha_i=0$을 만족하고,

β_j는 j번째 블록 효과로 $\sum_{j=1}^{b}\beta_j=0$을 만족한다.

그리고 오차항 ϵ_{ij}는 서로 독립이고 동일하게 $N(0,\sigma^2)$를 따른다.

이는 앞서 일원배치 분산분석에서의 확률표본에 대한 가정을 확장한 것이다. 여기서 α_i들은 처리 효과를 나타내는 모수로, 이를 이용하면 처리 수준에 따른 모평균의 차이를 검정하는 가설을 다음처럼 쓸 수 있다.

$$H_0 : \alpha_1 = \alpha_2 = \cdots = \alpha_a = 0 \quad \text{vs.} \quad H_1 : \text{적어도 하나의 } \alpha_i \text{는 0이 아니다.}$$

또한, $H_0 : \beta_1 = \beta_2 = \cdots = \beta_b = 0$는 블록 수준에 따른 모평균의 차이에 대한 귀무가설이 된다. 앞에서 살펴 본 독해력 비교 예에서 전자인 처리효과의 유의성에 대한 검정은 학교에 따른 평균 독해력 차이를 검정하는 문제이고, 후자인 블록효과의 유의성 검정은 지능지수에 따른 평균 독해력을 비교하는 문제가 된다.

이원배치 분산분석에서 주어진 자료를 가지고 다음과 같은 표본평균들을 구할 수 있다.

$$\overline{x}_{i.} = \frac{1}{b}\sum_{j=1}^{b} x_{ij}, \quad i = 1,2,\cdots,a$$

$$\overline{x}_{.j} = \frac{1}{a}\sum_{i=1}^{a} x_{ij}, \quad j = 1,2,\cdots,b$$

$$\overline{x}_{..} = \frac{1}{ab}\sum_{i=1}^{a}\sum_{j=1}^{b} x_{ij}$$

$\overline{x}_{i.}$는 i번째 처리에 대한 표본평균, $\overline{x}_{.j}$는 j번째 블록에 대한 표본평균, $\overline{x}_{..}$는 총평균을 말하며, 총평균은 처리평균 $\overline{x}_{i.}$들의 평균인 동시에 블록평균 $\overline{x}_{.j}$들의 평균이 된다. 그리고 총평균 $\overline{x}_{..}$는 전체평균 μ에 대한 추정값, $\overline{x}_{i.} - \overline{x}_{..}$는 α_i에 대한 추정값, $\overline{x}_{.j} - \overline{x}_{..}$는 β_j에 대한 추정값으로 사용할 수 있다. 그러므로 오차항 ϵ_{ij}에 대한 추측값은 $e_{ij} = x_{ij} - \overline{x}_{i.} - \overline{x}_{.j} + \overline{x}_{..}$처럼 구할 수 있으며, 보통 이를 잔차라고 부른다. 그리고 총편차 $x_{ij} - \overline{x}_{..}$는 두 개의 편차 $\overline{x}_{i.} - \overline{x}_{..}$와 $\overline{x}_{.j} - \overline{x}_{..}$, 그리고 잔차 e_{ij}의 합으로 표현할 수 있다.

앞서 일원배치 분산분석과 마찬가지로 편차의 성질을 이용하면, 총편차들의 제곱합 TSS은 처리제곱합 SST, 블록제곱합 SSB, 그리고 오차제곱합 SSE으로 분리되는 것을 알 수 있다.

$$\underbrace{\sum_{i=1}^{a}\sum_{j=1}^{b}(x_{ij} - \overline{x}_{..})^2}_{TSS} = \underbrace{b\sum_{i=1}^{a}(\overline{x}_{i.} - \overline{x}_{..})^2}_{SST} + \underbrace{a\sum_{j=1}^{b}(\overline{x}_{.j} - \overline{x}_{..})^2}_{SSB} + \underbrace{\sum_{i=1}^{a}\sum_{j=1}^{b} e_{ij}^2}_{SSE}$$

또한 $\sum_{i=1}^{a}(\overline{x}_{i.} - \overline{x}_{..}) = \sum_{j=1}^{b}(\overline{x}_{.j} - \overline{x}_{..}) = 0$이므로 처리제곱합과 블록제곱합의 자유도는 각각 $a-1$, $b-1$이 된다. 그리고 잔차는 $\sum_{i=1}^{a} e_{ij} = \sum_{j=1}^{b} e_{ij} = 0$을 만족하므로 오차제곱합의 자유도는 $(a-1)(b-1)$두 모비율의 비교이 된다. 이를 이용하면 <표 11-6>과 같은 분산분석표를 얻을 수 있다.

〈표 11-6〉 이원배치 분산분석표

변동요인	자유도	제곱합	평균제곱	F
처 리	$a-1$	SST	$MST=\dfrac{SST}{a-1}$	$f_T=\dfrac{MST}{MSE}$
블 럭	$b-1$	SSB	$MSB=\dfrac{SSB}{b-1}$	$f_B=\dfrac{MSB}{MSE}$
오 차	$(a-1)(b-1)$	SSE	$MSE=\dfrac{SSE}{(a-1)(b-1)}$	
합	$ab-1$	TSS		

분산분석표에 주어진 두 개의 F-값 중 f_T는 우연에 의해 발생하는 변동 MSE와 처리 효과로 인해 발생하는 변동 MST를 비교한 값으로, 이 값이 크면 처리에 따른 모평균의 차이가 뚜렷하게 있다고 판단할 수 있다. 즉 처리효과이 유의성에 대한 가설검정에서 귀무가설 $H_0 : \alpha_1 = \alpha_2 = \cdots = \alpha_a = 0$을 기각하게 된다. 이 때 f_T의 분자 MST의 자유도는 $a-1$이고, 분모 MSE의 자유도는 $(a-1)(b-1)$이므로 귀무가설이 참일 때 f_T에 대응하는 검정통계량 F_T는 분자의 자유도가 $a-1$, 분모의 자유도가 $(a-1)(b-1)$인 F-분포를 따른다. 그러므로 일원배치 분산분석에서와 마찬가지로 F-검정을 수행할 수 있다.

그리고 두 번째 F-값 f_B는 블록에 따른 모평균의 차이에 대한 검정, 즉 귀무가설 $H_0 : \beta_1 = \beta_2 = \cdots = \beta_b = 0$을 검정할 때 사용될 수 있으며, f_B의 값이 크면 귀무가설을 기각하는 방식으로 F-검정을 수행한다.

예제 11-2

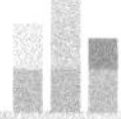

독해력에 관한 앞의 자료에서 학교들 간의 평균 독해력 차이와 지능지수에 대한 평균 독해력 차이를 각각 유의수준 5%에서 검정하여라.

풀이 11-2

먼저 주어진 자료를 이용하여 분산분석표를 작성하면 다음과 같다.

변동요인	자유도	제곱합	제곱평균	F
처리(학교)	3	1,260	420	6.21
블록(지능)	2	1,256	628	9.28
오 차	6	406	67.67	
합	11	2,922		

학교에 따른 독해력 차이를 검정하기 위한 가설은 다음과 같다.

H_0 :학교 간 독해력 차이는 없다. $(\alpha_1 = \alpha_2 = \alpha_3 = \alpha_4 = 0)$

H_1 :학교 간 독해력 차이가 있다. (적어도 하나의 α_i는 0이 아니다.)

분산분석표에서 보면 $f_T = 6.21$이고, 처리와 오차에 대한 자유도가 각각 3과 6이므로 $F(3,6)$분포를 이용하여 유의확률을 구하면 $P(F_T \geqq 6.21) = 0.0286$이 된다. 이 값은 유의수준 5%보다 작으므로 주어진 유의수준에서 귀무가설을 기각하고, 8등급 학생들의 평균 독해력은 네 개의 학교에서 동일하지 않다고 판단할 수 있다.

또한 지능지수에 따른 독해력 비교에서도 블록과 오차의 자유도가 각각 2와 6이고, $f_B = 9.28$이므로 유의확률은 $P(F_B \geqq 9.28) = 0.0146$이며, 이는 0.05보다 작다. 따라서 유의수준 5%에서 귀무가설

H_0 :지능지수에 따른 평균 독해력의 차이는 없다 $(\beta_1 = \beta_2 = \beta_3 = 0)$

을 기각할 수 있다.

11장 연습문제

01 A, B, C 세 자동차 회사의 제품을 각각 5대씩 추출하여 휘발유 1ℓ당 주행거리를 조사한 결과 다음과 같다.

자동차 \ 회사	A	B	C
1	13.4	11.8	9.4
2	11.9	12.2	11.6
3	12.5	10.9	10.7
4	12.8	12.6	11.5
5	10.5	12.8	9.9

(1) 각 자동차별로 평균 주행거리와 분산을 구하시오.

(2) 각 회사제품의 평균 주행거리가 같은지 유의수준 5%에서 검정하시오.

02 서로 다른 네 가지의 골프 공 A, B, C, D를 비교하기 위하여 각 골프공들 중에서 몇 개씩을 골프선수들에게 치게 한후 공이 멈추어진 곳까지의 거리를 측정한 결과가 다음과 같았다. 유의수준 0.05로 네 가지 골프공간의 차이가 있는지 검정하시오.

A	262 245 237 280 236
B	244 216 251 263 214 228
C	272 265 244 259
D	250 233 217 267 258

03 네 개 그룹의 평균들을 비교하기 위한 분산분석표가 아래와 같다.

변동요인	자유도	제곱합	제곱평균	F
처 리			30.55	
오 차	20			
합		370		

(1) 총 표본의 수는 얼마인가?

(2) 위의 분산분석표를 완성하시오.

(3) 각 집단들의 평균들이 같은지 유의수준 1%에서 검정하시오.

04 다음은 네명의 근로자들이 서로 다른 세대의 기계를 사용하였을 때 시간당 생산된 불량품의 개수를 나타낸다.

근로자	기계1	기계2	기계3
1	27	29	21
2	31	30	27
3	24	26	22
4	21	25	20

유의수준 5%로 근로자들간의 평균차이와 기계들 간의 평균차이가 존재하는지 검정하시오.

05 다음은 재고 가격을 추정하기 위하여 매월말에 세 가지 방법으로 6개월 동안 조사한 결과이다.

방 법	1월	2월	3월	4월	5월	6월	평 균
1	14	12	16	15	10	11	13
2	18	16	17	19	13	13	16
3	16	14	12	14	13	9	13
평 균	16	14	15	16	12	11	14

(1) 가설을 설정하시오.

(2) 다음의 분산분석표를 완성하시오.

요 인	자유도	제곱합	제곱평균	F
처리(달)		66		
블럭(방법)		36		
오차				
합		124		

CHAPTER

12

회귀분석과 상관분석

CONTENTS

12.1 서 론

우리는 사회나 자연 현상에서 두 개 또는 여러 개의 변수들이 서로 어떤 관련성을 가지고 변화하는 것을 많이 관측할 수 있다. 예를 들면, 소득이 높은 가계는 대체로 지출이 높고, 광고비의 지출이 많으면 대체로 판매액이 많아지며, 지능지수가 높은 학생들은 대체로 수학성적이 높게 나타난다. 이 때 이들 변수들 간의 관련성을 수학적 모형이나 함수로 나타낼 수 있다면, 한 변수의 값이 주어질 때 다른 변수의 값을 예측할 수 있을 뿐만 아니라, 특정변수들의 변화가 다른 변수에 미치는 영향도 쉽게 파악할 수 있게 된다. 그러므로 두 변수 또는 그 이상의 변수들 사이의 관련성을 파악하고 함수 관계를 추정하는 문제는 매우 중요하다.

일반적으로 지출, 상품 판매액, 수학 성적과 같은 변수를 종속변수(dependent variable) 또는 반응변수(response variable)라고 부르고, 소득, 광고비, 지능지수와 같은 변수를 독립변수(independent variable) 또는 설명변수(explanatory variable)라고 부른다. 주어진 자료로부터 독립변수와 종속변수의 관련성을 분석하고, 이를 통해 두 변수의 함수 관계식을 구하여 평가하는 통계적 분석 방법을 회귀분석(regression analysis)이라고 한다. 보통 회귀분석에서는 종속변수를 독립변수에 대한 식으로 표현하고, 독립변수의 값이 주어질 때 종속변수의 값을 예측하는 것이 주된 목표이다.

이 장에서는 다양한 회귀분석 방법 중에서 가장 간단한 단순선형회귀분석을 다루고자 하며, 이를 통해 주어진 자료로부터 회귀분석을 수행하는 절차에 대해 살펴보고자 한다.

12.2 산점도와 회귀분석

회귀분석에서 가장 먼저 하는 일은 그림을 그려서 두 변수의 대략적인 관계를 파악하는 것이다. 이에 대해 알아보기 위해 다음과 같은 예를 살펴보자.

아메리칸 익스프레스 카드회사에서는 여행거리와 카드사용액과의 관계를 분석하기 위하여 25명의 카드사용자를 대상으로 조사하였다. <표 12-1>에 정리된 자료를 먼저 [그림 12-1]과 같은 그림으로 표현해보기로 한다.

〈표 12-1〉 총여행거리와 카드사용액

표본 번호	여행거리 (단위 : mile)	카드사용액 (단위 : dollar)
1	1,211	1,802
2	1,345	2,405
3	1,422	2,005
4	1,687	2,511
5	1,849	2,332
6	2,026	2,305
7	2,133	3,016
8	2,253	3,385
9	2,400	3,090
10	2,468	3,694
11	2,699	3,371
12	2,806	3,998
13	3,082	3,555
14	3,209	4,692
15	3,466	4,244
16	3,643	5,298
17	3,852	4,801
18	4,033	5,147
19	4,267	5,738
20	4,498	6,420
21	4,533	6,059
22	4,804	6,426
23	5,090	6,321
24	5,233	7,026
25	5,438	6,964

[그림 12-1]은 관측순서에 따른 두 값을 좌표로 해서 이차원 좌표평면에 점을 찍어서 그린 그림으로 산점도(scatter plot)라고 한다. <표 12-1>에 주어진 자료를 직접 볼 때보다 [그림 12-1]의 산점도를 보면, 여행거리가 길수록 카드사용액이 많아진다는 사실을 쉽게 파악할 수 있으며, 두 변수는 직선 관계가 성립하지 않을까 생각할 수 있다.

[그림 12-1] 여행거리와 카드사용액의 산점도

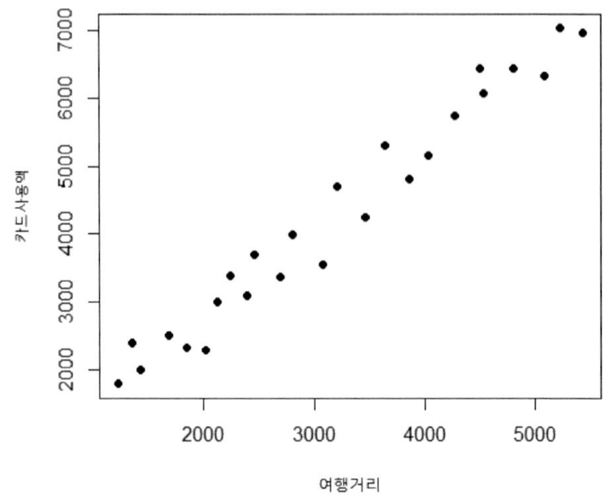

우리는 이 자료에서 여행거리의 변화에 따른 카드사용액의 변화가 어떤 형태로 나타날 것인지를 분석하고자 한다. 따라서 여행거리를 독립변수로 두고, 카드사용액을 종속변수로 하여 회귀분석을 수행하려 한다.

12.3 단순선형회귀모형

여행거리와 카드사용액의 관계를 어떻게 분석해야 할까? [그림 12-1]의 산점도를 보면 두 변수 사이에 직선 관계가 있는 것처럼 보인다. 즉, 여행거리를 X라고 표시하고 카드사용액을 Y라고 할 때,

$$Y = \beta_0 + \beta_1 X$$

이 성립할 것이라 짐작할 수 있다. 물론 모든 점을 지나는 직선은 존재하지 않으며, X에 대한 선형함수로 Y를 100% 설명하는 것은 불가능하다. 하지만 [그림 12-2]에서 보듯이 대부분의 점들이 직선 주위에 밀집되어 있으므로, 직선은 두 변수의 관계를 충분히 설명할 수 있다고 여겨진다. 또한 X에 대한 함수 중 선형함수 $f(X) = \beta_0 + \beta_1 X$은 가장 간단한 형태를 가지므로, 두 변수의 관계와 영향 정도를 쉽게 파악할 수 있다. 따라서 우리는 여행거리와 카드사용액의 관계를 여행거리에 대한 선형함수, 즉 직선을 통해 설명하려고 한다.

[그림 12-2] 여행거리와 카드사용액의 산점도

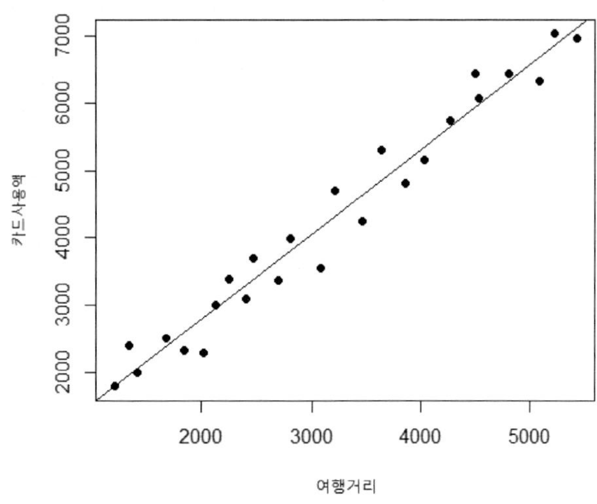

앞서 설명한 것처럼 모든 점을 지나는 직선은 존재하지 않는다. 그럼 직선으로 두 변수의 관계를 분석할 때, 각 점과 직선의 차이는 어떻게 설명하여야 할까? 두 변수의 관계를 통계적 모형으로 설정하면, 이 차이를 설명할 수 있다.

통계적 모형(statistical model)은 사회현상이나 자연현상을 설명하기 위해 설정한 수학적 함수와 가정들의 집합을 말하며, 다음과 같은 구조를 가지고 있다.

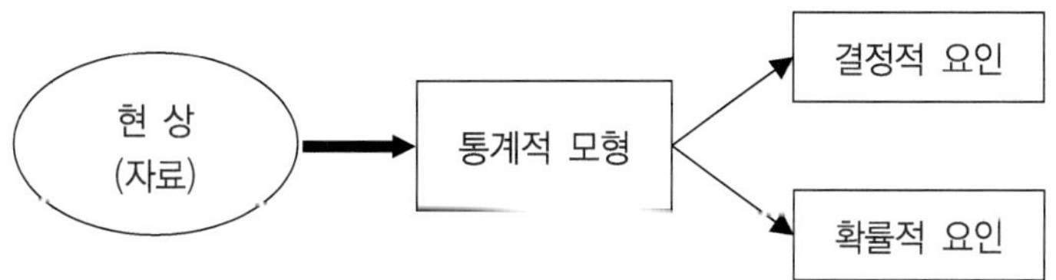

여기서 결정적 요인은 주로 수학 함수로 나타내며, 실험을 할 때마다 바뀌는 것이 아니라 고정된 것이라고 생각한다. 그리고 확률적 요인은 보통 오차항이라고 부르는 확률변수를 이용하여 나타내며, 실험을 할 때마다 다양한 값을 가질 수 있다고 여긴다. [그림 12-2]에서 직선은 결정적 요인을 나타내는 함수이고, 각 점들과 직선의 차이는 확률적 요인으로 인해 발생했다고 생각할 수 있다. 그러므로 통계적 모형에 의하면 카드사용액은 여행거리에 대한 선형함수로 표현되는 결정적 요인과 오차항의 합으로 설명할 수 있다.

이와 같이 종속변수를 독립변수에 대한 선형식과 오차항의 합으로 나타내는 통계적 모형을 단순선형회귀모형(simple linear regression model)이라고 부르며, 구체적인 정의는 다음과 같다.

단순선형회귀모형

독립변수(X)가 $X=x_i$일 때 관측한 종속변수(Y)의 값을 Y_i라고 하자. 이 때 다음 관계식

$$Y_i=\beta_0+\beta_1 x_i+\epsilon_i,\ i=1,2,\cdots,n$$

이 성립하고, 오차항 $\epsilon_1,\epsilon_2,\cdots,\epsilon_n$은 서로 독립이고 동일하게 $N(0,\sigma^2)$를 따른다.

여행거리와 카드사용액 예에서 자료를 수집한 방법을 보면, 25명을 랜덤하게 추출하여 각각의 카드사용자로부터 여행거리와 카드사용액 두 변수의 값을 모두 조사하였다. 이처럼 회귀분석에서는 두 변수의 관계를 파악하기 위해 하나의 개체로부터 두 변수의 값을 모두 조사하므로, 표본자료가 $(x_1,y_1),\cdots,(x_n,y_n)$으로 주어진다. 여기서 x_i는 i번째 독립변수의 값을 나타내며, 보통 확률변수가 아닌 상수로 취급한다. 회귀분석의 주된 목적은 독립변수의 값이 주어질 때 이에 대응하는 종속변수의 값을 예측하는 것이고, 많은 경우 효과적으로 표본자료를 얻기 위해 독립변수의 값들을 미리 정해놓기도 한다. 그러므로 우리는 독립변수가 가지는 값 x_i은 정해진 값이라고 가정한다. 그리고 단순선형회귀모형에서 Y_i는 i번째 종속변수의 값으로 독립변수가 $X=x_i$일 때 측정된 값이다. 이는 위 식에서 보듯이 오차항이 포함된 값으로, 독립변수의 값이 같다고 하더라도 측정할 때마다 다른 값을 가지게 된다. 그러므로 확률변수로 취급한다. 그리고 Y_i의 실제 관측값은 y_i라고 표기한다.

단순선형회귀모형에서 ϵ_i는 i번째 오차항(error term)을 나타내는 확률변수로 앞서 통계적 모형에서의 확률적 요인을 말하며, 독립변수나 종속변수와는 다르게 관측할 수 없다. 여행거리와 카드사용액 예에서 우리는 카드사용액에 영향을 주는 주된 요인으로 여행거리를 고려하였다. 그러나 여행거리 이외에 우리가 미처 고려하지 못한 요인들도 있을 것이며, 이로 인해 여행거리가 동일하더라도 카드사용액이 달라질 수 있다. 오차항은 우연에 의한 변동뿐만 아니라 바로 이런 이유로 발생하는 변동까지 포함한다. 단순선형회귀모형에서 오차항들이 서로 독립이고 $N(0,\sigma^2)$를 따른다고 가정하였는데, 이는 오차항에 대한 흔한 가정이다. 여기서 σ^2은 미지의 양수이며, 보통 오차분산(error variance)이라고 한다.

마지막으로 단순선형회귀모형에서 β_0와 β_1는 미지의 상수로 우리가 관심을 가지는 주요 모수이며, 보통 회귀계수(regression coefficient)라고 부른다. 이 중 β_1은 직선의 방정식에서 기울기에 해당하는 값으로 이 역시 기울기(slope)라고 부른다. β_1은 독립변수의 값이 1만큼 증가할 때 나타나는 종속변수의 평균변화량을 의미한다. 그리고 β_0는 직선의 방정식에서 y-절편에 해당하는 값이며, 보통 절편(intercept) 또는 상수항(constant)이라고 한다. 이 값은 독립변수의 값이 0일 때 얻게 되는 종속변수의 평균이라고 생각하면 된다.

12.4 최소제곱법에 의한 추정

단순선형회귀모형은 회귀계수인 절편 β_0과 기울기 β_1에 의해 결정된다. 따라서 독립변수에 의한 종속변수의 관계를 밝히는 문제는 이들 모수인 회귀계수를 추정하는 문제가 된다.

회귀계수를 본격적으로 추정하기 전에 먼저 [그림 12-3]을 보기로 하자. (가)는 여행거리와 카드사용액 자료를 가지고 그린 산점도이고, (나), (다), (라)는 산점도 위에 두 변수간의 관계를 설명하기 위해 설정할 수 있는 직선 몇 개를 겹쳐서 그린 것이다. 또 각 그림에서 점과 직선을 연결한 선은 자료와 직선과의 차이를 나타낸다.

[그림 12-3] 여행거리와 카드사용액의 산점도

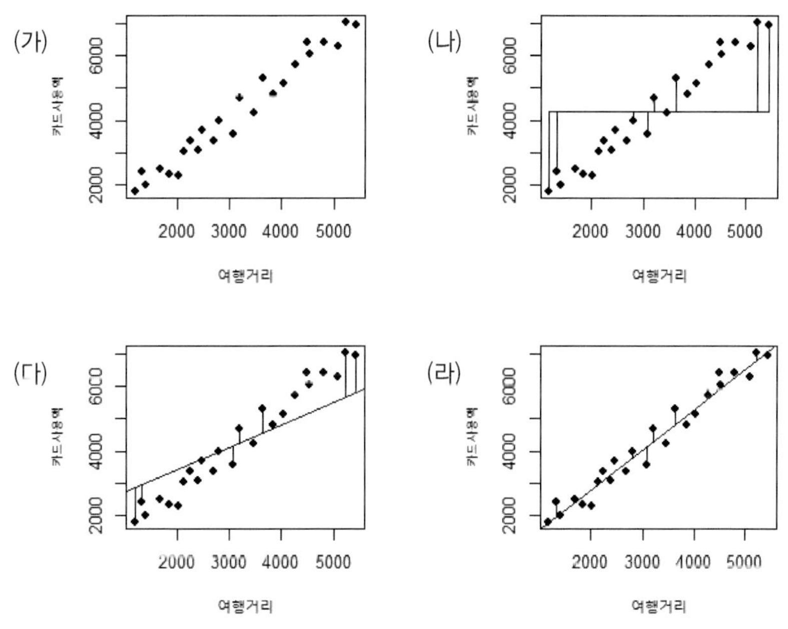

[그림 12-3]에 주어진 세 개의 직선 중 어떤 것이 두 변수의 관계를 가장 잘 설명할까? 아마 (라)에 주어진 직선일 것이다. 왜냐하면, 각 점과 직선의 차이가 (나)와 (다)의 경우에 비해 작게 나타나기 때문이다. 이때 점 (x_i, y_i)와 직선 $Y = b_0 + b_1 X$와의 차이

$$y_i - (b_0 + b_1 x_i),\ \ i = 1, 2, \cdots, n$$

를 잔차(residual)라고 한다. 그리고 회귀계수를 추정할 때, 즉 자료에 가장 가까운 직선을 찾을 때 잔차의 제곱합

$$\sum_{i=1}^{n}(y_i - b_0 - b_1 x_i)^2$$

이 최소가 되도록 직선의 y-절편 b_0와 기울기 b_1을 선택한다. 보통 이와 같은 방법을 최소제곱법(least squares method)이라고 하며, 최소제곱법을 이용하여 구한 추정량과 추정값을 각각 최소제곱추정량(least squares estimator, LSE)과 최소제곱추정값(least squares estimate)이라고 부른다.

n개의 표본자료 $(x_1, y_1), \cdots, (x_n, y_n)$이 주어졌을 때, 단순선형회귀모형에서의 회귀계수 β_0와 β_1에 대한 최소제곱추정값 $\widehat{\beta_0}$와 $\widehat{\beta_1}$을 구하면 다음과 같다.

단순선형회귀모형의 최소제곱추정값

$$\widehat{\beta_1} = \frac{\sum_{i=1}^{n}(x_i - \overline{x})(y_i - \overline{y})}{\sum_{i=1}^{n}(x_i - \overline{x})^2}, \quad \widehat{\beta_0} = \overline{y} - \widehat{\beta_1} \times \overline{x}$$

여기서 $\overline{x} = \frac{1}{n}\sum_{i=1}^{n} x_i$와 $\overline{y} = \frac{1}{n}\sum_{i=1}^{n} y_i$는 각각 독립변수와 종속변수의 표본평균을 말한다.

참고로 위 식에서 관측값 y_i를 확률변수 Y_i로 바꾸면 최소제곱추정량이 된다. 즉 회귀계수에 대한 최소제곱추정량은

$$\widehat{\beta_1} = \frac{\sum_{i=1}^{n}(x_i - \overline{x})(Y_i - \overline{Y})}{\sum_{i=1}^{n}(x_i - \overline{x})^2}, \quad \widehat{\beta_0} = \overline{Y} - \widehat{\beta_1} \times \overline{x} \quad (\text{단, } \overline{Y} = \frac{1}{n}\sum_{i=1}^{n} Y_i)$$

이고, 이들은 확률변수이다. 보통 단순선형회귀모형에서 $Y = \beta_0 + \beta_1 X$을 모회귀직선(population regression line)이라고 하고, 회귀계수에 대한 최소제곱추정값을 이용하여 구한 직선 $\widehat{Y} = \widehat{\beta_0} + \widehat{\beta_1} \times X$을 최소제곱회귀직선(least squares regression line) 또는 추정된 회귀직선이라고 부른다. 모회귀직선을 표본을 추출하는 것에 관계없이 일정하지만, 최소제곱회귀직선은 표본이 바뀔 때마다 달라질 수 있다. 그리고 단순선형회귀모형을 가정하고, 주어진 자료로부터 최소제곱회귀직선을 구하는 과정을 단순선형회귀모형을 적합시킨다고 말한다.

예제 12-1

〈표 12-1〉의 여행거리와 카드사용액 자료에 대한 회귀모형을 설정하고, 최소제곱법을 이용하여 회귀계수를 추정하여라.

풀이 12-1

여행거리가 카드사용액에 미치는 영향을 분석하고자 하므로 여행거리를 독립변수 X, 그리고 카드사용액을 종속변수 Y로 설정한다. 그리고 [그림 12-1]의 산점도에서 보듯이 두 변수 사이에는 직선 관계가 성립한다고 생각할 수 있으므로, 단순선형회귀모형식

$$Y_i = \beta_0 + \beta_1 X_i + \epsilon_i,\ i = 1,2,\cdots,n$$

을 가정한다. 이제 <표 12-1>에 주어진 자료로부터 회귀계수를 추정하는데 필요한 통계값을 구하면 다음과 같다.

$$\bar{x} = 3177.88,\ \bar{y} = 4264.2,$$
$$S_{xx} = \sum_{i=1}^{n}(x_i - \bar{x})^2 = 40943037,\ S_{xy} = \sum_{i=1}^{n}(x_i - \bar{x})(y_i - \bar{y}) = 51400153$$

그러므로 회귀계수에 대한 최소제곱추정값은

$$\hat{\beta_1} = \frac{S_{xy}}{S_{xx}} = 1.255, \quad \hat{\beta_0} = \bar{y} - \hat{\beta_1} \times \bar{x} = 274.669$$

이 되고, 최소제곱회귀직선은 $\hat{Y} = 274.669 + 1.255X$와 같다.

(예제 12-1)에서 여행거리와 카드사용액 자료에 단순선형회귀모형을 적합시킨 결과 추정된 회귀직선 $\hat{Y} = 274.669 + 1.255X$을 얻을 수 있었다. 이를 이용하면 여행거리가 주어졌을 때 이에 대응하는 카드사용액의 값을 예측할 수 있다. 예를 들어, 여행거리가 3,000마일인 사람의 카드사용액은

$$274.669 + 1.255 \times 3000 = 4039.669(\text{달러})$$

일 것이라고 추측할 수 있다.

이제 위와 같이 회귀모형을 적합시켰을 때, 추정된 회귀직선이 자료를 얼마나 잘 설명하고 있는지를 평가할 수 있는 척도를 고려해 보기로 한다. 이를 위해 [그림 12-4]를 살펴보자.

[그림 12-4] 추정된 회귀직선과 세 가지 편차

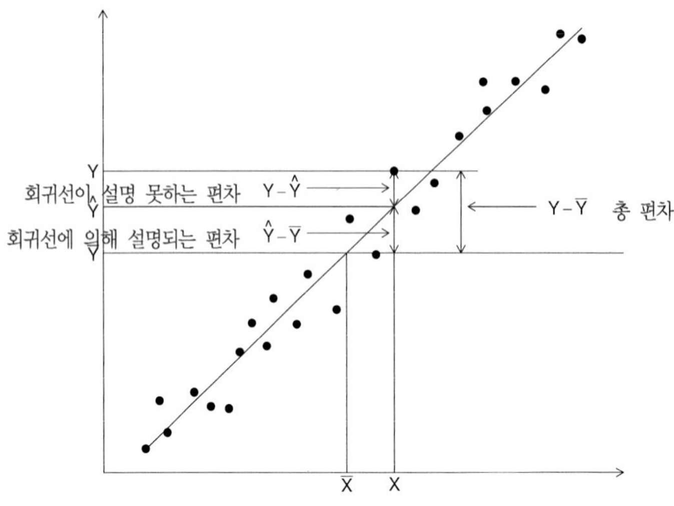

[그림 12-4]는 추정된 회귀직선과 이로 인해 발생할 수 있는 세 가지 편차들의 관계를 나타낸다. 그림에서 보듯이 종속변수의 관측값과 평균의 차이는 직선과 평균의 차이와 점과 직선의 차이의 합으로 분해될 수 있다. 즉,

$$y_i - \overline{y} = (\widehat{y_i} - \overline{y}) + (y_i - \widehat{y_i}),\ \ i = 1, 2, \cdots, n$$

이 성립한다. 여기서 y_i는 독립변수가 $X = x_i$일 때 관측된 종속변수의 관측값이고, $\overline{y}$는 이들의 표본평균을 나타내며, 보통 $y_i - \overline{y}$를 i번째 총편차라고 부른다. 그리고 $\widehat{y_i}$는 추정된 직선 위의 점 중 $X = x_i$일 때의 점의 y-좌표로, 만약 최소제곱법으로 회귀직선을 추정하였다면

$$\widehat{y_i} = \widehat{\beta_0} + \widehat{\beta_1} \times x_i$$

이 된다. 편차를 분해한 식에서 $\widehat{y_i} - \overline{y}$는 [그림 12-4]에서 보듯이 추정된 회귀직선과 종속변수의 평균의 차이를 나타내는 것으로 i번째 총편차 중 추정된 회귀직선으로 설명할 수 있는 부분을 의미하다. 마지막으로 $y_i - \widehat{y_i}$는 위에 주어진 [그림 12-4]에서 점과 직선의 차이를 나타내는 것으로 보통 잔차(residual)라고 부르는 값이며, i번째 총편차 중 추정된 회귀직선으로 설명할 수 없는 부분을 의미한다. 참고로 최소제곱회귀직선으로부터 구한 잔차를 r_i라고 표시하면,

$$r_i = y_i - \hat{y_i} = y_i - (\hat{\beta_0} + \hat{\beta_1} \times x_i) = (y_i - \overline{y}) - \frac{S_{xy}}{S_{xx}} \times (x_i - \overline{x})$$

가 성립한다. 단, $S_{xy} = \sum_{i=1}^{n}(x_i - \overline{x})(y_i - \overline{y})$이고 $S_{xx} = \sum_{i=1}^{n}(x_i - \overline{x})^2$이다. 따라서 우리는 이로부터 n개의 잔차 $r_1, r_2, \cdots, r_n$이 다음을 만족함을 알 수 있다.

$$\sum_{i=1}^{n} r_i = 0, \quad \sum_{i=1}^{n} x_i r_i = 0$$

우리는 앞서 분산분석의 경우와 마찬가지로 이들 세 가지 편차들로부터 다음과 같은 제곱합을 정의할 수 있으며, 이들은 각각 아래와 같은 의미를 가진다.

〈표 12-2〉 회귀분석에서의 세 가지 제곱합

표 기	정 의	의 미
총제곱합 TSS (total sum of squares)	$\sum_{i=1}^{n}(y_i - \overline{y})^2$	종속변수의 전체 변동
회귀제곱합 SSR (sum of squares due to regression)	$\sum_{i=1}^{n}(\hat{y_i} - \overline{y})^2$	추정된 회귀직선으로 설명 가능한 변동
잔차제곱합 SSE (residual sum of squares)	$\sum_{i=1}^{n}(y_i - \hat{y_i})^2$	추정된 회귀직선으로 설명하지 못하는 변동

또한 만약 최소제곱법을 이용하여 회귀직선을 추정하였다면, 잔차 $r_1, r_2, \cdots, r_n$의 성질로부터

$$TSS = SSR + SSE$$

가 성립하게 된다. 즉 종속변수들의 전체 변동은 추정된 회귀직선으로 설명할 수 있는 변동과 설명 못하는 변동으로 나누어진다.

이제 이들 제곱합을 이용하여 결정계수(coefficient of determination)라고 부르는 통계값을 다음처럼 정의하자.

결정계수

$$R^2 = \frac{SSR}{TSS} = \frac{\sum_{i=1}^{n}(\hat{y_i} - \overline{y})^2}{\sum_{i=1}^{n}(y_i - \overline{y})^2}$$

결정계수는 SSR과 TSS의 비율로 정의되기 때문에 종속변수의 총 변동 중 추정된 회귀직선으

로 설명 가능한 변동이 차지하는 비율로 해석할 수 있다. 즉 결정계수가 0.9이면, 종속변수의 전체 변동 중 약 90%를 추정된 회귀직선으로 설명할 수 있다고 해석한다. [그림 12-3]의 (나), (다), (라)에 주어진 회귀직선에 대한 결정계수를 실제 구하면 (나) < (다) < (라) 순으로 그 값이 커진다. 그리고 (나)에 주어진 직선은 기울기가 0으로 결정계수의 값이 0으로, 기울기가 0인 직선으로는 종속변수의 전체 변동을 하나도 설명 못 함을 뜻한다. 또한 (라)의 그림을 보면 점들이 직선 주위에 밀집되어 있다. 따라서 점과 직선의 차이가 작으며, 이로 인해 SSE가 SSR에 비해 매우 작은 값을 가진다. 그러므로 (라)의 경우는 1에 가까운 결정계수를 가지게 됨을 알 수 있다. 보통 결정계수는 0과 1사이의 값을 가지며, 1에 가까운 값을 가질수록 추정된 회귀직선이 자료를 잘 설명하는 것으로 평가한다.

예제 12-2

(예제 12-1)에서 추정된 회귀직선에 대한 결정계수를 구하고, 추정된 회귀직선이 주어진 자료에 잘 적합하는지 평가하여라.

풀이 12-2

(예제 12-1)에서 추정된 모형에 대한 결정계수는 다음과 같이 계산된다.

$$R^2 = 0.965$$

이 값은 1에 상당히 가까운 값이다. 따라서 추정된 회귀직선은 자료에 잘 적합되며, 자료를 잘 설명한다고 평가할 수 있다.

12.5 회귀계수에 대한 추론

지금까지 단순선형회귀모형에 포함된 회귀계수들을 최소제곱법으로 추정하는 방법에 대해 살펴보았다. 단순선형회귀모형의 두 회귀계수 중 기울기인 β_1이 독립변수와 종속변수의 관계를 설명하는데 중요한 역할을 수행하므로 여기에서는 β_1에 대한 추론만을 다루기로 한다. 그리고 이를 위해 단순선형회귀모형의 모든 가정이 성립한다고 가정한다.

제12.4절에서 구한 것처럼 기울기 β_1에 대한 최소제곱추정량은

$$\widehat{\beta_1} = \frac{\sum_{i=1}^{n}(x_i - \overline{x})(Y_i - \overline{Y})}{\sum_{i=1}^{n}(x_i - \overline{x})^2}$$

이다. 여기에 단순선형회귀모형에서 가정한 관계식 $Y_i = \beta_0 + \beta_1 \times x_i + \epsilon_i$와 편차의 합 $\sum_{i=1}^{n}(x_i - \overline{x}) = 0$이라는 사실을 적용하여 정리하면, $\widehat{\beta_1}$은 다음과 같이 쓸 수 있다.

$$\widehat{\beta_1} = \beta_1 + \frac{\sum_{i=1}^{n}(x_i - \overline{x})\epsilon_i}{\sum_{i=1}^{n}(x_i - \overline{x})^2}$$

또한, 오차항 $\epsilon_1, \epsilon_2, \cdots, \epsilon_n$은 서로 독립이고 동일하게 $N(0, \sigma^2)$를 따르므로

$$\widehat{\beta_1} \sim N\left(\beta_1, \frac{\sigma^2}{S_{xx}}\right), \text{ 단 } S_{xx} = \sum_{i=1}^{n}(x_i - \overline{x})^2$$

이 성립한다. 그러므로 최소제곱추정량 $\widehat{\beta_1}$은 β_1에 대한 불편추정량이고, 대부분의 경우 n이 무한대로 증가함에 따라 S_{xx}가 무한대로 발산하므로 $\widehat{\beta_1}$의 표준오차 $\sqrt{\frac{\sigma^2}{S_{xx}}}$은 0으로 수렴한다. 따라서 최소제곱추정량 $\widehat{\beta_1}$은 β_1에 대한 일치추정량이 된다.

이제 β_1에 대한 신뢰구간을 구해보자. 만약 오차분산 σ^2이 알려져 있다면, $\widehat{\beta_1}$이 정규분포를 따른다는 사실로부터

$$\left(\widehat{\beta_1} - z_{\alpha/2} \times \frac{\sigma}{\sqrt{S_{xx}}}, \widehat{\beta_1} + z_{\alpha/2} \times \frac{\sigma}{\sqrt{S_{xx}}}\right)$$

이 β_1에 대한 $100(1-\alpha)\%$ 신뢰구간이 됨을 알 수 있다. 그러나 일반적으로 σ^2은 미지의 상수이므로 이에 대한 추정량이 필요하다. 회귀분석에서는 전통적으로 σ^2에 대한 추정량으로 잔차평균제곱(mean square error)을 사용하며, 이는 다음과 같이 정의된다.

$$MSE = \frac{SSE}{n-2}$$

여기서, SSE는 잔차제곱합, $n-2$는 잔차제곱합의 자유도이다. 이 때

$$\frac{\widehat{\beta_1} - \beta_1}{\sqrt{MSE/S_{xx}}}$$

이 자유도가 $n-2$인 t-분포를 따른다는 사실이 알려져 있다. 그러므로

$$P\left(-t_{\alpha/2}(n-2) < \frac{\widehat{\beta_1}-\beta_1}{\sqrt{MSE/S_{xx}}} < t_{\alpha/2}(n-2)\right) = 1-\alpha$$

이 성립하며, β_1에 대한 $100(1-\alpha)\%$ 신뢰구간은 다음과 같이 주어지게 된다.

β_1에 대한 $100\times(1-\alpha)\%$ 신뢰구간

$$\left(\widehat{\beta_1}-t_{\alpha/2}(n-2)\times\sqrt{\frac{MSE}{S_{xx}}},\ \widehat{\beta_1}+t_{\alpha/2}(n-2)\times\sqrt{\frac{MSE}{S_{xx}}}\right)$$

다음으로 β_1에 대한 가설검정에 대해 생각해보자. 검정하고자 하는 가설이

$$H_0: \beta_1 = \beta_1^* \quad \text{vs.} \quad H_1: \beta_1 \neq \beta_1^*$$

일 때, 우리는 검정통계량으로 다음과 같은 통계량을 고려할 수 있다.

$$T = \frac{\widehat{\beta_1}-\beta_*}{\sqrt{MSE/S_{xx}}}$$

이는 모평균에 대한 가설검정에서 모분산이 알려져 있지 않을 때 검정통계량으로 $\frac{\overline{X}-\mu^*}{S/\sqrt{n}}$을 사용한 것과 같은 방식이다. 앞서 β_1에 대한 신뢰구간을 구할 때 설명한 것처럼 검정통계량 T는 귀무가설이 참일 때 $t(n-2)$분포를 따른다. 그러므로 우리는 t-검정을 수행할 수 있다. 즉 검정통계량 T의 관측값을 t라고 할 때, $|t| \geq t_{\alpha/2}(n-2)$이면 유의수준 α에서 귀무가설을 기각하고 $\beta_1 \neq \beta_1^*$일 것이라고 판단한다. 또한 검정에 대한 유의확률은 $P(|T| \geq |t| \mid H_0\ is\ true)$이 되고, 이 값은 자유도가 $n-2$인 t-분포를 이용하여 구할 수 있다.

위에서 고려한 가설처럼 양측검정만 할 수 있는 것은 아니다. β_1에 대한 단측검정도 수행할 수 있으며 이를 정리하면 다음과 같다.

〈표 12-3〉 기울기 β_1에 대한 가설검정 (t-검정)

가 설	기각역 (유의수준 α)	유의확률 ($T_0 \sim t(n-2)$)
$H_0: \beta_1 = \beta_1^*$ vs. $H_1: \beta_1 > \beta_1^*$	$t \geq t_\alpha(n-2)$	$P(T_0 \geq t)$
$H_0: \beta_1 = \beta_1^*$ vs. $H_1: \beta_1 < \beta_1^*$	$t \leq -t_\alpha(n-2)$	$P(T_0 \leq t)$
$H_0: \beta_1 = \beta_1^*$ vs. $H_1: \beta_1 \neq \beta_1^*$	$|t| \geq t_{\alpha/2}(n-2)$	$P(|T_0| \geq |t|) = 2P(T_0 \geq |t|)$

β_1에 대한 가설검정 중 $H_0: \beta_1 = 0$ vs. $H_1: \beta_1 \neq 0$에 대한 검정은 특히 사람들이 관심을

갖는 문제로 보통 이를 β_1에 대한 유의성 검정이라고 한다.

예제 12-3

(예제 12-1)에서 추정된 결과를 이용하여 회귀계수 β_1에 대한 95% 신뢰구간을 구하고, 유의수준 5%에서 β_1의 유의성에 대하여 검정하여라.

풀이 12-3

(예제 12-1)의 풀이과정에서 신뢰구간과 가설검정에 필요한 정보를 모으면 다음과 같다.

$$\hat{\beta_1} = 1.255,\ \ S_{xx} = 40943037,\ \ n = 25$$

그리고 최소제곱회귀직선은 $\hat{Y} = 274.669 + 1.255X$과 <표 12-1>의 자료를 이용하면, 잔차제곱합은 $SSE = 2328161.2$이고 잔차평균제곱은

$$MSE = \frac{SSE}{n-2} = \frac{2328161.2}{25-2} = 101224.4$$

이 된다. 따라서 β_1에 대한 95% 신뢰구간은 $t_{0.025}$,23 = 2.069 이므로 다음과 같이 얻을 수 있다.

$$\left(1.255 - t_{0.025}(23) \times \sqrt{\frac{101224.4}{40943037}},\ 1.255 + t_{0.025}(23) \times \sqrt{\frac{101224.4}{40943037}}\right)$$

$$= (1.255 - 2.069 \times 0.0497,\ 1.255 + 2.069 \times 0.0497)$$

$$= (1.1525,\ 1.3582)$$

다음으로 β_1에 대한 유의성 검정을 해보자. 이 때 검정하고자 하는 가설은

$$H_0 : \beta_1 = 0 \quad \text{vs.} \quad H_1 : \beta_1 \neq 0$$

이고, 검정통계량의 관측값은

$$T = \frac{\hat{\beta_1} - 0}{\sqrt{MSE/S_{xx}}} = \frac{1.255 - 0}{0.0497} = 25.25$$

이다. 이 값은 유의수준 5%에서의 임계값 $t_{0.025}(23) = 2.069$보다 크므로 유의수준 5%에서 귀무가설을 기각한다. 결국 여행거리가 카드사용액에 영향을 미치고 있는 것으로 판단할 수 있다.

12.6 단순선형회귀모형에서의 분산분석

제12.5절에서 우리는 회귀계수에 대한 추론 문제를 살펴보았다. 이제는 추정된 회귀모형이 자료를 잘 설명하는지 판단하는 문제로 모형의 적합성에 대한 가설검정을 설명하기로 한다.

단순선형회귀모형의 적합성 검정에서 고려하는 가설은

$$H_0 : Y = \beta_0 + \epsilon \text{ (단순선형회귀모형이 유의하지 않다)}$$
$$H_1 : Y = \beta_0 + \beta_1 \times X + \epsilon \text{ (단순선형회귀모형이 유의하다)}$$

이다. 귀무가설에서 고려한 모형은 절편만 포함된 모형으로 독립변수가 포함되어 있지 않다. 즉 독립변수와 종속변수 사이에 관련이 없고 절편만으로 종속변수가 설명될 수 있음을 의미한다. 이와는 반대로 대립가설에서 고려한 모형은 우리가 분석에 사용한 단순선형회귀모형을 나타내고 있으며, 이는 귀무가설에서 고려한 모형에 독립변수 X에 대한 항이 추가로 포함된 모형이다. 일반적으로 독립변수를 추가할수록 자료에 대한 설명력은 증가한다. 그러므로 귀무가설에서 고려한 절편만 있는 모형과 대립가설에서의 절편과 X가 포함된 모형을 자료에 적합시키면 항상 절편과 X가 모두 포함된 모형에 대한 설명력, 즉 결정계수의 값이 크게 나온다. 그럼 두 모형을 비교한다는 뜻은 무엇일까? 이는 귀무가설의 간단한 모형을 적합시킬 때에 비해 대립가설의 복잡한 모형을 적합시킬 때 자료를 설명하는 정도가 대폭 증가하는가를 검정하는 것이다. 만약 검정 결과 귀무가설을 기각하게 되면, 절편만 포함된 모형을 적합시킬 때에 비해 독립변수 X를 추가하면 자료에 대한 설명력이 많이 늘어났다고 판단할 수 있고, 따라서 X가 포함되지 않은 모형보다 X가 포함된 모형이 자료에 더 적합하다고 생각할 수 있다.

그럼 위에 가설은 어떻게 검정할 수 있을까? 앞서 추정된 회귀직선의 설명력에 대한 측도로 결정계수, 즉 회귀제곱합과 총제곱합의 비율을 사용했음을 기억할 것이다. 또한 일원배치 분산분석에서 처리제곱합과 오차제곱합의 비율을 이용하여 만든 검정통계량을 이용하여 처리효과에 대한 검정을 수행하기도 하였다. 따라서 우리는 일원배치 분산분석과 마찬가지로 회귀제곱합, 잔차제곱합, 총제곱합을 이용하여 위에 주어진 가설을 검정할 수 있을 것이다. 이를 위해 먼저 최소제곱회귀직선으로부터 구한 세 가지 제곱합을 이용하여 다음과 같은 분산분석표를 작성한다.

〈표 12-4〉 **회귀모형의 적합성 검정을 위한 분산분석표**

변동요인	자유도	제곱합	평균제곱	F
회 귀	1	SSR	$MSR=\frac{SSR}{1}$	$F=\frac{MSR}{MSE}$
잔 차	$n-2$	SSE	$MSE=\frac{SSE}{n-2}$	
합	$n-1$	TSS		

여기서 MSR은 회귀평균제곱이라고 부르는 값으로 회귀제곱합 SSR을 자유도 1로 나눈 값이다. 그리고 MSE는 앞서 σ^2에 대한 추정량으로 사용한 잔차평균제곱을 말한다. 참고로 회귀제곱합은

$$SSR=\sum_{i=1}^{n}(\hat{y}_i-\overline{y})^2=\hat{\beta}_1^{\,2}\times\sum_{i=1}^{n}(x_i-\overline{x})^2$$

으로 자유도가 1이 된다.

분산분석표의 마지막 항에 있는 F는

$$F=\frac{MSR}{MSE}=(n-2)\times\frac{R^2}{1-R^2}$$

처럼 결정계수를 이용하여 표현할 수 있다. 그러므로 F-값은 우리가 추정한 회귀직선의 설명력이 높을수록 큰 값을 가지게 된다. 또한 F-검정통계량은 앞서 11장에서 설명한 것처럼 귀무가설이 참일 때 분자의 자유도가 1, 분모의 자유도가 $n-2$인 F-분포를 따른다는 사실이 알려져 있다. 따라서 F-검정통계량의 관측값을 f라고 표시할 때, 유의수준 α에서의 기각역은

$$R=\{f:f\geq F_{\alpha}(1,n-2)\}$$

이 되고, 유의확률은

$$P(F\geq f\,|\,H_0\ is\ true)=P(F_0\geq f),\quad \text{단 } F_0\sim F(1,n-2)$$

처럼 구할 수 있다.

예제 12-4

(예제 12-1)에서 추정된 결과를 이용하여 단순선형회귀모형에 대한 적합성 검정을 수행하여라.

풀이 12-4

적합도 검정에서 고려하는 가설은

$$H_0 : Y = \beta_0 + \epsilon \text{ (단순선형회귀모형이 유의하지 않다)}$$

$$H_1 : Y = \beta_0 + \beta_1 \times X + \epsilon \text{ (단순선형회귀모형이 유의하다)}$$

이다. 여기서 X와 Y는 각각 독립변수인 여행거리와 종속변수 카드사용액을 나타낸다. 이제 적합도 검정에 필요한 분산분석표를 작성하면 다음과 같다.

변동요인	자유도	제곱합	평균제곱	F
회 귀	1	64,527,736.8	64,527,736.8	637.47
잔 차	23	2,328,161.2	101,224.4	
합	24	66,855,898.0		

분산분석표에 주어진 F-검정통계량이 관측값을 보면, $f = 637.47$으로 그 값이 상당히 크다. 그리고 유의확률을 구하면 그 값이 0.001보다 작게 나온다. 따라서 유의수준 5%나 10%에서 귀무가설을 기각할 수 있으며, 추정된 회귀직선은 자료를 잘 설명한다고 판단할 수 있다.

12.7 상관분석

지금까지 우리는 두 변수의 관계를 수학적 함수를 이용하여 분석하는 회귀분석에 대하여 살펴보았다. 여기에서는 회귀분석 이외에 두 변수 사이의 관련성을 분석할 수 있는 통계적 기법인 상관분석(correlation analysis)에 대하여 알아보고자 한다. 상관분석은 두 변수들 사이에 존재하는 관련성 중 특히 선형관계에 대한 정도와 방향성을 측정하여 분석하는 방법으로, 이에 대한 척도로 상관계수(correlation coefficient)를 사용한다.

두 변수의 선형관련성을 이해하기 위하여 먼저 [그림 12.5]를 살펴보자. [그림 12-5]에 주어진 왼쪽 그림에서는 X의 값이 증가할 때 Y의 값이 비례하여 증가할 뿐만 아니라 산점도의 개형도 거의 직선에 가깝다. 반면에 오른쪽 그림에서는 X가 증가할 때 Y가 비례하여 증가한다고 말하기 어려우며, 산점도의 개형도 직선과는 거리가 멀다. 보통 왼쪽 그림과 같은 경우에는 두 변수 사이에 선형관련성이 높다고 하고, 오른쪽 그림과 같은 경우에는 두 변수가 관련성은 있지만 선형관련성이 없다고 한다.

[그림 12-5] 선형 및 곡선관련성

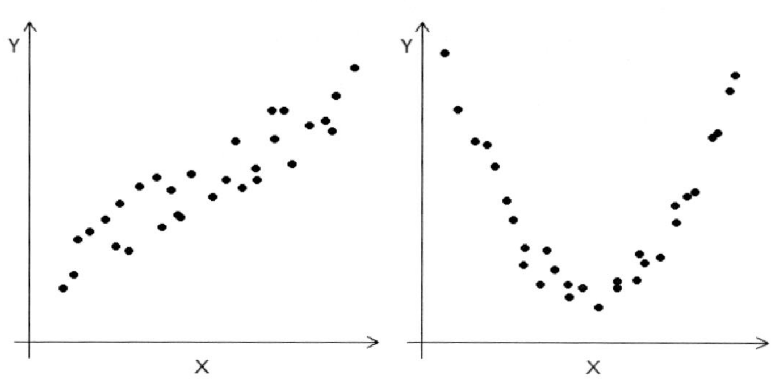

주로 두 변수의 관계를 파악할 때는 산점도를 활용한다. 그러나 두 변수의 관련성 중 특히 선형관련성의 정도만 측정할 때에는 산점도와 더불어 다음과 같은 통계량을 구하기도 한다.

표본상관계수

두 변수 X, Y에 대한 n개의 자료 $(x_1,y_1),\cdots,(x_n,y_n)$이 주어질 때, X와 Y의 표본상관계수 r은 다음처럼 정의한다

$$r = \frac{\sum_{i=1}^{n}(x_i-\bar{x})(y_i-\bar{y})}{\sqrt{\sum_{i=1}^{n}(x_i-\bar{x})^2 \times \sum_{i=1}^{n}(y_i-\bar{y})^2}}$$

보통 위에 주어진 통계량 r을 표본상관계수(sample correlation coefficient) 또는 피어슨의 적률상관계수(Pearson product moment correlation coefficient)라고 부른다. 이 통계량은 항상 -1과 1 사이의 값을 가지며, [그림 12-5]의 왼쪽 그림처럼 산점도의 개형이 오른쪽으로 기울어진 형태이면 양수, 반대로 왼쪽으로 기울어진 형태이면 음수를 가지게 된다. 또한 산점도의 점들이 어떤 직선 주위에 밀집될수록 $|r|$은 1에 가까워지며, 극단적으로 모든 점들이 양의 기울기를 갖는 직선 위에 존재하면 $r=1$, 음의 기울기를 직선위에 모두 존재하면 $r=-1$이 된다. 또한 [그림 12-5]처럼 두 변수의 선형관계가 거의 없는 경우에는 r이 0에 가까운 값을 가진다. 따라서 우리는 표본상관계수 r의 부호와 크기를 보고 두 변수의 선형관계를 대략적으로 파악할 수 있다. 흔히 표본상관계수의 값이 0이면 두 변수는 상관관계가 없다고 말하고, $r>0$이면 양의 상관관계, $r<0$이면 음의 상관관계가 존재한다고 한다.

모집단에서도 표본상관계수와 대응되는 개념으로 모상관계수(population correlation coefficient)가

있다. 두 확률변수 X와 Y에 대한 모상관계수는

$$\rho = Corr(X, Y) = \frac{Cov(X, Y)}{\sqrt{V(X)V(Y)}} = E\left(\frac{X-E(X)}{\sqrt{V(X)}} \times \frac{Y-E(Y)}{\sqrt{V(Y)}}\right)$$

와 같이 정의되며, 이는 표본상관계수와 유사한 성질을 만족한다. 모상관계수에 대한 추정량으로 흔히 표본상관계수를 사용하며, 이를 이용하여 모상관계수에 대한 신뢰구간이나 가설검정 등을 수행할 수 있으나, 여기에서는 이에 대한 설명은 생략한다.

예제 12-5

한 연구자는 여성의 연령과 최대 맥박수와의 관계에 관심이 있다. 표본상관계수를 구하고 연령과 최대 맥박수 간의 선형관련성을 평가하여라.

연령(X)	최대맥박수(Y)
23	210
39	185
19	220
44	164
51	123

풀이 12-5

표본상관계수를 얻기 위해 먼저 다음과 같은 표를 작성하기로 하자.

X	Y	XY	X^2	Y^2
23	210	4,830	529	44,100
39	185	7,215	1,521	34,225
19	220	4,180	361	48,400
44	164	7,216	1,936	26,896
51	123	6,273	2,601	15,126
176	902	29,714	6,948	168,750

다음으로 이 표의 값을 이용하여 표본상관계수의 분자와 분모를 각각 계산하면 다음과 같다.

$$\text{분자} = 29{,}714 - 176 \times 902/5 = -2{,}036.4$$

$$\text{분모} = \sqrt{(6{,}948-(176)^2/5)(168{,}750-(902)^2/5)} = 2{,}1304$$

따라서 연령과 최대맥박수와의 표본상관계수는

$$r = \frac{-2,036.4}{2,130.4} = -0.956$$

이다. 이 값은 음수이고, -1에 상당히 가까우므로 연령과 최대맥박수에는 강한 음의 상관이 존재한다고 할 수 있다. 즉, 연령이 높을수록 최대맥박수는 줄어드는 관계에 있다고 말할 수 있다.

12장 연습문제

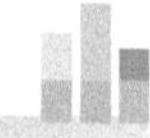

01 다음은 서로 다른 6개 시장에서 조사한 어떤 공산품의 가격과 수요에 대한 자료이다.

단가(X)	수요(Y)
19	55
23	7
21	20
15	123
16	88
18	76

(1) 이 공산품의 가격이 수요에 영향을 미치고 있는지 판단하기 위해 회귀모형을 설정하고, 설정된 모형을 최소제곱법에 의해 추정하시오.

(2) 추정된 회귀계수에 대한 95% 신뢰구간을 구하시오.

02 다음은 어떤 농촌지역에서 9월부터 이듬해 8월까지 조사한 1년 강우량과 밀의 평균수확량에 대한 자료이다.

강우량(X)	밀 수확량(Y)
8.8	39.6
10.3	42.5
15.9	69.3
13.1	52.4
12.9	60.5
7.2	26.7
11.3	50.2
18.6	78.6

(1) 위의 자료에 대한 산점도를 작성하고 강우량과 밀 수확량 간의 관계를 설명하기 위한 회귀직선을 최소제곱법에 의해 추정하시오.

(2) 추정된 회귀계수에 대하여 유의수준 5%에서 검정하시오.

(3) 추정된 회귀직선에 대한 결정계수를 구하고 모형의 적합성 검정을 위한 분산분석을 수행하시오.

03 어떤 짝지어진 자료에 대한 표본상관계수가 $r = 0.56$ 이고 또 다른 자료의 경우는 $r = -0.97$ 이라고 하면, 두 자료 중 어느 것이 선형관련성 정도가 더 강하다고 할 수 있는가 비교하시오.

04 어떤 회사에서는 사무직원 10명을 임의추출하여, 지난 일주일 동안에 신문의 경제면을 읽는데 소요한 시간 X와 TV를 시청한 시간 Y를 조사하여 다음의 자료를 얻었다.

X	6	5	3	10	1	4	2	9	8	12
Y	12	25	15	12	18	20	27	9	6	5

표본상관계수를 구하여 두 변수간의 선형관련성을 평가하시오.

An introduction to statistics

부 록

CONTENTS

〈표 1〉 난수표(random number table)

0443	3806	7494	3962	5201	6265	6676	2259	1478	4625
9567	3643	5577	9843	0028	2462	6572	0035	0588	3243
2433	1691	6711	7629	0018	4808	6790	4666	8971	5955
1966	7712	4113	4539	0610	2409	6750	9646	7494	3544
3723	9629	8085	9483	3936	5703	1716	6347	3618	0838
7126	3981	8891	5448	9791	9169	4528	8111	7204	8071
8792	1253	7396	9656	1383	3792	6845	6994	5174	2967
5012	7314	6973	4623	0904	1977	1201	7177	2884	3095
0530	5122	7758	7360	2743	8837	4554	9438	1441	5345
9729	7005	8034	3107	3913	6324	3192	2932	6915	1573
6176	7738	4406	3821	4245	8366	6762	3503	7060	8511
4645	4840	2790	7676	0776	6167	9708	8604	5747	1041
3026	4675	7818	4948	3110	5856	7758	2297	5287	5163
8866	0504	3263	9562	9950	2295	6531	5345	5635	8184
5602	1638	0695	3121	0278	2865	1415	8158	0067	3997
1252	4320	0967	2168	7237	9012	2772	9948	3723	9213
5443	1175	6011	8061	9837	4079	3758	6237	8449	3890
7007	5409	8479	4059	7915	1750	5423	3268	6235	5854
5188	1114	5019	7174	4637	2163	7623	7720	8010	9885
0705	1489	5297	7555	6873	2659	5265	6862	8291	1284
2080	1290	4149	6867	8595	1051	9180	9351	1031	3906
0255	6068	6615	1686	5142	5331	3458	4386	5448	7294
9471	7350	9249	9041	9041	5817	1676	4691	7590	2166
2365	7623	2585	4251	3508	7320	7229	4446	5495	3886
9983	2081	8134	9237	2076	1991	6536	8352	3838	0640
1827	9496	4762	9161	0883	9804	1954	3757	3324	9734
2983	6499	0573	3240	1495	6435	5968	6214	6514	7514
2837	7629	2419	9511	9774	1622	8287	0101	8117	6205
8430	9543	5928	3432	2137	8420	7854	0380	6456	7324
7665	8951	4658	4951	2303	0597	2023	8146	5427	3370
8646	5987	5543	5645	7642	5027	9566	8037	0811	6180
2134	0161	3106	1265	9625	8566	0095	5694	1782	1947
6184	5156	7830	4406	3143	0475	8578	0442	9982	4104
2209	4973	6499	4707	4370	8379	3482	7471	1229	2791
5065	4887	4603	8289	5659	6117	6819	2562	6044	3106
5053	2710	1839	9393	0797	5649	8962	5524	1672	1672
1419	3394	4208	4854	5130	6821	6553	8327	2490	7686
6611	9678	1345	4938	6075	3612	4078	6450	3903	9435
4148	7019	9299	2565	4948	7040	9102	0873	8759	3015
2277	6778	8397	8029	8708	4798	5291	2574	9278	1251
7516	7415	5966	1671	4554	9694	3244	5377	3773	0541
8390	9592	8639	1863	1017	7874	9604	2538	5272	0802
5373	4631	7463	4433	4804	3648	7000	1359	7947	2732
9267	8972	7130	3293	6915	1908	1233	1161	3147	0623
1903	2886	6139	2666	1833	2574	6627	1558	4901	8159
3634	6833	1868	1440	0375	9781	1761	4020	8917	9309
5493	8537	5383	7368	3086	0631	0375	2499	9316	0417
3304	5490	7275	4522	5507	7758	6096	0357	9359	2736
9475	9680	0196	6856	8813	5791	5862	7987	6588	6348
1058	1935	6052	8179	2142	9165	0973	3577	0588	1795
9042	0344	9538	6950	9697	2635	2626	1166	2231	5098
8834	9252	8191	9878	1815	0697	5227	1603	8642	4164
8403	6191	3619	2271	1533	2255	7005	9630	9449	3847
4934	9107	1751	6246	6193	5087	2704	0190	2549	9271
3586	7754	1667	6473	4183	4530	6648	1295	2282	9910
5399	6296	7304	6572	2095	8949	8070	7569	5880	5814
0993	6049	6476	3995	9199	1567	7083	8993	2371	7529
4468	2857	3534	4631	6474	6232	1798	6848	4385	1662
5113	4429	6326	6237	1872	1295	8546	6178	6815	0763

〈표 2〉 이항분포표

		P								
		0.01	0.02	0.03	0.04	0.05	0.06	0.07	0.08	0.09
N	X									
2	0	0.9801	0.9604	0.9409	0.9216	0.9025	0.8836	0.8649	0.8464	0.8281
	1	0.0198	0.0392	0.0582	0.0768	0.0950	0.1128	0.1302	0.1472	0.1638
	2	0.0001	0.0004	0.0009	0.0016	0.0025	0.0036	0.0049	0.0064	0.0081
3	0	0.9703	0.9412	0.9127	0.8847	0.8574	0.8306	0.8044	0.7787	0.7536
	1	0.0294	0.0576	0.0847	0.1106	0.1354	0.1590	0.1816	0.2031	0.2236
	2	0.0003	0.0012	0.0026	0.0046	0.0071	0.0102	0.0137	0.0177	0.0221
	3	0.0000	0.0000	0.0000	0.0001	0.0001	0.0002	0.0003	0.0005	0.0007
4	0	0.9606	0.9224	0.8853	0.8493	0.8145	0.7807	0.7481	0.7164	0.6857
	1	0.0388	0.0753	0.1095	0.1416	0.1715	0.1993	0.2252	0.2492	0.2713
	2	0.0006	0.0023	0.0051	0.0088	0.0135	0.0191	0.0254	0.0325	0.0402
	3	0.0000	0.0000	0.0001	0.0002	0.0005	0.0008	0.0013	0.0019	0.0027
	4	0.0000	0.0000	0.0000	0.0000	0.0000	0.0000	0.0000	0.0000	0.0001
5	0	.09510	0.9039	0.8587	0.8154	0.7738	0.7339	0.6957	0.6591	0.6240
	1	0.0480	0.0922	0.1328	0.1699	0.2036	0.2342	0.2618	0.2866	0.3086
	2	0.0010	0.0038	0.0082	0.0142	0.0214	0.0299	0.0394	0.0498	0.0610
	3	0.0000	0.0001	0.0003	0.0006	0.0011	0.0019	0.0030	0.0043	0.0060
	4	0.0000	0.0000	0.0000	0.0000	0.0000	0.0001	0.0001	0.0002	0.0003
	5	0.0000	0.0000	0.0000	0.0000	0.0000	0.0000	0.0000	0.0000	0.0000
6	0	0.9415	0.8858	0.8330	0.7828	0.7351	0.6899	0.6470	0.6064	0.5679
	1	0.0571	0.1085	0.1546	0.1957	0.2321	0.2642	0.2922	0.3164	0.3370
	2	0.0014	0.0055	0.0120	0.0204	0.0305	0.0422	0.0550	0.0688	0.0833
	3	0.0000	0.0002	0.0005	0.0011	0.0021	0.0036	0.0055	0.0080	0.0110
	4	0.0000	0.0000	0.0000	0.0000	0.0001	0.0002	0.0003	0.0005	0.0008
	5	0.0000	0.0000	0.0000	0.0000	0.0000	0.0000	0.0000	0.0000	0.0000
7	0	0.9321	0.8681	0.8080	0.7514	0.6983	0.6485	0.6017	0.5578	0.5168
	1	0.0659	0.1240	0.1749	0.2192	0.2573	0.2897	0.3170	0.3396	0.3578
	2	0.0020	0.0076	0.0162	0.0274	0.0406	0.0555	0.0716	0.0886	0.1061
	3	0.0000	0.0003	0.0008	0.0019	0.0036	0.0059	0.0090	0.0128	0.0175
	4	0.0000	0.0000	0.0000	0.0001	0.0002	0.0004	0.0007	0.0011	0.0017
	5	0.0000	0.0000	0.0000	0.0000	0.0000	0.0000	0.0000	0.0001	0.0001
	6	0.0000	0.0000	0.0000	0.0000	0.0000	0.0000	0.0000	0.0000	0.0000
8	0	0.9227	0.8508	0.7837	0.7214	0.6634	0.6096	0.5596	0.5132	0.4703
	1	0.0746	0.1389	0.1939	0.2405	0.2793	0.3113	0.3370	0.3570	0.3721
	2	0.0026	0.0099	0.0210	0.0351	0.0515	0.0695	0.0888	0.1087	0.1288
	3	0.0001	0.0004	0.0013	0.0029	0.0054	0.0089	0.0134	0.0189	0.0255
	4	0.0000	0.0000	0.0001	0.0002	0.0004	0.0007	0.0013	0.0021	0.0031
	5	0.0000	0.0000	0.0000	0.0000	0.0000	0.0000	0.0001	0.0001	0.0002
	6	0.0000	0.0000	0.0000	0.0000	0.0000	0.0000	0.0000	0.0000	0.0000
9	0	0.9135	0.8337	0.7602	0.6925	0.6302	0.5730	0.5204	0.4722	0.4279
	1	0.0830	0.1531	0.2116	0.2597	0.2985	0.3292	0.3525	0.3695	0.3809
	2	0.0034	0.0125	0.0262	0.0433	0.0629	0.0840	0.1061	0.1285	0.1507
	3	0.0001	0.0006	0.0019	0.0042	0.0077	0.0125	0.0186	0.0261	0.0348
	4	0.0000	0.0000	0.0001	0.0003	0.0006	0.0012	0.0021	0.0034	0.0052
	5	0.0000	0.0000	0.0000	0.0000	0.0000	0.0001	0.0002	0.0003	0.0005
	6	0.0000	0.0000	0.0000	0.0000	0.0000	0.0000	0.0000	0.0000	0.0000

		P								
		0.01	0.02	0.03	0.04	0.05	0.06	0.07	0.08	0.09
N	X									
10	0	0.9044	0.8171	0.7374	0.6648	0.5987	.05386	0.4840	0.4344	0.3894
	1	0.0914	0.1667	0.2281	0.2770	0.3151	0.3438	0.3643	0.3777	0.3851
	2	0.0042	0.0153	0.0317	0.0519	0.0746	0.0988	0.1234	0.1478	0.1714
	3	0.0001	0.0008	0.0026	0.0058	0.0105	0.0168	0.0248	0.0343	0.0452
	4	0.0000	0.0000	0.0001	0.0004	0.0010	0.0019	0.0033	0.0052	0.0078
	5	0.0000	0.0000	0.0000	0.0000	0.0001	0.0001	0.0003	0.0005	0.0009
	6	0.0000	0.0000	0.0000	0.0000	0.0000	0.0000	0.0000	0.0000	0.0001
	7	0.0000	0.0000	0.0000	0.0000	0.0000	0.0000	0.0000	0.0000	0.0000
12	0	0.8864	0.7847	0.6938	0.6127	0.5404	0.4759	0.4186	0.3677	0.3225
	1	0.1074	0.1922	0.2575	0.3064	0.3413	0.3645	0.3781	0.3837	0.3827
	2	0.0060	0.0216	0.0438	0.0702	0.0988	0.1280	0.1565	0.1835	0.2082
	3	0.0002	0.0015	0.0045	0.0098	0.0173	0.0272	0.0393	0.0532	0.0686
	4	0.0000	0.0001	0.0003	0.0009	0.0021	0.0039	0.0067	0.0104	0.0153
	5	0.0000	0.0000	0.0000	0.0001	0.0002	0.0004	0.0008	0.0014	0.0024
	6	0.0000	0.0000	0.0000	0.0000	0.0000	0.0000	0.0001	0.0001	0.0003
	7	0.0000	0.0000	0.0000	0.0000	0.0000	0.0000	0.0000	0.0000	0.0000
15	0	0.8601	0.7386	0.6333	0.5421	0.4633	0.3953	0.3367	0.2863	0.2430
	1	0.1303	0.2261	0.2938	0.3388	0.3658	0.3785	0.3801	0.3734	0.3605
	2	0.0092	0.0323	0.0636	0.0988	0.1348	0.1691	0.2003	0.2273	0.2496
	3	0.0004	0.0029	0.0085	0.0178	0.0307	0.0468	0.0653	0.0857	0.1070
	4	0.0000	0.0002	0.0008	0.0022	0.0049	0.0090	0.0148	0.0223	0.0317
	5	0.0000	0.0000	0.0001	0.0002	0.0006	0.0013	0.0024	0.0043	0.0069
	6	0.0000	0.0000	0.0000	0.0000	0.0000	0.0001	0.0003	0.0006	0.0011
	7	0.0000	0.0000	0.0000	0.0000	0.0000	0.0000	0.0000	0.0001	0.0001
	8	0.0000	0.0000	0.0000	0.0000	0.0000	0.0000	0.0000	0.0000	0.0000
18	0	0.8345	0.6951	0.5780	0.4796	0.3972	0.3283	0.2708	0.2229	0.1831
	1	0.1517	0.2554	0.3217	0.3597	0.3763	0.3772	0.3669	0.3489	0.3260
	2	0.0130	0.0443	0.0846	0.1274	0.1683	0.2047	0.2348	0.2579	0.2741
	3	0.0007	0.0048	0.0140	0.0283	0.0473	0.0697	0.0942	0.1196	0.1446
	4	0.0000	0.0004	0.0016	0.0044	0.0093	0.0167	0.0266	0.0390	0.0536
	5	0.0000	0.0000	0.0001	0.0005	0.0014	0.0030	0.0056	0.0095	0.0148
	6	0.0000	0.0000	0.0000	0.0000	0.0002	0.0004	0.0009	0.0018	0.0032
	7	0.0000	0.0000	0.0000	0.0000	0.0000	0.0000	0.0001	0.0003	0.0005
	8	0.0000	0.0000	0.0000	0.0000	0.0000	0.0000	0.0000	0.0000	0.0001
	9	0.0000	0.0000	0.0000	0.0000	0.0000	0.0000	0.0000	0.0000	0.0000
20	0	0.8179	0.6676	0.5438	0.4420	0.3585	0.2901	0.2342	0.1887	0.1516
	1	0.1652	0.2725	0.3364	0.3683	0.3774	0.3703	0.3526	0.3282	0.3000
	2	0.0159	0.0528	0.0988	0.1458	0.1887	0.2246	0.2521	0.2711	0.2818
	3	0.0010	0.0065	0.0183	0.0364	0.0596	0.0860	0.1139	0.1414	0.1672
	4	0.0000	0.0006	0.0024	0.0065	0.0133	0.0233	0.0364	0.0523	0.0703
	5	0.0000	0.0000	0.0002	0.0009	0.0022	0.0048	0.0088	0.0145	0.0222
	6	0.0000	0.0000	0.0000	0.0001	0.0003	0.0008	0.0017	0.0032	0.0055
	7	0.0000	0.0000	0.0000	0.0000	0.0000	0.0001	0.0002	0.0005	0.0011
	8	0.0000	0.0000	0.0000	0.0000	0.0000	0.0000	0.0000	0.0001	0.0002
	9	0.0000	0.0000	0.0000	0.0000	0.0000	0.0000	0.0000	0.0000	0.0000

		P								
		0.1	0.15	0.2	0.25	0.3	0.35	0.4	0.45	0.5
N	X									
2	0	0.8100	0.7225	0.6400	0.5625	0.4900	0.4225	0.3600	0.3025	0.2500
	1	0.1800	0.2550	0.3200	0.3750	0.4200	0.4550	0.4800	0.4950	0.5000
	2	0.0100	0.0225	0.0400	0.0625	0.0900	0.1225	0.1600	0.2025	0.2500
3	0	0.7290	0.6141	0.5120	0.4219	0.3430	0.2746	0.2160	0.1664	0.1250
	1	0.2430	0.3251	0.3840	0.4219	0.4410	0.4436	0.4320	0.4084	0.3750
	2	0.0270	0.0574	0.0960	0.1406	0.1890	0.2389	0.2880	0.3341	0.3750
	3	0.0010	0.0034	0.0080	0.0156	0.0270	0.0429	0.0640	0.0911	0.1250
4	0	0.6561	0.5220	0.4096	0.3164	0.2401	0.1785	0.1296	0.0915	0.0625
	1	0.2916	0.3685	0.4096	0.4219	0.4116	0.3845	0.3456	0.2995	0.2500
	2	0.0486	0.0975	0.1536	0.2109	0.2646	0.3105	0.3456	0.3675	0.3750
	3	0.0036	0.0115	0.0256	0.0469	0.0756	0.1115	0.1536	0.2005	0.2500
	4	0.0001	0.0005	0.0016	0.0039	0.0081	0.0150	0.0256	0.0410	0.0625
5	0	0.5905	0.4437	0.3277	0.2373	0.1681	0.1160	0.0778	0.0503	0.0313
	1	0.3280	0.3915	0.4096	0.3955	0.3601	0.3124	0.2592	0.2059	0.1563
	2	0.0729	0.1382	0.2048	0.2637	0.3087	0.3364	0.3456	0.3369	0.3125
	3	0.0081	0.0244	0.0512	0.0879	0.1323	0.1811	0.2304	0.2757	0.3125
	4	0.0005	0.0022	0.0064	0.0146	0.0283	0.0488	0.0768	0.1128	0.1563
	5	0.0000	0.0001	0.0003	0.0010	0.0024	0.0053	0.0102	0.0185	0.0313
6	0	0.5314	0.3771	0.2621	0.1780	0.1176	0.0754	0.0467	0.0277	0.0156
	1	0.3543	0.3993	0.3932	0.3560	0.3025	0.2437	0.1866	0.1359	0.0938
	2	0.0984	0.1762	0.2458	0.2966	0.3241	0.3280	0.3110	0.2780	0.2344
	3	0.0146	0.0415	0.0819	0.1318	0.1852	0.2355	0.2765	0.3032	0.3125
	4	0.0012	0.0055	0.0154	0.0330	0.0595	0.0951	0.1382	0.1861	0.2344
	5	0.0001	0.0004	0.0015	0.0044	0.0102	0.0205	0.0369	0.0609	0.0938
	6	0.0000	0.0000	0.0001	0.0002	0.0007	0.0018	0.0041	0.0083	0.0156
7	0	0.4783	0.3206	0.2097	0.1335	0.0824	0.0490	0.0280	0.0152	0.0078
	1	0.3720	0.3960	0.3670	0.3115	0.2471	0.1848	0.1306	0.0872	0.0547
	2	0.1240	0.2097	0.2753	0.3115	0.3177	0.2985	0.2613	0.2140	0.1641
	3	0.0230	0.0617	0.1147	0.1730	0.2269	0.2679	0.2903	0.2918	0.2734
	4	0.0026	0.0109	0.0287	0.0577	0.0972	0.1442	0.1935	0.2388	0.2734
	5	0.0002	0.0012	0.0043	0.0115	0.0250	0.0466	0.0774	0.1172	0.1641
	6	0.0000	0.0001	0.0004	0.0013	0.0036	0.0084	0.0172	0.0320	0.0547
	7	0.0000	0.0000	0.0000	0.0001	0.0002	0.0006	0.0016	0.0037	0.0078
8	0	0.4305	0.2725	0.1678	0.1001	0.0576	0.0319	0.0168	0.0084	0.0039
	1	0.3826	0.3847	0.3355	0.2670	0.1977	0.1373	0.0896	0.0548	0.0313
	2	0.1488	0.2376	0.2936	0.3115	0.2965	0.2587	0.2090	0.1569	0.1094
	3	0.0331	0.0839	0.1468	0.2076	0.2541	0.2786	0.2787	0.2568	0.2188
	4	0.0048	0.0185	0.0459	0.0865	0.1361	0.1875	0.2322	0.2627	0.2734
	5	0.0004	0.0026	0.0092	0.0231	0.0467	0.0808	0.1239	0.1719	0.2188
	6	0.0000	0.0002	0.0011	0.0038	0.0100	0.0217	0.0413	0.0703	0.1094
	7	0.0000	0.0000	0.0001	0.0004	0.0012	0.0033	0.0079	0.0164	0.0313
	8	0.0000	0.0000	0.0000	0.0000	0.0001	0.0002	0.0007	0.0017	0.0039

N	X	P 0.1	0.15	0.2	0.25	0.3	0.35	0.4	0.45	0.5
9	0	0.3874	0.2316	0.1342	0.0751	0.0404	0.0207	0.0101	0.0046	0.0020
	1	0.3874	0.3679	0.3020	0.2253	0.1556	0.1004	0.0605	0.0339	0.0176
	2	0.1722	0.2597	0.3020	0.3003	0.2668	0.2162	0.1612	0.1110	0.0703
	3	0.0446	0.1069	0.1762	0.2336	0.2668	0.2716	0.2508	0.2119	0.1641
	4	0.0074	0.0283	0.0661	0.1168	0.1715	0.2194	0.2508	0.2600	0.2461
	5	0.0008	0.0050	0.0165	0.0389	0.0735	0.1181	0.1672	0.2128	0.2461
	6	0.0001	0.0006	0.0028	0.0087	0.0210	0.0424	0.0743	0.1160	0.1641
	7	0.0000	0.0000	0.0003	0.0012	0.0039	0.0098	0.0212	0.0407	0.0708
	8	0.0000	0.0000	0.0000	0.0001	0.0004	0.0013	0.0035	0.0083	0.0176
	9	0.0000	0.0000	0.0000	0.0000	0.0000	0.0001	0.0003	0.0008	0.0020
10	0	.03487	0.1969	0.1074	0.0563	0.0282	.00135	0.0060	0.0025	0.0010
	1	0.3874	0.3474	0.2684	0.1877	0.1211	0.0725	0.0403	0.0207	0.0098
	2	0.1937	0.2759	0.3020	0.2816	0.2335	0.1757	0.1209	0.0763	0.0439
	3	0.0574	0.1298	0.2013	0.2503	0.2668	0.2522	0.2150	0.1665	0.1172
	4	0.0112	0.0401	0.0881	0.1460	0.2001	0.2377	0.2508	0.2384	0.2051
	5	0.0015	0.0085	0.0264	0.0584	0.1029	0.1536	0.2007	0.2340	0.2461
	6	0.0001	0.0012	0.0055	0.0162	0.0368	0.0689	0.1115	0.1596	0.2051
	7	0.0000	0.0001	0.0008	0.0031	0.0090	0.0212	0.0425	0.0746	0.1172
	8	0.0000	0.0000	0.0001	0.0004	0.0014	0.0043	0.0106	0.0229	0.0439
	9	0.0000	0.0000	0.0000	0.0000	0.0001	0.0005	0.0016	0.0042	0.0098
	10	0.0000	0.0000	0.0000	0.0000	0.0000	0.0000	0.0001	0.0003	0.0010
12	0	0.2824	0.1422	0.0687	0.0317	0.0138	0.0057	0.0022	0.0008	0.0002
	1	0.3766	0.3012	0.2062	0.1267	0.0712	0.0368	0.0174	0.0075	0.0029
	2	0.2301	0.2924	0.2835	0.2323	0.1678	0.1088	0.0639	0.0339	0.0161
	3	0.0852	0.1720	0.2362	0.2581	0.2397	0.1954	0.1419	0.0923	0.0537
	4	0.0213	0.0683	0.1329	0.1936	0.2311	0.2367	0.2128	0.1700	0.1208
	5	0.0038	0.0193	0.0532	0.1032	0.1585	0.2039	0.2270	0.2225	0.1934
	6	0.0005	0.0040	0.0155	0.0401	0.0792	0.1281	0.1766	0.2124	0.2256
	7	0.0000	0.0006	0.0033	0.0115	0.0291	0.0591	0.1009	0.1489	0.1934
	8	0.0000	0.0001	0.0005	0.0024	0.0078	0.0199	0.0420	0.0762	0.1208
	9	0.0000	0.0000	0.0001	0.0004	0.0015	0.0048	0.0125	0.0277	0.0537
	10	0.0000	0.0000	0.0000	0.0000	0.0002	0.0008	0.0025	0.0068	0.0161
	11	0.0000	0.0000	0.0000	0.0000	0.0000	0.0001	0.0003	0.0010	0.0029
	12	0.0000	0.0000	0.0000	0.0000	0.0000	0.0000	0.0000	0.0001	0.0002
15	0	0.2059	0.0874	0.0352	0.0134	0.0047	0.0016	0.0005	0.0001	0.0000
	1	0.3432	0.2312	0.1319	0.0668	0.0305	0.0126	0.0047	0.0016	0.0005
	2	0.2669	0.2856	0.2309	0.1559	0.0916	0.0476	0.0219	0.0090	0.0032
	3	0.1285	0.2184	0.2501	0.2252	0.1700	0.1110	0.0634	0.0318	0.0139
	4	0.0428	0.1156	0.1876	0.2252	0.2186	0.1792	0.1268	0.0780	0.0417
	5	0.0105	0.0449	0.1032	0.1651	0.2061	0.2123	0.1859	0.1404	0.0916
	6	0.0019	0.0132	0.0430	0.0917	0.1472	0.1906	0.2066	0.1914	0.1527
	7	0.0003	0.0030	0.0138	0.0393	0.0811	0.1319	0.1771	0.2013	0.1964
	8	0.0000	0.0005	0.0035	0.0131	0.0348	0.0710	0.1181	0.1647	0.1964
	9	0.0000	0.0001	0.0007	0.0034	0.0116	0.0298	0.0612	0.1048	0.1527
	10	0.0000	0.0000	0.0001	0.0007	0.0030	0.0096	0.0245	0.0515	0.0916
	11	0.0000	0.0000	0.0000	0.0001	0.0006	0.0024	0.0074	0.0191	0.0417
	12	0.0000	0.0000	0.0000	0.0000	0.0001	0.0004	0.0016	0.0052	0.0139
	13	0.0000	0.0000	0.0000	0.0000	0.0000	0.0001	0.0003	0.0010	0.0032
	14	0.0000	0.0000	0.0000	0.0000	0.0000	0.0000	0.0000	0.0001	0.0005
	15	0.0000	0.0000	0.0000	0.0000	0.0000	0.0000	0.0000	0.0000	0.0000

N	X	P								
		0.1	0.15	0.2	0.25	0.3	0.35	0.4	0.45	0.5
18	0	0.1501	0.0536	0.0180	0.0056	0.0016	0.0004	0.0001	0.0000	0.0000
	1	0.3002	0.1704	0.0811	0.0338	0.0126	0.0042	0.0012	0.0003	0.0001
	2	0.2835	0.2556	0.1723	0.0958	0.0458	0.0190	0.0069	0.0022	0.0006
	3	0.1680	0.2406	0.2297	0.1704	0.1046	0.0547	0.0246	0.0095	0.0031
	4	0.0700	0.1592	0.2153	0.2130	0.1681	0.1104	0.0614	0.0291	0.0117
	5	0.0218	0.0787	0.157	0.1988	0.2017	0.1664	0.1146	0.0666	0.0327
	6	0.0052	0.0301	0.0816	0.1436	0.1873	0.1941	0.1655	0.1181	0.0708
	7	0.0010	0.0091	0.0350	0.0820	0.1376	0.1792	0.1892	0.1657	0.1214
	8	0.0002	0.0022	0.0120	0.0376	0.0811	0.1327	0.1734	0.1864	0.1669
	9	0.0000	0.0004	0.0033	0.0139	0.0386	0.0794	0.1284	0.1694	0.1855
	10	0.0000	0.0001	0.0008	0.0042	0.0149	0.0385	0.0771	0.1248	0.1669
	11	0.0000	0.0000	0.0001	0.0010	0.0046	0.0151	0.0374	0.0742	0.1214
	12	0.0000	0.0000	0.0000	0.0002	0.0012	0.0047	0.0145	0.0354	0.0708
	13	0.0000	0.0000	0.0000	0.0000	0.0002	0.0012	0.0045	0.0134	0.0327
	14	0.0000	0.0000	0.0000	0.0000	0.0000	0.0002	0.0011	0.0039	0.0117
	15	0.0000	0.0000	0.0000	0.0000	0.0000	0.0000	0.0002	0.0009	0.0031
	16	0.0000	0.0000	0.0000	0.0000	0.0000	0.0000	0.0000	0.0001	0.0006
	17	0.0000	0.0000	0.0000	0.0000	0.0000	0.0000	0.0000	0.0000	0.0001
	18	0.0000	0.0000	0.0000	0.0000	0.0000	0.0000	0.0000	0.0000	0.0000
20	0	0.1216	0.0388	0.0115	0.0032	0.0008	0.0002	0.0000	0.0000	0.0000
	1	0.2702	0.1368	0.0576	0.0211	0.0068	0.0020	0.0005	0.0001	0.0000
	2	0.2852	0.2293	0.1369	0.0669	0.0278	0.0100	0.0031	0.0008	0.0002
	3	0.1901	0.2428	0.2054	0.1339	0.0716	0.0323	0.0123	0.0040	0.0011
	4	0.0898	0.1821	0.2182	0.1897	0.1304	0.0738	0.0350	0.0139	0.0046
	5	0.0319	0.1028	0.1746	0.2023	0.1789	0.1272	0.0746	0.0365	0.0148
	6	0.0089	0.0454	0.1091	0.1686	0.1916	0.1712	0.1244	0.0746	0.0370
	7	0.0020	0.0160	0.0545	0.1124	0.1643	0.1844	0.1659	0.1221	0.0739
	8	0.0004	0.0046	0.0222	0.0609	0.1144	0.1614	0.1797	0.1623	0.1201
	9	0.0001	0.0011	0.0074	0.0271	0.0654	0.1158	0.1597	0.1771	0.1602
	10	0.0000	0.0002	0.0020	0.0099	0.0308	0.0686	0.1171	0.1593	0.1762
	11	0.0000	0.0000	0.0005	0.0030	0.0120	0.0336	0.0710	0.1185	0.1602
	12	0.0000	0.0000	0.0001	0.0008	0.0039	0.0136	0.0355	0.0727	0.1201
	13	0.0000	0.0000	0.0000	0.0002	0.0010	0.0045	0.0146	0.0366	0.0739
	14	0.0000	0.0000	0.0000	0.0000	0.0002	0.0012	0.0049	0.0150	0.0370
	15	0.0000	0.0000	0.0000	0.0000	0.0000	0.0003	0.0013	0.0049	0.0148
	16	0.0000	0.0000	0.0000	0.0000	0.0000	0.0000	0.0003	0.0013	0.0046
	17	0.0000	0.0000	0.0000	0.0000	0.0000	0.0000	0.0000	0.0002	0.0011
	18	0.0000	0.0000	0.0000	0.0000	0.0000	0.0000	0.0000	0.0000	0.0002
	19	0.0000	0.0000	0.0000	0.0000	0.0000	0.0000	0.0000	0.0000	0.0000

		P								
		0.55	0.6	0.65	0.7	0.75	0.8	0.85	0.9	0.95
N	X									
2	0	0.2025	0.1600	0.1225	0.0900	0.0625	0.0400	0.0225	0.0100	0.0025
	1	0.4950	0.4800	0.4550	0.4200	0.3750	0.3200	0.2550	0.1800	0.0950
	2	0.3025	0.3600	0.4225	0.4900	0.5625	0.6400	0.7225	0.8100	0.9025
3	0	0.0911	0.0640	0.0429	0.0270	0.0156	0.0080	0.0034	0.0010	0.0001
	1	0.3341	0.2880	0.2389	0.1890	0.1406	0.0960	0.0574	0.0270	0.0071
	2	0.4084	0.4320	0.4436	0.4410	0.4219	0.3840	0.3251	0.2430	0.1354
	3	0.1664	0.2160	0.2746	0.3430	0.4219	0.5120	0.6141	0.7290	0.8574
4	0	0.0410	0.0256	0.0150	0.0081	0.0039	0.0016	0.0005	0.0001	0.0000
	1	0.2005	0.1536	0.1115	0.0756	0.0469	0.0256	0.0115	0.0036	0.0005
	2	0.3675	0.3456	0.3105	0.2646	0.2109	0.1536	0.0975	0.0486	0.0135
	3	0.2995	0.3456	0.3845	0.4116	0.4219	0.4096	0.3685	0.2916	0.1715
	4	0.0915	0.1296	0.1785	0.2401	0.3164	0.4096	0.5220	0.6561	0.8145
5	0	0.0185	0.0102	0.0053	0.0024	0.0010	0.0003	0.0001	0.0000	0.0000
	1	0.1128	0.0768	0.0488	0.0283	0.0146	0.0064	0.0022	0.0004	0.0000
	2	0.2757	0.2304	0.1811	0.1323	0.0879	0.0512	0.0244	0.0081	0.0011
	3	0.3369	0.3456	0.3364	0.3087	0.2637	0.2048	0.1382	0.0729	0.0214
	4	0.2059	0.2592	0.3124	0.3601	0.3955	0.4096	0.3915	0.3280	0.2036
	5	0.0503	0.0778	0.1160	0.1681	0.2373	0.3277	0.4437	0.5905	0.7738
6	0	0.0083	0.0041	0.0018	0.0007	0.0002	0.0001	0.0000	0.0000	0.0000
	1	0.0609	0.0369	0.0205	0.0102	0.0044	0.0015	0.0004	0.0001	0.0000
	2	0.1861	0.1382	0.0951	0.0595	0.0330	0.0154	0.0055	0.0012	0.0001
	3	0.332	0.2765	0.2355	0.1852	0.1318	0.0819	0.0415	0.0146	0.0021
	4	0.2780	0.3110	0.3280	0.3241	0.2966	0.2458	0.1762	0.0984	0.0305
	5	0.1359	0.1866	0.2437	0.3025	0.3560	0.3932	0.3993	0.3543	0.2321
	6	0.0277	0.0467	0.0754	0.1176	0.1780	0.2621	0.3771	0.5314	0.7351
7	0	0.0037	0.0016	0.0006	0.0002	0.0001	0.0000	0.0000	0.0000	0.0000
	1	0.0320	0.0172	0.0084	0.0036	0.0013	0.0004	0.0001	0.0000	0.0000
	2	0.1172	0.0774	0.0466	0.0250	0.0115	0.0043	0.0012	0.0002	0.0000
	3	0.2388	0.1935	0.1442	0.0972	0.0577	0.0287	0.0109	0.0026	0.0002
	4	0.2918	0.2903	0.2679	0.2269	0.1730	0.1147	0.0617	0.0230	0.0036
	5	0.2140	0.2613	0.2985	0.3177	0.3115	0.2753	0.2097	0.1240	0.0406
	6	0.0872	0.1306	0.1848	0.2471	0.3115	0.3670	0.3960	0.3720	0.2573
	7	0.0152	0.0280	0.0490	0.0824	0.1335	0.2097	0.3206	0.4783	0.6983
8	0	0.0017	0.0007	0.0002	0.0001	0.0000	0.0000	0.0000	0.0000	0.0000
	1	0.0164	0.0079	0.0033	0.0012	0.0004	0.0001	0.0000	0.0000	0.0000
	2	0.0703	0.0413	0.0217	0.0100	0.0038	0.0011	0.0002	0.0000	0.0000
	3	0.1719	0.1239	0.0808	0.0467	0.0231	0.0092	0.0026	0.0004	0.0000
	4	0.2627	0.2322	0.1875	0.1361	0.0865	0.0459	0.0185	0.0046	0.0004
	5	0.2568	0.2787	0.2786	0.2541	0.2076	0.1468	0.0839	0.0331	0.0054
	6	0.1569	0.2090	0.2587	0.2965	0.3115	0.2936	0.2376	0.1488	0.0515
	7	0.0548	0.0896	0.1373	0.1977	0.2670	0.3355	0.3847	0.3826	0.2793
	8	0.0084	0.0168	0.0319	0.0576	0.1001	0.1678	0.2725	0.4305	0.6634

		P								
		0.55	0.6	0.65	0.7	0.75	0.8	0.85	0.9	0.95
N	*X*									
9	0	.00008	0.0003	0.0001	0.0000	0.0000	0.0000	0.0000	0.0000	0.0000
	1	0.0083	0.0035	0.0013	0.0004	0.0001	0.0000	0.0000	0.0000	0.0000
	2	0.0407	0.0212	0.0098	0.0039	0.0012	0.0003	0.0000	0.0000	0.0000
	3	0.1160	0.0743	0.0424	0.0210	0.0087	0.0028	0.0006	0.0001	0.0000
	4	0.2128	0.1672	0.1181	0.0735	0.0389	0.0165	0.0050	0.0008	0.0000
	5	0.2600	0.2508	0.2194	0.1715	0.1168	0.0661	0.0283	0.0074	0.0006
	6	0.2119	0.2508	0.2716	0.2668	0.2336	0.1762	0.1069	0.0446	0.0077
	7	0.1110	0.1612	0.2162	0.2668	0.3003	0.3020	0.2597	0.1722	0.0629
	8	0.0339	0.0605	0.1004	0.1556	0.2253	0.3020	0.3679	0.3874	0.2985
	9	0.0046	0.0101	0.0207	0.0404	0.0751	0.1342	0.2316	0.3874	0.6302
10	0	0.0003	0.0001	0.0000	0.0000	0.0000	0.0000	0.0000	0.0000	0.0000
	1	0.0042	0.0016	0.0005	0.0001	0.0000	0.0000	0.0000	0.0000	0.0000
	2	0.0229	0.0106	0.0043	0.0014	0.0004	0.0001	0.0000	0.0000	0.0000
	3	0.0746	0.0425	0.0212	0.0090	0.0031	0.0008	0.0001	0.0000	0.0000
	4	0.1596	0.1115	0.0689	0.0368	0.0162	0.0055	0.0012	0.0001	0.0000
	5	0.2340	0.2007	0.1536	0.1029	0.0584	0.0264	0.0085	0.0015	0.0001
	6	0.2384	0.2508	0.2377	0.2001	0.1460	0.0881	0.0401	0.0112	0.0010
	7	0.1665	0.2150	0.2522	0.2668	0.2503	0.2013	0.1298	0.0574	0.0105
	8	0.0763	0.1209	0.1757	0.2335	0.2816	0.3020	0.2759	0.1937	0.0746
	9	0.0207	0.0403	0.0725	0.1211	0.1877	0.2684	0.3474	0.3874	0.3151
	10	0.0025	0.0060	0.0135	0.0282	0.0563	0.1074	0.1969	0.3487	0.5987
12	0	0.0001	0.0000	0.0000	0.0000	0.0000	0.0000	0.0000	0.0000	0.0000
	1	0.0010	0.0003	0.0001	0.0000	0.0000	0.0000	0.0000	0.0000	0.0000
	2	0.0068	0.0025	0.0008	0.0002	0.0000	0.0000	0.0000	0.0000	0.0000
	3	0.0277	0.0125	0.0048	0.0015	0.0004	0.0001	0.0000	0.0000	0.0000
	4	0.0762	0.0420	0.0199	0.0078	0.0024	0.0005	0.0001	0.0000	0.0000
	5	0.1489	0.1009	0.0591	0.0291	0.0115	0.0033	0.0006	0.0000	0.0000
	6	0.2124	0.1766	0.1281	0.0792	0.0401	0.0155	0.0040	0.0005	0.0000
	7	0.2225	0.2270	0.2039	0.1585	0.1032	0.0532	0.0193	0.0038	0.0002
	8	0.1700	0.2128	0.2367	0.2311	0.1936	0.1329	0.0683	0.0213	0.0021
	9	0.0923	0.1419	0.1954	0.2397	0.2581	0.2362	0.1720	0.0852	0.0173
	10	0.0339	0.0639	0.1088	0.1678	0.2323	0.2835	0.2924	0.2301	0.0988
	11	0.0075	0.0174	0.0368	0.0712	0.1267	0.2062	0.3012	0.3766	0.3413
	12	0.0008	0.0022	0.0057	0.0138	0.0317	0.0687	0.1422	0.2824	0.5404
15	0	0.0000	0.0000	0.0000	0.0000	0.0000	0.0000	0.0000	0.0000	0.0000
	1	0.0001	0.0000	0.0000	0.0000	0.0000	0.0000	0.0000	0.0000	0.0000
	2	0.0010	0.0003	0.0001	0.0000	0.0000	0.0000	0.0000	0.0000	0.0000
	3	0.0052	0.0016	0.0004	0.0001	0.0000	0.0000	0.0000	0.0000	0.0000
	4	0.0191	0.0074	0.0024	0.0006	0.0001	0.0000	0.0000	0.0000	0.0000
	5	0.0515	0.0245	0.0096	0.0030	0.0007	0.0001	0.0000	0.0000	0.0000
	6	0.1048	0.0612	0.0298	0.0116	0.0034	0.0007	0.0001	0.0000	0.0000
	7	0.1647	0.1181	0.0710	0.0348	0.0131	0.0035	0.0005	0.0000	0.0000
	8	0.2013	0.1771	0.1319	0.0811	0.0393	0.0138	0.0030	0.0003	0.0000
	9	0.1914	0.2066	0.1906	0.1472	0.0917	0.0430	0.0132	0.0019	0.0000
	10	0.1404	0.1859	0.2123	0.2061	0.1651	0.1032	0.0449	0.0105	0.0006
	11	0.0780	0.1268	0.1792	0.2186	0.2252	0.1876	0.1156	0.0428	0.0049
	12	0.0318	0.0634	0.1110	0.1700	0.2252	0.2501	0.2184	0.1285	0.0307
	13	0.0090	0.0219	0.0476	0.0916	0.1559	0.2309	0.2856	0.2669	0.1348
	14	0.0016	0.0047	0.0126	0.0305	0.0668	0.1319	0.2312	0.3432	0.3658
	15	0.0001	0.0005	0.0016	0.0047	0.0134	0.0352	0.0874	0.2059	0.4633

		P								
		0.55	0.6	0.65	0.7	0.75	0.8	0.85	0.9	0.95
N	X									
18	1	0.0000	0.0000	0.0000	0.0000	0.0000	0.0000	0.0000	0.0000	0.0000
	2	0.0001	0.0000	0.0000	0.0000	0.0000	0.0000	0.0000	0.0000	0.0000
	3	0.0009	0.0002	0.0000	0.0000	0.0000	0.0000	0.0000	0.0000	0.0000
	4	0.0039	0.0011	0.0002	0.0000	0.0000	0.0000	0.0000	0.0000	0.0000
	5	0.0134	0.0045	0.0012	0.0002	0.0000	0.0000	0.0000	0.0000	0.0000
	6	0.0354	0.0145	0.0047	0.0012	0.0002	0.0000	0.0000	0.0000	0.0000
	7	0.0742	0.0374	0.0151	0.0046	0.0010	0.0001	0.0000	0.0000	0.0000
	8	0.1248	0.0771	0.0385	0.0149	0.0042	0.0008	0.0001	0.0000	0.0000
	9	0.1694	0.1284	0.0794	0.0386	0.0139	0.0033	0.0004	0.0000	0.0000
	10	0.1864	0.1734	0.1327	0.0811	0.0376	0.0120	0.0022	0.0002	0.0000
	11	0.1657	0.1892	0.1792	0.1376	0.0820	0.0350	0.0091	0.0010	0.0000
	12	0.1181	0.1655	0.1941	0.1873	0.1436	0.0816	0.0301	0.0052	0.0002
	13	0.0666	0.1146	0.1664	0.2017	0.1988	0.1507	0.0787	0.0218	0.0014
	14	0.0291	0.0614	0.1104	0.1681	0.2130	0.2153	0.1592	0.0700	0.0093
	15	0.0095	0.0246	0.0547	0.1046	0.1704	0.2297	0.2406	0.1680	0.0473
	16	0.0022	0.0069	0.0190	0.0458	0.0958	0.1723	0.2556	0.2835	0.1683
	17	0.0003	0.0012	0.0042	0.0126	0.0338	0.0811	0.1704	0.3002	0.3763
	18	0.0000	0.0001	0.0004	0.0016	0.0056	0.0180	0.0536	0.1501	0.3972
20	2	0.0000	0.0000	0.0000	0.0000	0.0000	0.0000	0.0000	0.0000	0.0000
	3	0.0002	0.0000	0.0000	0.0000	0.0000	0.0000	0.0000	0.0000	0.0000
	4	0.0013	0.0003	0.0000	0.0000	0.0000	0.0000	0.0000	0.0000	0.0000
	5	0.0049	0.0013	0.0003	0.0000	0.0000	0.0000	0.0000	0.0000	0.0000
	6	0.0150	0.0049	0.0012	0.0002	0.0000	0.0000	0.0000	0.0000	0.0000
	7	0.0366	0.0146	0.0045	0.0010	0.0002	0.0000	0.0000	0.0000	0.0000
	8	0.0727	0.0355	0.0136	0.0039	0.0008	0.0001	0.0000	0.0000	0.0000
	9	0.1185	0.0710	0.0336	0.0120	0.0030	0.0005	0.0000	0.0000	0.0000
	10	0.1593	0.1171	0.0686	0.0308	0.0099	0.0020	0.0002	0.0000	0.0000
	11	0.1771	0.1597	0.1158	0.0654	0.0271	0.0074	0.0011	0.0001	0.0000
	12	0.1623	0.1797	0.1614	0.1144	0.0609	0.0222	0.0046	0.0004	0.0000
	13	0.1221	0.1659	0.1844	0.1643	0.1124	0.0545	0.0160	0.0020	0.0000
	14	0.0746	0.1244	0.1712	0.1916	0.1686	0.1091	0.0454	0.0089	0.0003
	15	0.0365	0.0746	0.1272	0.1789	0.2023	0.1746	0.1028	0.0319	0.0022
	16	0.0139	0.0350	0.0738	0.1304	0.1897	0.2182	0.1821	0.0898	0.0133
	17	0.0040	0.0123	0.0323	0.0716	0.1339	0.2054	0.2428	0.1901	0.0596
	18	0.0008	0.0031	0.0100	0.0278	0.0669	0.1369	0.2293	0.2852	0.1887
	19	0.0001	0.0005	0.0020	0.0068	0.0211	0.0576	0.1368	0.2702	0.3774
	20	0.0000	0.0000	0.0002	0.0008	0.0032	0.0115	0.0388	0.1216	0.3585

〈표 3〉 포아송분포표

X \ Λ	0.1	0.2	0.3	0.4	0.5	0.6	0.7	0.8	0.9
0	0.9048	0.8187	0.7408	0.6703	0.6065	0.5488	0.4966	0.4493	0.4066
1	0.0905	0.1637	0.2222	0.2681	0.3033	0.3293	0.3476	0.3595	0.3659
2	0.0045	0.0164	0.0333	0.0536	0.0758	0.0988	0.1217	0.1438	0.1647
3	0.0002	0.0011	0.0033	0.0072	0.0126	0.0198	0.0284	0.0383	0.0494
4	0.0000	0.0001	0.0003	0.0007	0.0016	0.0030	0.0050	0.0077	0.0111
5	0.0000	0.0000	0.0000	0.0001	0.0002	0.0004	0.0007	0.0012	0.0020
6	0.0000	0.0000	0.0000	0.0000	0.0000	0.0000	0.0001	0.0002	0.0003
7	0.0000	0.0000	0.0000	0.0000	0.0000	0.0000	0.0000	0.0000	0.0000

X \ Λ	1	1.1	1.2	1.3	1.4	1.5	1.6	1.7	1.8	1.9
0	0.3679	0.3329	0.3012	0.2725	0.2466	0.2231	0.2019	0.1827	0.1653	0.1496
1	0.3679	0.3662	0.3614	0.3543	0.3452	0.3347	0.3230	0.3106	0.2975	0.2842
2	0.1839	0.2014	0.2169	0.2303	0.2417	0.2510	0.2584	0.2640	0.2678	0.2700
3	0.0613	0.0738	0.0867	0.0998	0.1128	0.1255	0.1378	0.1496	0.1607	0.1710
4	0.0153	0.0203	0.0260	0.0324	0.0395	0.0471	0.0551	0.0636	0.0723	0.0812
5	0.0031	0.0045	0.0062	0.0084	0.0111	0.0141	0.0176	0.0216	0.0260	0.0309
6	0.0005	0.0008	0.0012	0.0018	0.0026	0.0035	0.0047	0.0061	0.0078	0.0098
7	0.0001	0.0001	0.0002	0.0003	0.0005	0.0008	0.0011	0.0015	0.0020	0.0027
8	0.0000	0.0000	0.0000	0.0001	0.0001	0.0001	0.0002	0.0003	0.0005	0.0006
9	0.0000	0.0000	0.0000	0.0000	0.0000	0.0000	0.0000	0.0001	0.0001	0.0001
10	0.0000	0.0000	0.0000	0.0000	0.0000	0.0000	0.0000	0.0000	0.0000	0.0000

X \ Λ	2	2.1	2.2	2.3	2.4	2.5	2.6	2.7	2.8	2.9
0	0.1353	0.1225	0.1108	0.1003	0.0907	0.0821	0.0743	0.0672	0.0608	0.0550
1	0.2707	0.2572	0.2438	0.2306	0.2177	0.2052	0.1931	0.1815	0.1703	0.1596
2	0.2707	0.2700	0.2681	0.2652	0.2613	0.2565	0.2510	0.2450	0.2384	0.2314
3	0.1804	0.1890	0.1966	0.2033	0.2090	0.2138	0.2176	0.2205	0.2225	0.2237
4	0.0902	0.0992	0.1082	0.1169	0.1254	0.1336	0.1414	0.1488	0.1557	0.1622
5	0.0361	0.0417	0.0476	0.0538	0.0602	0.0668	0.0735	0.0804	0.0872	0.0940
6	0.0120	0.0146	0.0174	0.0206	0.0241	0.0278	0.0319	0.0362	0.0407	0.0455
7	0.0034	0.0044	0.0055	0.0068	0.0083	0.0099	0.0118	0.0139	0.0163	0.0188
8	0.0009	0.0011	0.0015	0.0019	0.0025	0.0031	0.0038	0.0047	0.0057	0.0068
9	0.0002	0.0003	0.0004	0.0005	0.0007	0.0009	0.0011	0.0014	0.0018	0.0022
10	0.0000	0.0001	0.0001	0.0001	0.0002	0.0002	0.0003	0.0004	0.0005	0.0006
11	0.0000	0.0000	0.0000	0.0000	0.0000	0.0000	0.0001	0.0001	0.0001	0.0002
12	0.0000	0.0000	0.0000	0.0000	0.0000	0.0000	0.0000	0.0000	0.0000	0.0000

	Λ									
	3.0	3.1	3.2	3.3	3.4	3.5	3.6	3.7	3.8	3.9
X										
0	0.0498	0.0450	0.0408	0.0369	0.0334	0.0302	0.0273	0.0247	0.0224	0.0202
1	0.1494	0.1397	0.1304	0.1217	0.1135	0.1057	0.0984	0.0915	0.0850	0.0789
2	0.2240	0.2165	0.2087	0.2008	0.1929	0.1850	0.1771	0.1692	0.1615	0.1539
3	0.2240	0.2237	0.2226	0.2209	0.2186	0.2158	0.2125	0.2087	0.2046	0.2001
4	0.1680	0.1733	0.1781	0.1823	0.1858	0.1888	0.1912	0.1931	0.1944	0.1951
5	0.1008	0.1075	0.1140	0.1203	0.1264	0.1322	0.1377	0.1429	0.1477	0.1522
6	0.0504	0.0555	0.0608	0.0662	0.0716	0.0771	0.0826	0.0881	0.0936	0.0989
7	0.0216	0.0246	0.0278	0.0312	0.0346	0.0385	0.0425	0.0466	0.0508	0.0551
8	0.0081	0.0095	0.0111	0.0129	0.0148	0.0169	0.0191	0.0215	0.0241	0.0269
9	0.0027	0.0033	0.0040	0.0047	0.0056	0.0066	0.0076	0.0089	0.0102	0.0116
10	0.0008	0.0010	0.0013	0.0016	0.0019	0.0023	0.0028	0.0033	0.0039	0.0045
11	0.0002	0.0003	0.0004	0.0005	0.0006	0.0007	0.0009	0.0011	0.0013	0.0016
12	0.0001	0.0001	0.0001	0.0001	0.0002	0.0002	0.0003	0.0003	0.0004	0.0005
13	0.0000	0.0000	0.0000	0.0000	0.0000	0.0001	0.0001	0.0001	0.0001	0.0002
14	0.0000	0.0000	0.0000	0.0000	0.0000	0.0000	0.0000	0.0000	0.0000	0.0000

	Λ									
	4	4.1	4.2	4.3	4.4	4.5	4.6	4.7	4.8	4.9
X										
0	0.0183	0.0166	0.0150	0.0136	0.0123	0.0111	0.0101	0.0091	0.0082	0.0074
1	0.0733	0.0679	0.0630	0.0583	0.0540	0.0500	0.0462	0.0427	0.0395	0.0365
2	0.1465	0.1393	0.1323	0.1254	0.1188	0.1125	0.1063	0.1005	0.0948	0.0894
3	0.1954	0.1904	0.1852	0.1798	0.1743	0.1687	0.1631	0.1574	0.1517	0.1460
4	0.1954	0.1951	0.1944	0.1933	0.1917	0.1898	0.1875	0.1849	0.1820	0.1789
5	0.1563	0.1600	0.1633	0.1662	0.1687	0.1708	0.1725	0.1738	0.1747	0.1753
6	0.1042	0.1093	0.1143	0.1191	0.1237	0.1281	0.1323	0.1362	0.1398	0.1432
7	0.0595	0.0640	0.0686	0.0732	0.0778	0.0824	0.0869	0.0914	0.0959	0.1002
8	0.0298	0.0328	0.0360	0.0393	0.0428	0.0463	0.0500	0.0537	0.0575	0.0614
9	0.0132	0.0150	0.0168	0.0188	0.0209	0.0232	0.0255	0.0281	0.0307	0.0334
10	0.0053	0.0061	0.0071	0.0081	0.0092	0.0104	0.0118	0.0132	0.0147	0.0164
11	0.0019	0.0023	0.0027	0.0032	0.0037	0.0043	0.0049	0.0056	0.0064	0.0073
12	0.0006	0.0008	0.0009	0.0011	0.0013	0.0016	0.0019	0.0022	0.0026	0.0030
13	0.0002	0.0002	0.0003	0.0004	0.0005	0.0006	0.0007	0.0008	0.0009	0.0011
14	0.0001	0.0001	0.0001	0.0001	0.0001	0.0002	0.0002	0.0003	0.0003	0.0004
15	0.0000	0.0000	0.0000	0.0000	0.0000	0.0001	0.0001	0.0001	0.0001	0.0001
16	0.0000	0.0000	0.0000	0.0000	0.0000	0.0000	0.0000	0.0000	0.0000	0.0000

	Λ									
	5	5.1	5.2	5.3	5.4	5.5	5.6	5.7	5.8	5.9
X										
0	0.0067	0.0061	0.0055	0.0050	0.0045	0.0041	0.0037	0.0033	0.0030	0.0027
1	0.0337	0.0311	0.0287	0.0265	0.0244	0.0225	0.0207	0.0191	0.0176	0.0162
2	0.0842	0.0793	0.0746	0.0701	0.0659	0.0618	0.0580	0.0544	0.0509	0.0477
3	0.1404	0.1348	0.1293	0.1239	0.1185	0.1133	0.1082	0.1033	0.0985	0.0938
4	0.1755	0.1719	0.1681	0.1641	0.1600	0.1558	0.1515	0.1472	0.1428	0.1383
5	0.1755	0.1753	0.1748	0.1740	0.1728	0.1714	0.1697	0.1678	0.1656	0.1632
6	0.1462	0.1490	0.1515	0.1537	0.1555	0.1571	0.1584	0.1594	0.1601	0.1605
7	0.1044	0.1086	0.1125	0.1163	0.1200	0.1234	0.1267	0.1298	0.1326	0.1353
8	0.0653	0.0692	0.0731	0.0771	0.0810	0.0849	0.0887	0.0925	0.0962	0.0998
9	0.0363	0.0392	0.0423	0.0454	0.0486	0.0519	0.0552	0.0586	0.0620	0.0654
10	0.0181	0.0200	0.0220	0.0241	0.0262	0.0285	0.0309	0.0334	0.0359	0.0386
11	0.0082	0.0093	0.0104	0.0116	0.0129	0.0143	0.0157	0.0173	0.0190	0.0207
12	0.0034	0.0039	0.0045	0.0051	0.0058	0.0065	0.0073	0.0082	0.0092	0.0102
13	0.0013	0.0015	0.0018	0.0021	0.0024	0.0028	0.0032	0.0036	0.0041	0.0046
14	0.0005	0.0006	0.0007	0.0008	0.0009	0.0011	0.0013	0.0015	0.0017	0.0019
15	0.0002	0.0002	0.0002	0.0003	0.0003	0.0004	0.0005	0.0006	0.0007	0.0008
16	0.0000	0.0001	0.0001	0.0001	0.0001	0.0001	0.0002	0.0002	0.0002	0.0003
17	0.0000	0.0000	0.0000	0.0000	0.0000	0.0000	0.0001	0.0001	0.0001	0.0001
18	0.0000	0.0000	0.0000	0.0000	0.0000	0.0000	0.0000	0.0000	0.0000	0.0000

	Λ									
	6	6.1	6.2	6.3	6.4	6.5	6.6	6.7	6.8	6.9
X										
0	0.0025	0.0022	0.0020	0.0018	0.0017	0.0015	0.0014	0.0012	0.0011	0.0010
1	0.0149	0.0137	0.0126	0.0116	0.0106	0.0098	0.0090	0.0082	0.0076	0.0070
2	0.0446	0.0417	0.0390	0.0364	0.0340	0.0318	0.0296	0.0276	0.0258	0.0240
3	0.0892	0.0848	0.0806	0.0765	0.0726	0.0688	0.0652	0.0617	0.0584	0.0552
4	0.1339	0.1294	0.1249	0.1205	0.1162	0.1118	0.1076	0.1034	0.0992	0.0952
5	0.1606	0.1579	0.1549	0.1519	0.1487	0.1454	0.1420	0.1385	0.1349	0.1314
6	0.1606	0.1605	0.1601	0.1595	0.1586	0.1575	0.1562	0.1546	0.1529	0.1511
7	0.1377	0.1399	0.1418	0.1435	0.1450	0.1462	0.1472	0.1480	0.1486	0.1489
8	0.1033	0.1066	0.1099	0.1130	0.1160	0.1188	0.1215	0.1240	0.1263	0.1284
9	0.0688	0.0723	0.0757	0.0791	0.0825	0.0858	0.0891	0.0923	0.0954	0.0985
10	0.0413	0.0441	0.0469	0.0498	0.0528	0.0558	0.0588	0.0618	0.0649	0.0679
11	0.0225	0.0244	0.0265	0.0285	0.0307	0.0330	0.0353	0.0377	0.0401	0.0426
12	0.0113	0.0124	0.0137	0.0150	0.0164	0.0179	0.0194	0.0210	0.0227	0.0245
13	0.0052	0.0058	0.0065	0.0073	0.0081	0.0089	0.0099	0.0108	0.0119	0.0130
14	0.0022	0.0025	0.0029	0.0033	0.0037	0.0041	0.0046	0.0052	0.0058	0.0064
15	0.0009	0.0010	0.0012	0.0014	0.0016	0.0018	0.0020	0.0023	0.0026	0.0029
16	0.0003	0.0004	0.0005	0.0005	0.0006	0.0007	0.0008	0.0010	0.0011	0.0013
17	0.0001	0.0001	0.0002	0.0002	0.0002	0.0003	0.0003	0.0004	0.0004	0.0005
18	0.0000	0.0000	0.0001	0.0001	0.0001	0.0001	0.0001	0.0001	0.0002	0.0002
19	0.0000	0.0000	0.0000	0.0000	0.0000	0.0000	0.0000	0.0001	0.0001	0.0001
20	0.0000	0.0000	0.0000	0.0000	0.0000	0.0000	0.0000	0.0000	0.0000	0.0000

	Λ									
X	7	7.1	7.2	7.3	7.4	7.5	7.6	7.7	7.8	7.9
0	0.0009	0.0008	0.0007	0.0007	0.0006	0.0006	0.0005	0.0005	0.0004	0.0004
1	0.0064	0.0059	0.0054	0.0049	0.0045	0.0041	0.0038	0.0035	0.0032	.00029
2	0.0223	0.0208	0.0194	0.0180	0.0167	0.0156	0.0145	0.0134	0.0125	0.0116
3	0.0521	0.0492	0.0464	0.0438	0.0413	0.0389	0.0366	0.0345	0.0324	0.0305
4	0.0912	0.0841	0.0836	0.0799	0.0764	0.0729	0.0696	0.0663	0.0632	0.0602
5	0.1277	0.1241	0.1204	0.1167	0.1130	0.1094	0.1057	0.1021	0.0986	0.0951
6	0.1490	0.1468	0.1445	0.1420	0.1394	0.1367	0.1339	0.1311	0.1282	0.1252
7	0.1490	0.1489	0.1486	0.1481	0.1474	0.1465	0.1454	0.1442	0.1428	0.1413
8	0.1304	0.1321	0.1337	0.1351	0.1363	0.1373	0.1381	0.1388	0.1392	0.1395
9	0.1014	0.1042	0.1070	0.1096	0.1121	0.1144	0.1167	0.1187	0.1207	0.1224
10	0.0710	0.0740	0.0770	0.0800	0.0829	0.0858	0.0887	0.0914	0.0941	0.0967
11	0.0452	0.0478	0.0504	0.0531	0.0558	0.0585	0.0613	0.0640	0.0667	0.0695
12	0.0263	0.0283	0.0303	0.0323	0.0344	0.0366	0.0388	0.0411	0.0434	0.0457
13	0.0142	0.0154	0.0168	0.0181	0.0196	0.0211	0.0227	0.0243	0.0260	0.0278
14	0.0071	0.0078	0.0086	0.0095	0.0104	0.0113	0.0123	0.0134	0.0145	0.0157
15	0.0033	0.0037	0.0041	0.0046	0.0051	0.0057	0.0062	0.0069	0.0075	0.0083
16	0.0014	0.0016	0.0019	0.0021	0.0024	0.0026	0.0030	0.0033	0.0037	0.0041
17	0.0006	0.0007	0.0008	0.0009	0.0010	0.0012	0.0013	0.0015	0.0017	0.0019
18	0.0002	0.0003	0.0003	0.0004	0.0004	0.0005	0.0006	0.0006	0.0007	0.0008
19	0.0001	0.0001	0.0001	0.0001	0.0002	0.0002	0.0002	0.0003	0.0003	0.0003
20	0.0000	0.0000	0.0000	0.0001	0.0001	0.0001	0.0001	0.0001	0.0001	0.0001
21	0.0000	0.0000	0.0000	0.0000	0.0000	0.0000	0.0000	0.0000	0.0000	0.0001

	Λ									
X	8	8.1	8.2	8.3	8.4	8.5	8.6	8.7	8.8	8.9
0	0.0003	0.0003	0.0003	0.0002	0.0002	0.0002	0.0002	0.0002	0.0002	0.0001
1	.00027	0.0025	0.0023	0.0021	0.0019	0.0017	0.0016	0.0014	0.0013	0.0012
2	0.0107	0.0100	0.0092	0.0086	0.0079	0.0074	0.0068	0.0063	0.0058	0.0054
3	0.0286	0.0269	0.0252	0.0237	0.0222	0.0208	0.0195	0.0183	0.0171	0.0160
4	0.0573	0.0544	0.0517	0.0491	0.0466	0.0443	0.0420	0.0398	0.0377	0.0357
5	0.0916	0.0882	0.0849	0.0816	0.0784	0.0752	0.0722	0.0692	0.0663	0.0635
6	0.1221	0.1191	0.1160	0.1128	0.1097	0.1066	0.1034	0.1003	0.0972	0.0941
7	0.1396	0.1378	0.1358	0.1338	0.1317	0.1294	0.1271	0.1247	0.1222	0.1197
8	0.1396	0.1395	0.1392	0.1388	0.1382	0.1375	0.1366	0.1356	0.1344	0.1332
9	0.1241	0.1256	0.1269	0.1280	0.1290	0.1299	0.1306	0.1311	0.1315	0.1317
10	0.0993	0.1017	0.1040	0.1063	0.1084	0.1104	0.1123	0.1140	0.1157	0.1172
11	0.0722	0.0749	0.0776	0.0802	0.0828	0.0853	0.0878	0.0902	0.0925	0.0948
12	0.0481	0.0505	0.0530	0.0555	0.0579	0.0604	0.0629	0.0654	0.0679	0.0703
13	0.0296	0.0315	0.0334	0.0354	0.0374	0.0395	0.0416	0.0438	0.0459	0.0481
14	0.0169	0.0182	0.0196	0.0210	0.0225	0.0240	0.0256	0.0272	0.0289	0.0306
15	0.0090	0.0098	0.0107	0.0116	0.0126	0.0136	0.0147	0.0158	0.0169	0.0182
16	0.0045	0.0050	0.0055	0.0060	0.0066	0.0072	0.0079	0.0086	0.0093	0.0101
17	0.0021	0.0024	0.0026	0.0029	0.0033	0.0036	0.0040	0.0044	0.0048	0.0053
18	0.0009	0.0011	0.0012	0.0014	0.0015	0.0017	0.0019	0.0021	0.0024	0.0026
19	0.0004	0.0005	0.0005	0.0006	0.0007	0.0008	0.0009	0.0010	0.0011	0.0012
20	0.0002	0.0002	0.0002	0.0002	0.0003	0.0003	0.0004	0.0004	0.0005	0.0005
21	0.0001	0.0001	0.0001	0.0001	0.0001	0.0001	0.0002	0.0002	0.0002	0.0002
22	0.0000	0.0000	0.0000	0.0000	0.0000	0.0001	0.0001	0.0001	0.0001	0.0001
23	0.0000	0.0000	0.0000	0.0000	0.0000	0.0000	0.0000	0.0000	0.0000	0.0000

	Λ									
	9	9.1	9.2	9.3	9.4	9.5	9.6	9.7	9.8	9.9
X										
0	0.0001	0.0001	0.0001	0.0001	0.0001	0.0001	0.0001	0.0001	0.0001	0.0001
1	0.0011	0.0010	0.0009	0.0009	0.0008	0.0007	0.0007	0.0006	0.0005	0.0005
2	0.0050	0.0046	0.0043	0.0040	0.0037	0.0034	0.0031	0.0029	0.0027	0.0025
3	0.0150	0.0140	0.0131	0.0123	0.0115	0.0107	0.0100	0.0093	0.0087	0.0081
4	0.0337	0.0319	0.0302	0.0285	0.0269	0.0254	0.0240	0.0226	0.0213	0.0201
5	0.0607	0.0581	0.0555	0.0530	0.0506	0.0483	0.0460	0.0439	0.0418	0.0398
6	0.0911	0.0881	0.0851	0.0822	0.0793	0.0764	0.0736	0.0709	0.0682	0.0656
7	0.1171	0.1145	0.1118	0.1091	0.1064	0.1037	0.1010	0.0982	0.0955	0.0928
8	0.1318	0.1302	0.1286	0.1269	0.1251	0.1232	0.1212	0.1191	0.1170	0.1148
9	0.1318	0.1317	0.1315	0.1311	0.1306	0.1300	0.1293	0.1284	0.1274	0.1263
10	0.1186	0.1198	0.1210	0.1219	0.1228	0.1235	0.1241	0.1245	0.1249	0.1250
11	0.0970	0.0991	0.1012	0.1031	0.1049	0.1067	0.1083	0.1098	0.1112	0.1125
12	0.0728	0.0752	0.0776	0.0799	0.0822	0.0844	0.0866	0.0888	0.0908	0.0928
13	0.0504	0.0526	0.0549	0.0572	0.0594	0.0617	0.0640	0.0662	0.0685	0.0707
14	0.0324	0.0342	0.0361	0.0380	0.0399	0.0419	0.0439	0.0459	0.0479	0.0500
15	0.0194	0.0208	0.0221	0.0235	0.0250	0.0265	0.0281	0.0297	0.0313	0.0330
16	0.0109	0.0118	0.0127	0.0137	0.0147	0.0157	0.0168	0.0180	0.0192	0.0204
17	0.0058	0.0063	0.0069	0.0075	0.0081	0.0088	0.0095	0.0103	0.0111	0.0119
18	0.0029	0.0032	0.0035	0.0039	0.0042	0.0046	0.0051	0.0055	0.0060	0.0065
19	0.0014	0.0015	0.0017	0.0019	0.0021	0.0023	0.0026	0.0028	0.0031	0.0034
20	0.0006	0.0007	0.0008	0.0009	0.0010	0.0011	0.0012	0.0014	0.0015	0.0017
21	0.0003	0.0003	0.0003	0.0004	0.0004	0.0005	0.0006	0.0006	0.0007	0.0008
22	0.0001	0.0001	0.0001	0.0002	0.0002	0.0002	0.0002	0.0003	0.0003	0.0004
23	0.0000	0.0000	0.0001	0.0001	0.0001	0.0001	0.0001	0.0001	0.0001	0.0002
24	0.0000	0.0000	0.0000	0.0000	0.0000	0.0000	0.0000	0.0000	0.0001	0.0001
25	0.0000	0.0000	0.0000	0.0000	0.0000	0.0000	0.0000	0.0000	0.0000	0.0000

	λ										
	10	11	12	13	14	15	16	17	18	19	20
X											
1	0.0005	0.0002	0.0001	0.0000	0.0000	0.0000	0.0000	0.0000	0.0000	0.0000	0.0000
2	0.0023	0.0010	0.0004	0.0002	0.0001	0.0000	0.0000	0.0000	0.0000	0.0000	0.0000
3	0.0076	0.0037	0.0018	0.0008	0.0004	0.0002	0.0001	0.0000	0.0000	0.0000	0.0000
4	0.0189	0.0102	0.0053	0.0027	0.0013	0.0006	0.0003	0.0001	0.0001	0.0000	0.0000
5	0.0378	0.0224	0.0127	0.0070	0.0037	0.0019	0.0010	0.0005	0.0002	0.0001	0.0001
6	0.0631	0.0411	0.0255	0.0152	0.0087	0.0048	0.0026	0.0014	0.0007	0.0004	0.0002
7	0.0901	0.0646	0.0437	0.0281	0.0174	0.0104	0.0060	0.0034	0.0019	0.0010	0.0005
8	0.1126	0.0888	0.0655	0.0457	0.0304	0.0194	0.0120	0.0072	0.0042	0.0024	0.0013
9	0.1251	0.1085	0.0874	0.0661	0.0473	0.0324	0.0213	0.0135	0.0083	0.0050	0.0029
10	0.1251	0.1194	0.1048	0.0859	0.0663	0.0486	0.0341	0.0230	0.0150	0.0095	0.0058
11	0.1137	0.1194	0.1144	0.1015	0.0844	0.0663	0.0496	0.0355	0.0245	0.0164	0.0106
12	0.0948	0.1094	0.1144	0.1099	0.0984	0.0829	0.0661	0.0504	0.0368	0.0259	0.0176
13	0.0729	0.0926	0.1056	0.1099	0.1060	0.0956	0.0814	0.0658	0.0509	0.0378	0.0271
14	0.0521	0.0728	0.0905	0.1021	0.1060	0.1024	0.0930	0.0800	0.0655	0.0514	0.0387
15	0.0347	0.0534	0.0724	0.0885	0.0989	0.1024	0.0992	0.0906	0.0786	0.0650	0.0516
16	0.0217	0.0367	0.0543	0.0719	0.0866	0.0960	0.0992	0.0963	0.0884	0.0772	0.0646
17	0.0128	0.0237	0.0383	0.0550	0.0713	0.0847	0.0934	0.0963	0.0936	0.0863	0.0760
18	0.0071	0.0145	0.0255	0.0397	0.0554	0.0706	0.0830	0.0909	0.0936	0.0911	0.0844
19	0.0037	0.0084	0.0161	0.0272	0.0409	0.0557	0.0699	0.0814	0.0887	0.0911	0.0888
20	0.0019	0.0046	0.0097	0.0177	0.0286	0.0418	0.0559	0.0692	0.0798	0.0866	0.0888
21	0.0009	0.0024	0.0055	0.0109	0.0191	0.0299	0.0426	0.0560	0.0684	0.0783	0.0846
22	0.0004	0.0012	0.0030	0.0065	0.0121	0.0204	0.0310	0.0433	0.0560	0.0676	0.0769
23	0.0002	0.0006	0.0016	0.0037	0.0074	0.0133	0.0216	0.0320	0.0438	0.0599	0.0669
24	0.0001	0.0003	0.0008	0.0020	0.0043	0.0083	0.0144	0.0226	0.0328	0.0442	0.0557
25	0.0000	0.0001	0.0004	0.0010	0.0024	0.0050	0.0092	0.0154	0.0237	0.0336	0.0446
26	0.0000	0.0000	0.0002	0.0005	0.0013	0.0029	0.0057	0.0101	0.0164	0.0246	0.0343
27	0.0000	0.0000	0.0001	0.0002	0.0007	0.0016	0.0034	0.0063	0.0109	0.0173	0.0254
28	0.0000	0.0000	0.0000	0.0001	0.0003	0.0009	0.0019	0.0038	0.0070	0.0117	0.0181
29	0.0000	0.0000	0.0000	0.0001	0.0002	0.0004	0.0011	0.0023	0.0044	0.0077	0.0125
30	0.0000	0.0000	0.0000	0.0000	0.0001	0.0002	0.0006	0.0013	0.0026	0.0049	0.0083
31	0.0000	0.0000	0.0000	0.0000	0.0000	0.0001	0.0003	0.0007	0.0015	0.0030	0.0054
32	0.0000	0.0000	0.0000	0.0000	0.0000	0.0001	0.0001	0.0004	0.0009	0.0018	0.0034
33	0.0000	0.0000	0.0000	0.0000	0.0000	0.0000	0.0001	0.0002	0.0005	0.0010	0.0020
34	0.0000	0.0000	0.0000	0.0000	0.0000	0.0000	0.0000	0.0001	0.0002	0.0006	0.0012
35	0.0000	0.0000	0.0000	0.0000	0.0000	0.0000	0.0000	0.0000	0.0001	0.0003	0.0007
36	0.0000	0.0000	0.0000	0.0000	0.0000	0.0000	0.0000	0.0000	0.0001	0.0002	0.0004
37	0.0000	0.0000	0.0000	0.0000	0.0000	0.0000	0.0000	0.0000	0.0000	0.0001	0.0002
38	0.0000	0.0000	0.0000	0.0000	0.0000	0.0000	0.0000	0.0000	0.0000	0.0000	0.0001
39	0.0000	0.0000	0.0000	0.0000	0.0000	0.0000	0.0000	0.0000	0.0000	0.0000	0.0001

〈표 4〉 표준정규분포표

	0	0.01	0.02	0.03	0.04	0.05	0.06	0.07	0.08	0.09
−3.4	0.0003	0.0003	0.0003	0.0003	0.0003	0.0003	0.0003	0.0003	0.0003	0.0002
−3.3	0.0005	0.0005	0.0005	0.0004	0.0004	0.0004	0.0004	0.0004	0.0004	0.0003
−3.2	0.0007	0.0007	0.0006	0.0006	0.0006	0.0006	0.0006	0.0005	0.0005	0.0005
−3.1	0.0010	0.0009	0.0009	0.0009	0.0008	0.0008	0.0008	0.0008	0.0007	0.0007
−3.0	0.0013	0.0013	0.0013	0.0012	0.0012	0.0011	0.0011	0.0011	0.0010	0.0010
−2.9	0.0019	0.0018	0.0018	0.0017	0.0016	0.0016	0.0015	0.0015	0.0014	0.0014
−2.8	0.0026	0.0025	0.0024	0.0023	0.0023	0.0022	0.0021	0.0021	0.0020	0.0019
−2.7	0.0035	0.0034	0.0033	0.0032	0.0031	0.0030	0.0029	0.0028	0.0027	0.0026
−2.6	0.0047	0.0045	0.0044	0.0043	0.0041	0.0040	0.0039	0.0038	0.0037	0.0036
−2.5	0.0062	0.0060	0.0059	0.0057	0.0055	0.0054	0.0052	0.0051	0.0049	0.0048
−2.4	0.0082	0.0080	0.0078	0.0075	0.0073	0.0071	0.0069	0.0068	0.0066	0.0064
−2.3	0.0107	0.0104	0.0102	0.0099	0.0096	0.0094	0.0091	0.0089	0.0087	0.0084
−2.2	0.0139	0.0136	0.0132	0.0129	0.0125	0.0122	0.0119	0.0116	0.0113	0.0110
−2.1	0.0179	0.0174	0.0170	0.0166	0.0162	0.0158	0.0154	0.0150	0.0146	0.0143
−2.0	0.0228	0.0222	0.0217	0.0212	0.0207	0.0202	0.0197	0.0192	0.0188	0.0183
−1.9	0.0287	0.0281	0.0274	0.0268	0.0262	0.0256	0.0250	0.0244	0.0239	0.0233
−1.8	0.0359	0.0351	0.0344	0.0336	0.0329	0.0322	0.0314	0.0307	0.0301	0.0294
−1.7	0.0446	0.0436	0.0427	0.0418	0.0409	0.0401	0.0392	0.0384	0.0375	0.0367
−1.6	0.0548	0.0537	0.0526	0.0516	0.0505	0.0495	0.0485	0.0475	0.0465	0.0455
−1.5	0.0668	0.0655	0.0643	0.0630	0.0618	0.0606	0.0594	0.0582	0.0571	0.0559
−1.4	0.0808	0.0793	0.0778	0.0764	0.0749	0.0735	0.0721	0.0708	0.0694	0.0681
−1.3	0.0968	0.0951	0.0934	0.0918	0.0901	0.0885	0.0869	0.0853	0.0838	0.0823
−1.2	0.1151	0.1131	0.1112	0.1093	0.1075	0.1056	0.1038	0.1020	0.1003	0.0985
−1.1	0.1357	0.1335	0.1314	0.1292	0.1271	0.1251	0.1230	0.1210	0.1190	0.1170
−1.0	0.1587	0.1562	0.1539	0.1515	0.1492	0.1469	0.1446	0.1423	0.1401	0.1379
−0.9	0.1841	0.1814	0.1788	0.1762	0.1736	0.1711	0.1685	0.1660	0.1635	0.1611
−0.8	0.2119	0.2090	0.2061	0.2033	0.2005	0.1977	0.1949	0.1922	0.1894	0.1867
−0.7	0.2420	0.2389	0.2358	0.2327	0.2296	0.2266	0.2236	0.2206	0.2177	0.2148
−0.6	0.2743	0.2709	0.2676	0.2643	0.2611	0.2578	0.2546	0.2514	0.2483	0.2451
−0.5	0.3085	0.3050	0.3015	0.2981	0.2946	0.2912	0.2877	0.2843	0.2810	0.2776
−0.4	0.3446	0.3409	0.3372	0.3336	0.3300	0.3264	0.3228	0.3192	0.3156	0.3121
−0.3	0.3821	0.3783	0.3745	0.3707	0.3669	0.3632	0.3594	0.3557	0.3520	0.3483
−0.2	0.4207	0.4168	0.4129	0.4090	0.4052	0.4013	0.3974	0.3936	0.3897	0.3859
−0.1	0.4602	0.4562	0.4522	0.4483	0.4443	0.4404	0.4364	0.4325	0.4286	0.4247
0.0	0.5000	0.5040	0.5080	0.5120	0.5160	0.5199	0.5239	0.5279	0.5319	0.5359

	0	0.01	0.02	0.03	0.04	0.05	0.06	0.07	0.08	0.09
0.1	0.5398	0.5438	0.5478	0.5517	0.5557	0.5596	0.5636	0.5675	0.5714	0.5753
0.2	0.5793	0.5832	0.5871	0.5910	0.5948	0.5987	0.6026	0.6064	0.6103	0.6141
0.3	0.6179	0.6217	0.6255	0.6293	0.6331	0.6368	0.6406	0.6443	0.6480	0.6517
0.4	0.6554	0.6591	0.6628	0.6664	0.6700	0.6736	0.6772	0.6808	0.6844	0.6879
0.5	0.6915	0.6950	0.6985	0.7019	0.7054	0.7088	0.7123	0.7157	0.7190	0.7224
0.6	0.7257	0.7291	0.7324	0.7357	0.7389	0.7422	0.7454	0.7486	0.7517	0.7549
0.7	0.7580	0.7611	0.7642	0.7673	0.7704	0.7734	0.7764	0.7794	0.7823	0.7852
0.8	0.7881	0.7910	0.7939	0.7967	0.7995	0.8023	0.8051	0.8078	0.8106	0.8133
0.9	0.8159	0.8186	0.8212	0.8238	0.8264	0.8289	0.8315	0.8340	0.8365	0.8389
1.0	0.8413	0.8438	0.8461	0.8485	0.8508	0.8531	0.8554	0.8577	0.8599	0.8621
1.1	0.8643	0.8665	0.8686	0.8708	0.8729	0.8749	0.8770	0.8790	0.8810	0.8830
1.2	0.8849	0.8869	0.8888	0.8907	0.8925	0.8944	0.8962	0.8980	0.8897	0.9015
1.3	0.9032	0.9049	0.9066	0.9082	0.9099	0.9115	0.9131	0.9147	0.9162	0.9177
1.4	0.9192	0.9207	0.9222	0.9236	0.9251	0.9265	0.9279	0.9292	0.9306	0.9319
1.5	0.9332	0.9345	0.9357	0.9370	0.9382	0.9394	0.9406	0.9418	0.9429	0.9441
1.6	0.9452	0.9463	0.9474	0.9484	0.9495	0.9505	0.9515	0.9525	0.9535	0.9545
1.7	0.9554	0.9564	0.9573	0.9582	0.9591	0.9599	0.9608	0.9616	0.9625	0.9633
1.8	0.9641	0.9649	0.9656	0.9664	0.9671	0.9678	0.9686	0.9693	0.9699	0.9706
1.9	0.9713	0.9719	0.9726	0.9732	0.9738	0.9744	0.9750	0.9756	0.9761	0.9767
2.0	0.9772	0.9778	0.9783	0.9788	0.9793	0.9798	0.9803	0.9808	0.9812	0.9817
2.1	0.9821	0.9826	0.9830	0.9834	0.9838	0.9842	0.9846	0.9850	0.9854	0.9857
2.2	0.9861	0.9864	0.9868	0.9871	0.9875	0.9878	0.9881	0.9884	0.9887	0.9890
2.3	0.9893	0.9896	0.9898	0.9901	0.9904	0.9906	0.9909	0.9911	0.9913	0.9916
2.4	0.9918	0.9920	0.9922	0.9925	0.9927	0.9929	0.9931	0.9932	0.9934	0.9936
2.5	0.9938	0.9940	0.9941	0.9943	0.9945	0.9946	0.9948	0.9949	0.9951	0.9952
2.6	0.9953	0.9955	0.9956	0.9957	0.9959	0.9960	0.9961	0.9962	0.9963	0.9964
2.7	0.9965	0.9966	0.9967	0.9968	0.9969	0.9970	0.9971	0.9972	0.9973	0.9974
2.8	0.9974	0.9975	0.9976	0.9977	0.9977	0.9978	0.9979	0.9979	0.9980	0.9981
2.9	0.9981	0.9982	0.9982	0.9983	0.9984	0.9984	0.9985	0.9985	0.9986	0.9986
3.0	0.9987	0.9987	0.9987	0.9988	0.9988	0.9989	0.9989	0.9989	0.9990	0.9990
3.1	0.9990	0.9991	0.9991	0.9991	0.9992	0.9992	0.9992	0.9992	0.9993	0.9993
3.2	0.9993	0.9993	0.9994	0.9994	0.9994	0.9994	0.9994	0.9995	0.9995	0.9995
3.3	0.9995	0.9995	0.9995	0.9996	0.9996	0.9996	0.9996	0.9996	0.9996	0.9997
3.4	0.9997	0.9997	0.9997	0.9997	0.9997	0.9997	0.9997	0.9997	0.9997	0.9998

〈표 5〉 t-분포표

	P										
	0.001	0.005	0.01	0.025	0.05	0.1	0.15	0.2	0.3	0.4	0.5
DF											
1	318.3088	63.6567	31.8205	12.7062	6.3138	3.0777	1.9626	1.3764	0.7265	0.3249	0.0000
2	22.3271	9.9248	6.9646	4.3027	2.9200	1.8856	1.3862	1.0607	0.6172	0.2887	0.0000
3	10.2145	5.8409	4.5407	3.1824	2.3534	1.6377	1.2498	0.9786	0.5844	0.2767	0.0000
4	7.1732	4.6041	3.7469	2.7764	2.1318	1.5332	1.1896	0.9410	0.5686	0.2707	0.0000
5	5.8934	4.0321	3.3649	2.5706	2.0150	1.4759	1.1558	0.9195	0.5594	0.2672	0.0000
6	5.2076	3.7074	3.1427	2.4469	1.9432	1.4398	1.1342	0.9057	0.5534	0.2648	0.0000
7	4.7853	3.4995	2.9980	2.3646	1.8946	1.4149	1.1192	0.8960	0.5491	0.2632	0.0000
8	4.5008	3.3554	2.8965	2.3060	1.8595	1.3968	1.1081	0.8889	0.5459	0.2619	0.0000
9	4.2968	3.2498	2.8214	2.2622	1.8331	1.3830	1.0997	0.8834	0.5435	0.2610	0.0000
10	4.1437	3.1693	2.7638	2.2281	1.8125	1.3722	1.0931	0.8791	0.5415	0.2602	0.0000
11	4.0247	3.1058	2.7181	2.2010	1.7959	1.3634	1.0877	0.8755	0.5399	0.2596	0.0000
12	3.9296	3.0545	2.6810	2.1788	1.7823	1.3562	1.0832	0.8726	0.5386	0.2590	0.0000
13	3.8520	3.0123	2.6503	2.1604	1.7709	1.3502	1.0795	0.8702	0.5375	0.2586	0.0000
14	3.7874	2.9768	2.6245	2.1148	1.7613	1.3450	1.0763	0.8681	0.5366	0.2582	0.0000
15	3.7328	2.9467	2.6025	2.1314	1.7531	1.3406	0.8662	0.5357	0.5357	0.2579	0.0000
16	3.6862	2.9208	2.5835	2.1199	1.7459	1.3368	0.8647	0.5350	0.5350	0.2576	0.0000
17	3.6458	2.8982	2.5669	2.1098	1.7396	1.3334	0.8633	0.5344	0.5344	0.2573	0.0000
18	3.6105	2.8784	2.5524	2.1009	1.7341	1.3304	0.8620	0.5338	0.5338	0.2571	0.0000
19	3.5794	2.8609	2.5395	2.0930	1.7291	1.3277	0.8610	0.5333	0.5333	0.2569	0.0000
20	3.5518	2.8453	2.5280	2.0860	1.7247	1.3253	0.8600	0.5329	0.5329	0.2567	0.0000
21	3.5272	2.8314	2.5176	2.0796	1.7207	1.3232	0.8591	0.5325	0.5325	0.2566	0.0000
22	3.5050	2.8188	2.5083	2.0739	1.7171	1.3212	0.8583	0.5321	0.5321	0.2564	0.0000
23	3.4850	2.8073	2.4999	2.0687	1.7139	1.3195	0.8575	0.5317	0.5317	0.2563	0.0000
24	3.4668	2.7969	2.4922	2.0639	1.7109	1.3178	0.8569	0.5314	0.5314	0.2562	0.0000
25	3.4502	2.7874	2.4851	2.0595	1.7081	1.3163	0.8562	0.5312	0.5312	0.2561	0.0000
26	3.4350	2.7787	2.4786	2.0555	1.7056	1.3150	0.8557	0.5309	0.5309	0.2560	0.0000
27	3.4210	2.7707	2.4727	2.0518	1.7033	1.3137	0.8551	0.5306	0.5306	0.2559	0.0000
28	3.4082	2.7633	2.4671	2.0484	1.7011	1.3125	0.8546	0.5304	0.5304	0.2558	0.0000
29	3.3962	2.7564	2.4620	2.0452	1.6991	1.3114	0.8542	0.5302	0.5302	0.2557	0.0000
30	3.3852	2.7500	2.4573	2.0423	1.6973	1.3104	0.8538	0.5300	0.5300	0.2556	0.0000
35	3.3400	2.7238	2.4377	2.0301	1.6896	1.3062	0.8520	0.5292	0.5292	0.2553	0.0000
40	3.3069	2.7045	2.4233	2.0211	1.6839	1.3031	0.8507	0.5286	0.5286	0.2550	0.0000
45	3.2815	2.6896	2.4121	2.0141	1.6794	1.3006	0.8497	0.5281	0.5281	0.2549	0.0000
50	3.2614	2.6778	2.4033	2.0086	1.6759	1.2987	0.8489	0.5278	0.5278	0.2547	0.0000
60	3.2317	2.6603	2.3901	2.0003	1.6706	1.2958	0.8477	0.5272	0.5272	0.2545	0.0000
80	3.1953	2.6387	2.3739	1.9901	1.6641	1.2922	0.8461	0.5265	0.5265	0.2542	0.0000
100	3.1737	2.6259	2.3642	1.9840	1.6602	1.2901	0.8452	0.5261	0.5261	0.2540	0.0000
120	3.1595	2.6174	2.3578	1.9799	1.6577	1.2886	0.8446	0.5258	0.5258	0.2539	0.0000
10000	3.0910	2.5763	2.3267	1.9602	1.6450	1.2816	0.8417	0.5244	0.5244	0.2534	0.0000

〈표 6〉 F-분포표

P = 0.005

	NF								
	1	2	3	4	5	6	7	8	9
1	16210.72	19999.50	21614.74	22499.58	23055.80	23437.11	23714.57	23925.41	24091.00
2	198.5013	199.0000	199.1664	199.2497	199.2996	199.3330	199.3568	199.3746	199.3885
3	55.5520	49.7993	47.4672	46.1946	45.3916	44.8385	44.4341	44.1256	43.8824
4	31.3328	26.2843	24.2591	23.1545	22.4564	21.9746	21.6217	21.3520	21.1391
5	22.7848	18.3138	16.5298	15.5561	14.9396	14.5133	14.2004	13.9610	13.7716
6	18.6350	14.5441	12.9166	12.0275	11.4637	11.0730	10.7859	10.5658	10.3915
7	16.2356	12.4040	10.8824	10.0505	9.5221	9.1553	8.8854	8.6781	8.5138
8	14.6882	11.0424	9.5965	8.8051	8.3018	7.9520	7.6941	7.4959	7.3386
9	13.6136	10.1067	8.7171	7.9559	7.4712	7.1339	6.8849	6.6933	6.5411
10	12.8265	9.4270	8.0807	7.3428	6.8724	6.5446	6.3025	6.1159	5.9676
11	12.2263	8.9122	7.6004	6.8809	6.4217	6.1016	5.8648	5.6821	5.5368
12	11.7542	8.5096	7.2258	6.5211	6.0711	5.7570	5.5245	5.3451	5.2021
13	11.3735	8.1865	6.9258	6.2335	5.7910	5.4819	5.2529	5.0761	4.9351
14	11.0603	7.9216	6.6804	5.9984	5.5623	5.2574	5.0313	4.8566	4.7173
15	10.7980	7.7008	6.4760	5.8029	5.3721	5.0708	4.8473	4.6744	4.5364
16	10.5755	7.5138	6.3034	5.6378	5.2117	4.9134	4.6920	4.5207	4.3838
17	10.3842	7.3536	6.1556	5.4967	5.0746	4.7789	4.5594	4.3894	4.2535
18	10.2181	7.2148	6.0278	5.3746	4.9560	4.6627	4.4448	4.2759	4.1410
19	10.0725	7.0935	5.9161	5.2681	4.8526	4.5614	4.3448	4.1770	4.0428
20	808439	6.9865	5.8177	5.1743	4.7616	4.4721	4.2569	4.0900	3.9564
21	9.8295	6.8914	5.7304	5.0911	4.6809	4.3931	4.1789	4.0128	3.8799
22	9.7271	6.8064	5.6524	5.0166	4.6088	4.3225	4.1094	3.9440	3.8116
23	9.6348	6.7300	5.5823	4.9500	4.5441	4.2591	4.0469	3.8822	3.7502
24	9.5513	6.6609	5.5190	4.8898	4.4857	4.2019	3.9905	3.8264	3.6949
25	9.4753	6.5982	5.4615	4.8351	4.4327	4.1500	3.9394	3.7758	3.6447
26	9.4059	6.5409	5.4091	4.7852	4.3844	4.1027	3.8928	3.7297	3.5989
27	9.3423	6.4885	5.3611	4.7396	4.3402	4.0594	3.8501	3.6875	3.5571
28	9.2838	6.4403	5.3170	4.6977	4.2996	4.0197	3.8110	3.6487	3.5186
29	9.2297	6.3958	5.2764	4.6591	4.2622	3.9831	3.7749	3.6131	3.4832
30	9.1797	6.3547	5.2388	4.6234	4.2276	3.9492	3.7416	3.5701	3.4505
40	8.8279	6.0664	4.9758	4.3738	3.9860	3.7129	3.5088	3.3498	3.2220
60	8.4946	5.7950	4.7290	4.1399	3.7599	3.4918	3.2911	3.1344	3.0083
120	8.1788	5.5393	4.4972	3.9207	3.5482	3.2849	3.0874	2.9330	2.8083
10000	7.8829	5.3011	4.2819	3.7175	3.3522	3.0935	2.8990	2.7466	2.6232

P = 0.005

	NF									
	10	12	15	20	24	30	40	60	120	1000
1	24224.49	24426.37	24630.21	24835.97	24939.57	25043.63	25148.15	25253.14	25358.57	25451.73
2	199.3996	199.4163	199.4329	199.4496	199.4579	199.4663	199.4746	199.4829	199.4912	199.4986
3	43.6858	43.3874	43.0847	42.7775	42.6222	42.4658	42.3082	42.1494	41.9895	41.8477
4	20.9667	20.7047	20.4383	20.1673	20.0300	19.8915	19.7518	19.6107	19.4684	19.3420
5	13.6182	13.3845	13.1463	12.9035	12.7802	12.6556	12.5297	12.4024	12.2737	12.1592
6	10.2500	10.0343	9.8140	9.5888	9.4742	9.3582	9.2408	9.1219	9.0015	8.8941
7	8.3803	8.1764	7.9678	7.7540	7.6450	7.5345	7.4224	7.3088	7.1933	7.0902
8	7.2106	7.0149	6.8143	6.6082	6.5029	6.3961	6.2875	6.1772	6.0649	5.9644
9	6.4172	6.2274	6.0325	5.8318	5.7292	5.6248	5.5186	5.4104	5.3001	5.2012
10	5.8467	5.6613	5.4707	5.2740	5.1732	5.0706	4.9659	4.8592	4.7501	4.6521
11	5.4183	5.2363	5.0489	4.8552	4.7557	4.6543	4.5508	4.4450	4.3367	4.2390
12	5.0855	4.9062	4.7213	4.5299	4.4314	4.3309	4.2282	4.1229	4.0149	3.9174
13	4.8199	4.6429	4.4600	4.2703	4.1726	4.0727	3.9704	3.8655	3.7577	3.6601
14	4.6034	4.4281	4.2468	4.0585	3.9614	3.8619	3.7600	3.6552	3.5473	3.4494
15	4.4235	4.2497	4.0698	3.8826	3.7859	3.6667	3.5850	3.4803	3.3722	3.2739
16	4.2719	4.0994	3.9205	3.7342	3.6378	3.5389	3.4372	3.3324	3.2240	3.1253
17	4.1424	3.9709	3.7929	3.6073	3.5112	3.4124	3.3108	3.2058	3.0971	2.9978
18	4.0305	3.8599	3.6827	3.4977	3.4017	3.3030	3.2014	3.0962	2.9871	2.8871
19	3.9329	3.7631	3.5866	3.4020	3.3062	3.2075	3.1058	3.0004	2.8908	2.7902
20	3.8470	3.6779	3.5020	3.3178	3.2220	3.1234	3.0215	2.9159	2.8058	2.7046
21	3.7709	3.6024	3.4270	3.2431	3.1474	3.0488	2.9467	2.8408	2.7302	2.6283
22	3.7030	3.5350	3.3600	3.1764	3.0807	2.9821	2.8799	2.7736	2.6625	2.5599
23	3.6420	3.4745	3.2999	3.1165	3.0208	2.9221	2.8197	2.7132	2.6015	2.4982
24	3.5870	3.4199	3.2456	3.0624	2.9667	2.8679	2.7654	2.6585	2.5463	2.4423
25	3.5370	3.3704	3.1963	3.0133	2.9176	2.8187	2.7160	2.6088	2.4961	2.3913
26	3.4916	3.3252	3.1515	2.9685	2.8728	2.7738	2.6709	2.5633	2.4501	2.3446
27	3.4499	3.2839	3.1104	2.9275	2.8318	2.7327	2.6296	2.5217	2.4079	2.3017
28	3.4117	3.2460	3.0727	2.8899	2.7941	2.6949	2.5916	2.4834	2.3690	2.2621
29	3.3765	3.2110	3.0379	2.8551	2.7594	2.6600	2.5565	2.4479	2.3331	2.2254
30	3.3440	3.1787	3.0057	2.8230	2.7272	2.6278	2.5241	2.4151	2.2998	2.1914
40	3.1167	2.9531	2.7811	2.5984	2.5020	2.4015	2.2958	2.1838	2.0636	1.9483
60	2.9042	2.7419	2.5705	2.3872	2.2898	2.1874	2.0789	1.9622	1.8341	1.7073
120	2.7052	2.5439	2.3727	2.1881	2.0890	1.9840	1.8709	1.7469	1.6055	1.4550
10000	2.5210	2.3605	2.1889	2.0020	1.9005	1.7914	1.6715	1.5351	1.3668	1.1256

P = 0.01

	NF								
	1	2	3	4	5	6	7	8	9
1	4052.181	4999.500	5403.352	5624.583	5763.650	5858.986	5928.356	5981.070	6022.473
2	98.5025	99.0000	99.1662	99.2494	99.2993	99.3326	99.3564	99.3742	99.3881
3	34.1162	30.8165	29.4567	28.7099	28.2371	27.9107	27.6717	27.4892	27.3452
4	21.1977	18.0000	16.6944	15.9770	15.5219	15.2069	14.9758	14.7989	14.6591
5	16.2582	13.2739	12.0600	11.3919	10.9670	10.6723	10.4555	10.2893	10.1578
6	13.7450	10.9248	9.7795	9.1483	8.7459	8.4661	8.2600	8.1017	7.9761
7	12.2464	9.5466	8.4513	7.8466	7.4604	7.1914	6.9928	6.8400	6.7188
8	11.2586	8.6491	7.5910	7.0061	6.6318	6.3707	6.1776	6.0289	5.9106
9	10.5614	8.0215	6.9919	6.4221	6.0569	5.8018	5.6129	5.4671	5.3511
10	10.0443	7.5594	6.5523	5.9943	5.6363	5.3858	5.2001	5.0567	4.9424
11	9.6460	7.2057	6.2167	5.6683	5.3160	5.0692	4.8861	4.7445	4.6315
12	9.3302	6.9266	5.9525	5.4120	5.0643	4.8206	4.6395	4.4994	4.3875
13	9.0738	6.7010	5.7394	5.2053	4.8616	4.6204	4.4410	4.3021	4.1911
14	8.8616	6.5149	5.5639	5.0354	4.6950	4.4558	4.2779	4.1399	4.0297
15	8.6831	6.3589	5.4170	4.8932	4.5556	4.3183	4.1415	4.0045	3.8948
16	8.5310	6.2262	5.2922	4.7726	4.4374	4.2016	4.0259	3.8896	3.7804
17	8.3997	6.1121	5.1850	4.6690	4.3359	4.1015	3.9267	3.7910	3.6822
18	8.2854	6.0129	5.0919	4.5790	4.2479	4.0146	3.8406	3.7054	3.5971
19	8.1849	5.9259	5.0103	4.5003	4.1708	3.9386	3.7653	3.6305	3.5225
20	8.0960	5.8489	4.9382	4.4307	4.1027	3.8714	3.6987	3.5644	3.4567
21	8.0166	5.7804	4.8740	4.3688	4.0421	3.8117	3.6396	3.5056	3.3981
22	7.9454	5.7190	4.8166	4.3134	3.9880	3.7583	3.5867	3.4530	3.3458
23	7.8811	5.6637	4.7649	4.2636	3.9392	3.7102	3.5390	3.4057	3.2986
24	7.8299	5.6136	4.7181	4.2184	3.8951	3.6667	3.4959	3.3629	3.2560
25	7.7698	5.5680	4.6755	4.1774	3.8550	3.6272	3.4568	3.3239	3.2172
26	7.7213	5.5263	4.6366	4.1400	3.8183	3.5911	3.4210	3.2884	3.1818
27	7.6767	5.4881	4.6009	4.1056	3.7848	3.5580	3.3882	3.2558	3.1494
28	7.6356	5.4529	4.5681	4.0740	3.7539	3.5276	3.3581	3.2259	3.1195
29	7.5977	5.4204	4.5378	4.0449	3.7254	3.4995	3.3303	3.1982	3.0920
30	7.5625	5.3903	4.5097	4.0179	3.6990	3.4735	3.3045	3.1726	3.0665
40	7.3141	5.1785	4.3126	3.8283	3.5138	3.2910	3.1238	2.9930	2.8876
60	7.0771	4.9774	4.1259	3.6490	3.3389	3.1187	2.9530	2.8233	2.7185
120	6.8509	4.7865	3.9491	3.4795	3.1735	2.9559	2.7918	2.6629	2.5586
10000	6.6374	4.6073	3.7836	3.3210	3.0191	2.8038	2.6411	2.5130	2.4091

P = 0.01

	NF									
	10	12	15	20	24	30	40	60	120	1000
1	6055.847	6106.321	6157.285	6208.730	6234.631	6260.649	6286.782	6213.030	6339.391	6362.682
2	99.3992	99.4159	99.4325	99.4492	99.4575	99.4658	99.4742	99.4825	99.4908	99.4982
3	27.2287	27.0518	26.8722	26.6898	26.5975	26.5045	26.4108	26.3164	26.2211	26.1367
4	14.5459	14.3736	14.1982	14.0196	13.9291	13.8377	13.7454	13.6522	13.5581	13.4745
5	10.0510	9.8883	9.7222	9.5526	9.4665	9.3793	9.2912	9.2020	9.1118	9.0314
6	7.8741	7.7183	7.5590	7.3958	7.3127	7.2285	7.1432	7.0567	6.9630	6.8908
7	6.6201	6.4691	6.3143	6.1554	6.0743	5.9920	5.9084	5.8236	5.7373	5.6601
8	5.8143	5.6667	5.5151	5.3591	5.2793	5.1981	5.1156	5.01316	4.9461	4.8694
9	5.2565	5.1114	4.9621	4.8080	4.7290	4.6486	4.5666	4.483	4.3978	4.3211
10	4.8491	4.7059	4.5581	4.4054	4.3269	4.2469	4.1653	4.0819	3.9965	3.9196
11	4.5393	4.3974	4.2509	4.0990	4.0209	3.9411	3.8596	3.7761	3.6904	3.6131
12	4.2961	4.1553	4.0096	3.8584	3.7805	3.7008	3.6192	3.5355	3.4494	3.3716
13	4.1003	3.9603	3.8154	3.6646	3.5868	3.5070	3.4253	3.3413	3.2548	3.1763
14	3.9394	3.8001	3.6557	3.5052	3.4274	3.3476	3.2656	3.1813	3.0942	3.0150
15	3.8049	3.6662	3.5222	3.3719	3.2940	3.2141	3.1319	3.0471	2.9595	2.8795
16	3.6909	3.5527	3.4089	3.2587	3.1808	3.1007	3.0182	2.9330	2.8447	2.7641
17	3.5931	3.4552	3.3117	3.1615	3.0835	3.0032	2.9205	2.8348	2.7459	2.6644
18	3.5082	3.3706	3.2273	3.0771	2.9990	2.9185	2.8354	2.7493	2.6597	2.5775
19	3.4338	3.2965	3.1533	3.0031	2.9249	2.8442	2.7608	2.6742	2.5839	2.5009
20	3.3682	3.2311	3.0880	2.9377	2.8594	2.7785	2.6947	2.6077	2.5168	2.4329
21	3.3098	3.1730	3.0300	2.8796	2.8010	2.7200	2.6359	2.5484	2.4568	2.3722
22	3.2576	3.1209	2.9779	2.8274	2.7488	2.6675	2.5831	2.4951	2.4029	2.3175
23	3.2106	3.0740	2.9311	2.7805	2.7017	2.6202	2.5355	2.4471	2.3542	2.2680
24	3.1681	3.0316	2.8887	2.7380	2.6591	2.5773	2.4923	2.4035	2.3100	2.2230
25	3.1294	2.9931	2.8502	2.6993	2.6203	2.5383	2.4530	2.3637	2.2696	2.1818
26	3.0941	2.9578	2.8150	2.6640	2.5848	2.5026	2.4170	2.3273	2.2325	2.1440
27	3.0618	2.9256	2.7827	2.6316	2.5522	2.4699	2.3840	2.2938	2.1985	2.1092
28	3.0320	2.8959	2.7530	2.6017	2.5223	2.4397	2.3335	2.2629	2.1670	2.0769
29	3.0045	2.8685	2.7256	2.5742	2.4946	2.4118	2.3253	2.2344	2.1379	2.0471
30	2.9791	2.8431	2.7002	2.5487	2.4689	2.3860	2.2992	2.2079	2.1108	2.0192
40	2.8005	2.6648	2.5216	2.3689	2.2880	2.2034	2.1142	2.0194	1.9072	1.8189
60	2.6318	2.4961	2.3523	2.1978	2.1154	2.0285	1.9360	1.8363	1.7263	1.6369
120	2.4721	2.3363	2.1915	2.0346	1.9500	1.8600	1.7628	1.6557	1.5330	1.4015
10000	2.3227	2.1865	2.0403	1.8801	1.7927	1.6983	1.5943	1.4753	1.3273	1.1129

P = 0.025

	NF								
	1	2	3	4	5	6	7	8	9
1	647.7890	799.5000	864.1630	899.5833	921.8479	937.1111	948.2169	956.6562	963.2846
2	38.5063	39.0000	39.1655	39.2484	39.2982	39.3315	39.3552	39.3730	39.3869
3	17.4434	16.0441	15.4392	15.1010	14.8848	14.7347	14.6244	14.5399	14.4731
4	12.2179	10.6491	9.9792	9.6045	9.3645	9.1973	9.0741	8.9796	8.9047
5	10.0070	8.4336	7.7636	7.3879	7.1464	6.9777	6.8531	6.7572	6.6811
6	8.8131	7.2599	6.5988	6.2272	5.9876	5.8198	5.6955	5.5996	5.5234
7	8.0727	6.5415	5.8898	5.5226	5.2852	5.1186	4.9949	4.8993	4.8232
8	7.5709	6.0595	5.4160	5.0526	4.8173	4.6517	4.5286	4.4333	4.3572
9	7.2093	5.7147	5.0781	4.7181	4.4844	4.3197	4.1970	4.1020	4.0260
10	6.9367	5.4564	4.8256	4.4683	4.2361	4.0721	3.9498	3.8549	3.7790
11	6.7241	5.2559	4.6300	4.2751	4.0440	3.8807	3.7586	3.6638	3.5879
12	6.5538	5.0959	4.4742	4.1212	3.8911	3.7283	3.6065	3.5118	3.4358
13	6.4143	4.9653	4.3472	3.9959	3.7667	3.6043	3.4827	3.3880	3.3120
14	6.2979	4.8567	4.2417	3.8919	3.6634	3.5014	3.3799	3.2853	3.2093
15	6.1995	4.7650	4.1528	3.8043	3.5764	3.4147	3.2934	3.1987	3.1227
16	6.1151	4.6867	4.0768	3.7294	3.5021	3.3406	3.2194	3.1248	3.0488
17	6.0420	4.6189	4.0112	3.6648	3.4379	3.2767	3.1556	3.0610	2.9849
18	5.9781	4.5597	3.9539	3.6083	3.3820	3.2209	3.0999	3.0053	2.9291
19	5.9216	4.5075	3.9034	3.5587	3.3327	3.1718	3.0509	2.9563	2.8801
20	5.8715	4.4613	3.8587	3.5147	3.2891	3.1283	3.0074	2.9128	2.8365
21	5.8266	4.4199	3.8188	3.4754	3.2501	3.0895	2.9686	2.8740	2.7977
22	5.7863	4.3828	3.7829	3.4401	3.2151	3.0546	2.9338	2.8392	2.7628
23	5.7498	4.3492	3.7505	3.4083	3.1835	3.0232	2.9023	2.8077	2.7313
24	5.7166	4.3187	3.7211	3.3794	3.1548	2.9946	2.8738	2.7791	2.7027
25	5.6864	4.2909	3.6943	3.3530	3.1287	2.9685	2.8478	2.7531	2.6766
26	5.6586	4.2655	3.6697	3.3289	3.1048	2.9447	2.8240	2.7293	2.6528
27	5.6331	4.2421	3.6472	3.3067	3.0828	2.9228	2.8021	2.7074	2.6309
28	5.6096	4.2205	3.6264	3.2863	3.0626	2.9027	2.7820	2.6872	2.6106
29	5.5878	2.2006	3.6072	3.2674	3.0438	2.8840	2.7633	2.6686	2.5919
30	5.5675	4.1821	3.5894	3.2499	3.0265	2.8667	2.7460	2.6513	2.5746
40	5.4239	4.0510	3.4633	3.1261	2.9037	2.7444	2.6238	2.5289	2.4519
60	5.2856	3.9253	3.3425	3.0077	2.7863	2.6274	2.5068	2.4117	2.3344
120	5.1523	3.8046	3.2269	2.8943	2.6740	2.5154	2.3948	2.2994	2.2217
10000	5.0254	3.6902	3.1174	2.7871	2.5678	2.4095	2.2888	2.1931	2.1149

P = 0.025

	NF									
	10	12	15	20	24	30	40	60	120	1000
1	968.6274	976.7079	984.8668	993.1028	997.2492	1001.414	1005.598	1009.800	1014.020	1017.749
2	39.3980	39.4146	39.4313	39.4479	39.4562	39.4646	39.4729	39.4812	39.4896	39.4969
3	14.4189	14.3366	14.2527	14.1674	14.1241	14.0805	14.0365	13.9921	13.9473	13.9075
4	8.8439	8.7512	8.6565	8.5599	8.5109	8.4613	8.4111	8.3604	8.3092	8.2636
5	6.6192	6.5245	6.4277	6.3286	6.2780	6.2269	6.1750	6.1225	6.0693	6.0218
6	5.4613	5.3662	5.2687	5.1684	5.1172	5.0652	5.0125	4.9589	4.9044	4.8558
7	4.7611	4.6658	4.5678	4.4667	4.4150	4.3624	4.3089	4.2544	4.1989	4.1492
8	4.2951	4.1997	4.1012	3.9995	3.9472	3.8940	3.8398	3.7844	3.7279	3.6772
9	3.9639	3.8682	3.7694	3.6669	3.6142	3.5604	3.5055	3.4493	3.3918	3.3400
10	3.7168	3.6209	3.5217	3.4185	3.3654	3.3110	3.2554	3.1984	3.1399	3.0871
11	3.5257	3.4296	3.3299	3.2261	3.1725	3.1176	3.0613	3.0035	2.9441	2.8902
12	3.3736	3.2773	3.1772	3.0728	3.0187	2.9633	2.9063	2.8478	2.7874	2.7325
13	3.2497	3.1532	3.0527	2.9477	2.8932	2.8372	2.7797	2.7204	2.6590	2.6032
14	3.1469	3.0502	2.9493	2.8437	2.7888	2.7324	2.6742	2.6142	2.5519	2.4951
15	3.0602	2.9633	2.8621	2.7556	2.7006	2.6437	2.5850	2.5242	2.4611	2.4034
16	2.9862	2.8890	2.7875	2.6808	2.6252	2.5678	25.5085	2.4471	2.3831	2.3245
17	2.9222	2.8249	2.7230	2.6158	2.5598	2.5020	2.4422	2.3801	2.3153	2.2558
18	2.8664	2.7689	2.6667	2.5590	2.5027	2.4445	2.3842	2.3214	2.2558	2.1954
19	2.8172	2.7196	2.6171	2.5089	2.4523	2.3937	2.3329	2.2696	2.2032	2.1419
20	2.7737	2.6758	2.5731	2.4645	2.4076	2.3486	2.2873	2.2234	2.1562	2.0941
21	2.7348	2.6368	2.5338	2.4247	2.3675	2.3082	2.2465	2.1819	2.1141	2.0511
22	2.6998	2.6017	2.4984	2.3890	2.3315	2.2718	2.2097	2.1446	2.0760	2.0122
23	2.6682	2.5699	2.4665	2.3567	2.2989	2.2389	2.1763	2.1107	2.0415	1.9769
24	2.6396	2.5411	2.4374	2.3273	2.2693	2.2090	2.1460	2.0799	2.0099	1.9445
25	2.6135	2.5149	2.4110	2.3005	2.2422	2.1816	2.1183	2.0516	1.9811	1.9149
26	2.5896	2.4908	2.3867	2.2759	2.2174	2.1565	2.0928	2.0257	1.9545	1.8876
27	2.5676	2.4688	2.3644	2.2533	2.1946	2.1134	2.0693	2.0018	1.9299	1.8623
28	2.5473	2.4484	2.3438	2.2324	2.1735	2.1121	2.0477	1.9797	1.9072	1.8389
29	2.5286	2.4295	2.3248	2.2131	2.1540	2.0923	2.0276	1.9591	1.8861	1.8170
30	2.5112	2.4120	2.3072	2.1952	2.1359	2.0739	2.0089	1.9400	1.8664	1.7967
40	2.3882	2.2882	2.1819	2.0677	2.0069	1.9429	1.8752	1.8028	1.7242	1.6481
60	2.2702	2.1692	2.0613	1.9445	1.8817	1.8152	1.7440	1.6668	1.5810	1.4950
120	2.1570	2.0548	1.9450	1.8249	1.7597	1.6899	1.6141	1.5299	1.4327	1.3273
10000	2.0496	1.9460	1.8339	1.7099	1.6416	1.5675	1.4851	1.3900	1.2706	1.0944

P = 0.05

	NF								
	1	2	3	4	5	6	7	8	9
1	161.4476	199.5000	215.7073	224.5832	230.1619	233.9860	236.7684	238.8827	240.5433
2	18.5128	19.0000	19.1643	19.2964	19.2964	19.3295	19.3532	19.3710	19.3848
3	10.1280	9.5521	9.2766	9.0135	9.0135	8.9406	8.8867	8.8452	8.8123
4	7.7086	6.9443	6.5914	6.2561	6.2561	6.1631	6.0942	6.0410	5.9988
5	6.6079	5.7861	5.4095	5.0503	5.0503	4.9503	4.8759	4.8183	4.7725
6	5.9874	5.1433	4.7571	4.3874	4.3874	4.2839	4.2067	4.1468	4.0990
7	5.5914	4.7374	4.3468	3.9715	3.9715	3.8660	3.7870	3.7257	3.6767
8	5.3177	4.4590	4.0662	3.6875	3.6875	3.5806	3.5005	3.4381	3.3881
9	5.1174	4.2565	3.8625	3.4817	3.4817	3.3738	3.2927	3.2296	3.1789
10	4.9946	4.1028	3.7083	3.3258	3.3258	3.2172	3.1355	3.0717	3.0204
11	4.8443	3.9823	3.5874	3.2039	3.2039	3.0946	3.0123	2.9480	2.8962
12	4.7472	3.8853	3.4903	3.1059	3.1059	2.9961	2.9134	2.8486	2.7964
13	4.6672	3.8056	3.4105	3.0254	3.0254	2.9153	2.8321	2.7669	2.7144
14	4.6001	3.7389	3.3439	2.9582	2.9582	2.8477	2.7642	2.6987	2.6458
15	4.5431	3.6823	3.2874	2.9013	2.9013	2.7905	2.7066	2.6408	2.5876
16	4.4940	3.6337	3.2389	2.8524	2.8524	2.7413	2.6572	2.5911	2.5377
17	4.4513	3.5915	3.1968	2.8100	2.8100	2.6987	2.6143	2.5480	2.4943
18	4.4139	3.5546	3.1599	2.7729	2.7729	2.6613	2.5767	2.5102	2.4563
19	4.3807	3.5219	3.1274	2.7401	2.7401	2.6283	2.5435	2.4768	2.4227
20	4.3512	3.4928	3.0984	2.7109	2.7109	2.5990	2.5140	2.4471	2.3928
21	4.3248	3.4668	3.0725	2.6848	2.6848	2.5727	2.4876	2.4205	2.3660
22	4.3009	3.4434	3.0491	2.6613	2.6613	2.5491	2.4638	2.3965	2.3419
23	4.2793	3.4221	3.0280	2.6400	2.6400	2.5277	2.4422	2.3748	2.3201
24	4.2597	3.4028	3.0088	2.6207	2.6207	2.5082	2.4226	2.3551	2.3002
25	4.2417	3.3852	2.9912	2.6030	2.6030	2.4904	2.4047	2.3371	2.2821
26	4.2252	3.3690	2.9752	2.5868	2.5868	2.4741	2.3883	2.3205	2.2655
27	4.2100	3.3541	2.9604	2.5719	2.5719	2.4591	2.3732	2.3053	2.2501
28	4.1960	3.3404	2.9467	2.5581	2.5581	2.4453	2.3593	2.2913	2.2360
29	4.1830	3.3277	2.9340	2.5454	2.5454	2.4324	2.3463	2.2783	2.2229
30	4.1709	3.3158	2.9223	2.5336	2.5336	2.4205	2.3343	2.2662	2.2107
40	4.0847	3.2317	2.8387	2.4495	2.4495	2.3359	2.2490	2.1802	2.1240
60	4.0012	3.1504	2.7581	2.3683	2.3683	2.2541	2.1665	2.0970	2.0401
120	3.9201	3.0718	2.6802	2.2899	2.2899	2.1750	2.0868	2.0164	1.9588
10000	3.8424	2.9966	2.6058	2.2150	2.2150	2.0995	2.0105	1.9393	1.8808

P = 0.05

	NF									
	10	12	15	20	24	30	40	60	120	1000
1	241.8817	243.9060	245.9499	248.0131	249.0518	250.0951	251.1432	252.1957	253.2529	254.1868
2	19.3959	19.4125	19.4291	19.4458	19.4541	19.4624	19.4707	19.4791	19.4874	19.4947
3	8.7855	8.7446	8.7029	8.6602	8.6385	8.6166	8.5944	8.5720	8.5494	8.5292
4	5.9644	5.9117	5.8578	5.8025	5.7744	5.7459	5.7170	5.6877	5.6581	5.6317
5	4.7351	4.6777	4.6188	4.5581	4.5272	4.4957	4.4638	4.4314	4.3985	4.3690
6	4.0600	3.9999	3.9381	3.8742	3.8415	3.8082	3.7743	3.7398	3.7047	3.6732
7	3.6365	3.5747	3.5107	3.4445	3.4105	3.3758	3.3404	3.3043	3.2674	3.2343
8	3.3472	3.2839	3.2184	3.1503	3.1152	3.0794	3.0428	3.0053	2.9669	2.9324
9	3.1373	3.0729	3.0061	2.9365	2.9005	2.8637	2.8259	2.7872	2.7475	2.7116
10	2.9782	2.9130	2.8450	2.7740	2.7372	2.6996	2.6609	2.6211	2.5801	2.5430
11	2.8536	2.7876	2.7186	2.6464	2.6090	2.5705	2.5309	2.4901	2.4480	2.4098
12	2.7534	2.6866	2.6169	2.5436	2.5055	2.4663	2.4259	2.3842	2.3410	2.3017
13	2.6710	2.6037	2.5331	2.4589	2.4202	2.3803	2.3392	2.2966	2.2524	2.2121
14	2.6022	2.5342	2.4630	2.3879	2.3487	2.3082	2.2664	2.2229	2.1778	2.1365
15	2.5437	2.4753	2.4034	2.3275	2.2878	2.2468	2.2043	2.1601	2.1141	2.0718
16	2.4935	2.4247	2.3522	2.2756	2.2354	2.1938	2.1507	2.1058	2.0589	2.0157
17	2.4499	2.3807	2.3077	2.2304	2.1898	2.1477	2.1040	2.0584	2.0107	1.9666
18	2.4117	2.3421	2.2686	2.1906	2.1497	2.1071	2.0629	2.0166	1.9681	1.9232
19	2.3779	2.3080	2.2341	2.1555	2.1141	2.0712	2.0264	1.9795	1.9302	1.8845
20	2.3479	2.2776	2.2033	2.1242	2.0825	2.0391	1.9938	1.9464	1.8963	1.8497
21	2.3210	2.2504	2.1757	2.0960	2.0540	2.0102	1.9645	1.9165	1.8657	1.8184
22	2.2967	2.2258	2.1508	2.0707	2.0283	1.9842	1.9380	1.8894	1.8380	1.7899
23	2.2747	2.2036	2.1282	2.0476	2.0050	1.9605	1.9139	1.8648	1.8128	1.7639
24	2.2547	2.1834	2.1077	2.0267	1.9838	1.9390	1.8920	1.8424	1.7896	1.7401
25	2.2365	2.1649	2.0889	2.0075	1.9643	1.9192	1.8718	1.8217	1.7684	1.7181
26	2.2197	2.1479	2.0716	1.9898	1.9464	1.9010	1.8533	1.8027	1.7488	1.6978
27	2.2043	2.1323	2.0558	1.9736	1.9299	1.8842	1.8361	1.7851	1.7306	1.6790
28	2.1900	2.1179	2.0411	1.9586	1.9147	1.8687	1.8203	1.7689	1.7138	1.6615
29	2.1768	2.1045	2.0275	1.9446	1.9005	1.8543	1.8055	1.7537	1.6981	1.6452
30	2.1646	2.0921	2.0148	1.9317	1.8874	1.8409	1.7918	1.7396	1.6835	1.6299
40	2.0772	2.0035	1.9245	1.8389	1.7929	1.7444	1.6928	1.6373	1.5766	1.5175
60	1.9926	1.9174	1.8364	1.7480	1.7001	1.6491	1.5943	1.5343	1.4673	1.3994
120	1.9105	1.8337	1.7505	1.6587	1.6084	1.5543	1.4952	1.4290	1.3519	1.2675
10000	1.8316	1.7531	1.6674	1.5716	1.5184	1.4602	1.3952	1.3194	1.2231	1.0787

P = 0.1

	NF								
	1	2	3	4	5	6	7	8	9
1	39.8635	49.5000	53.5932	55.8330	57.2401	58.2044	58.9060	59.4390	59.8576
2	8.5263	9.0000	9.1618	9.2434	9.2926	9.3255	9.3491	9.3668	9.3805
3	5.5383	5.4624	5.3908	5.3426	5.3092	5.2847	5.2662	5.2517	5.2400
4	4.5448	4.3246	4.1909	4.1072	4.0506	4.0097	3.9790	3.9549	3.9357
5	4.0604	3.7797	3.6195	3.5202	3.4530	3.4045	3.3679	3.3393	3.3163
6	3.7759	3.4633	3.2888	3.1808	3.1075	3.0546	3.0145	2.9830	2.9577
7	3.5894	3.2574	3.0741	2.9605	2.8833	2.8274	2.7849	2.7516	2.7247
8	3.4579	3.1131	2.9238	2.8064	2.7264	2.6683	2.6241	2.5893	2.5612
9	3.3603	3.0065	2.8129	2.6927	2.6106	2.5509	2.5053	2.4694	2.4403
10	3.2850	2.9245	2.7277	2.6053	2.5216	2.4606	2.4140	2.3772	2.3473
11	3.2252	2.8595	2.6602	2.5362	2.4512	2.3891	2.3416	2.3040	2.2735
12	3.1765	2.8068	2.6055	2.4801	2.3940	2.3310	2.2828	2.2446	2.2135
13	3.1362	2.7632	2.5603	2.4337	2.3467	2.2830	2.2341	2.1953	2.1638
14	3.1022	2.7265	2.5222	2.3947	2.3069	2.2426	2.1931	2.1539	2.1220
15	3.0732	2.6952	2.4898	2.3614	2.2730	2.2081	2.1582	2.1185	2.0862
16	3.0481	2.6682	2.4618	2.3327	2.2438	2.1783	2.1280	2.0880	2.0553
17	3.0262	2.6446	2.4374	2.3077	2.2183	2.1524	2.1017	2.0613	2.0284
18	3.0070	2.6239	2.4160	2.2858	2.1958	2.1296	2.0785	2.0379	2.0047
19	2.9899	2.6056	2.3970	2.2663	2.1760	2.1094	2.0580	2.0171	1.9836
20	2.9747	2.5893	2.3801	2.2489	2.1582	2.0913	2.0397	1.9985	1.9649
21	2.9610	2.5746	2.3649	2.2333	2.1423	2.0751	2.0233	1.9819	1.9480
22	2.9486	2.5613	2.3512	2.2193	2.1279	2.0605	2.0084	1.9668	1.9327
23	2.9374	2.5493	2.3387	2.2065	2.1149	2.0472	1.9949	1.9531	1.9189
24	2.9271	2.5383	2.3274	2.1949	2.1030	2.0351	1.9826	1.9407	1.9063
25	2.9177	2.5283	2.3170	2.1842	2.0922	2.0241	1.9714	1.9292	1.8947
26	2.9091	2.5191	2.3075	2.1745	2.0822	2.0138	1.9610	1.9188	1.8841
27	2.9012	2.5106	2.2987	2.1655	2.0730	2.0045	1.9515	1.9091	1.8743
28	2.8938	2.5028	2.2906	2.1571	2.0645	1.9959	1.9427	1.9001	1.8652
29	2.8870	2.4955	2.2831	2.1494	2.0566	1.9878	1.9345	1.8918	1.8568
30	2.8807	2.4887	2.2761	2.1422	2.0492	1.9803	1.9269	1.8841	1.8490
40	2.8354	2.4404	2.2261	2.0909	1.9968	1.9269	1.8725	1.8289	1.7929
60	2.7911	2.3933	2.1774	2.0410	1.9457	1.8747	1.8194	1.7748	1.7380
120	2.7478	2.3473	2.1300	1.9923	1.8959	1.8238	1.7675	1.7220	1.6842
10000	2.7060	2.3031	2.0843	1.9454	1.8478	1.7747	1.7173	1.6708	1.6321

P = 0.1

	NF									
	10	12	15	20	24	30	40	60	120	1000
1	60.1950	60.7052	61.2203	61.7403	62.0020	62.2650	62.5291	62.7943	63.0606	63.2960
2	9.3916	9.4081	9.4247	9.4413	9.4496	9.4579	9.4662	9.4746	9.4829	9.4902
3	5.2304	5.2156	5.2003	5.1845	5.1764	5.1681	5.1597	5.1512	5.1425	5.1348
4	3.9199	3.8955	3.8704	3.8443	3.8310	3.8174	3.8036	3.7896	3.7753	3.7625
5	3.2941	3.2682	3.2380	3.2067	3.1905	3.1741	3.1573	3.1402	3.1228	3.1072
6	2.9369	2.9047	2.8712	2.8363	2.8183	2.8000	2.7812	2.7620	2.7423	2.7246
7	2.7025	2.6681	2.6322	2.5947	2.5753	2.5555	2.5351	2.5142	2.4928	2.4735
8	2.5380	205020	2.4642	2.4246	2.4041	2.3830	2.3614	2.3391	2.3162	2.2954
9	2.4163	2.3789	2.3396	2.2983	2.2768	2.2547	2.2320	2.2085	2.1843	2.1623
10	2.3226	2.2841	2.2435	2.2007	2.1784	2.1554	2.1317	2.1072	2.0818	2.0586
11	2.2482	2.2087	2.1671	2.1230	2.1000	2.0762	2.0516	2.0261	1.9997	1.9755
12	2.1878	2.1474	2.1049	2.0597	2.0360	2.0115	1.9861	1.9597	1.9323	1.9071
13	2.1376	2.0966	2.0532	2.0070	1.9827	1.9576	1.9315	1.9043	1.8759	1.8498
14	2.0954	2.0537	2.0095	1.9625	1.9377	1.9119	1.8852	1.8572	1.8280	1.8011
15	2.0593	2.0171	1.9722	1.9243	1.8990	1.8728	1.8454	1.8168	1.7867	1.7589
16	2.0281	1.9854	1.9399	1.8913	1.8656	1.8388	1.8108	1.7816	1.7507	1.7222
17	2.0009	1.9577	1.9117	1.8624	1.8362	1.8090	1.7805	1.7506	1.7191	1.6898
18	1.9770	1.9333	1.8868	1.8368	1.8103	1.7827	1.7537	1.7232	1.6910	1.6609
19	1.9557	1.9117	1.8647	1.8142	1.7873	1.7592	1.7298	1.6988	1.6659	1.6351
20	1.9367	1.8924	1.8449	1.7938	1.7667	1.7382	1.7083	1.6768	1.6433	1.6118
21	1.9197	1.8750	1.8271	1.7756	1.7481	1.7193	1.6890	1.6569	1.6228	1.5907
22	1.9043	1.8593	1.8111	1.7590	1.7312	1.7021	1.6714	1.6389	1.6041	1.5714
23	1.8903	1.8450	1.7964	1.7439	1.7159	1.6864	1.6554	1.6224	1.5871	1.5538
24	1.8775	1.8319	1.7381	1.7302	1.7019	1.6721	1.6407	1.6073	1.5715	1.5375
25	1.8658	1.8200	1.7708	1.7175	1.6890	1.6589	1.6272	1.5934	1.5570	1.5225
26	1.8550	1.8090	1.7596	1.7059	1.6771	1.6468	1.6147	1.5805	1.5437	1.5086
27	1.8451	1.7989	1.7492	1.6951	1.6662	1.6356	1.6032	1.5686	1.5313	1.4957
28	1.8359	1.7895	1.7395	1.6852	1.6560	1.6252	1.5925	1.5575	1.5198	1.4836
29	1.8274	1.7808	1.7306	1.6759	1.6465	1.6155	1.5825	1.5472	1.5090	1.4723
30	1.8195	1.7727	1.7223	1.6673	1.6377	1.6065	1.5732	1.5376	1.4989	1.4617
40	1.7627	1.7146	1.6624	1.6052	1.5741	1.5411	1.5056	1.4672	1.4248	1.3830
60	1.7070	1.6574	1.6034	1.5435	1.5107	1.4755	1.4373	1.3952	1.3476	1.2988
120	1.6524	1.6012	1.5450	1.4821	1.4472	1.4094	1.3676	1.3203	1.2646	1.2026
10000	1.5994	1.5464	1.8478	1.4213	1.3840	1.3427	1.2960	1.2410	1.1699	1.0608

P = 0.15

	NF								
	1	2	3	4	5	6	7	8	9
1	17.3497	21.7222	23.5718	24.5825	25.2171	25.6518	25.9679	26.2081	26.3967
2	5.2072	5.6667	5.8258	5.9065	5.9553	5.9880	6.0114	6.0290	6.0427
3	3.7030	3.8133	3.8209	3.8166	3.8109	3.8058	3.8013	3.7976	3.7945
4	3.1620	3.1640	3.1236	3.0916	3.0678	3.0497	3.0357	3.0245	3.0153
5	2.8878	2.8395	2.7764	2.7309	2.6980	2.6733	2.6543	2.6391	2.6268
6	2.7231	2.6462	2.5699	2.5164	2.4780	2.4493	2.4270	2.4093	2.3949
7	2.6134	2.5183	2.4334	2.3746	2.3324	2.3009	2.2764	2.2570	2.2411
8	2.5352	2.4274	2.3366	2.2740	2.2291	2.1955	2.1694	2.1486	2.1316
9	2.4766	2.3597	2.2644	2.1989	2.1520	2.1168	2.0894	2.0675	2.0496
10	2.4312	2.3072	2.2086	2.1408	2.0922	2.0557	2.0273	2.0046	1.9860
11	2.3949	2.2654	2.1640	2.0945	2.0446	2.0071	1.9778	1.9543	1.9351
12	2.3653	2.2313	2.1278	2.0568	2.0058	1.9673	1.9374	1.9133	1.8935
13	2.3407	2.2030	2.0976	2.0254	1.9735	1.9343	1.9037	1.8791	1.8589
14	2.3198	2.1791	2.0722	1.9989	1.9462	1.9064	1.8752	1.8502	1.8296
15	2.3020	2.1586	2.0504	1.9763	1.9228	1.8825	1.8509	1.8254	1.8044
16	2.2865	2.1409	2.0316	1.9567	1.9027	1.8618	1.8298	1.8040	1.7827
17	2.2730	2.1255	2.0152	1.9396	1.8850	1.8437	1.8113	1.7852	1.7636
18	2.2611	2.1119	2.0007	1.9245	1.8695	1.8278	1.7951	1.7686	1.7468
19	2.2506	2.0998	1.9878	1.9111	1.8556	1.8136	1.7806	1.7539	1.7319
20	2.2411	2.0890	1.9764	1.8992	1.8433	1.8010	1.7677	1.7408	1.7185
21	2.2326	2.0793	1.9660	1.8884	1.8322	1.7896	1.7560	1.7289	1.7064
22	2.2249	2.0705	1.9567	1.8787	1.8222	1.7793	1.7455	1.7182	1.6956
23	2.2179	2.0626	1.9482	1.8698	1.8131	1.7699	1.7360	1.7084	1.6856
24	2.2116	2.0553	1.9405	1.8618	1.8047	1.7614	1.7272	1.6995	1.6766
25	2.2057	2.0487	1.9334	1.8544	1.7971	1.7536	1.7192	1.6914	1.6683
26	2.2004	2.0425	1.9269	1.8476	1.7901	1.7464	1.7119	1.6839	1.6607
27	2.1954	2.0369	1.9209	1.8414	1.7836	1.7397	1.7051	1.6770	1.6536
28	2.1908	2.0317	1.9154	1.8356	1.7777	1.7336	1.6988	1.6705	1.6471
29	2.1866	2.0268	1.9102	1.8302	1.7721	1.7279	1.6929	1.6646	1.6410
30	2.1826	2.0223	1.9054	1.8252	1.7669	1.7226	1.6875	1.6590	1.6354
40	2.1542	1.9900	1.8711	1.7894	1.7299	1.6845	1.6485	1.6192	1.5948
60	2.1264	1.9584	1.8375	1.7543	1.6936	1.6471	1.6102	1.5800	1.5548
120	2.0990	1.8274	1.8046	1.7199	1.6580	1.6104	1.5725	1.5414	1.5154
10000	2.0726	1.8975	1.7727	1.6866	1.6235	1.5748	1.5359	1.5038	1.4769

P = 0.15

	NF									
	10	12	15	20	24	30	40	60	120	1000
1	26.5487	26.7786	27.0106	27.2448	27.3626	27.4810	27.5999	27.7193	27.8393	27.9452
2	6.0537	6.0702	6.0867	6.1033	6.1116	6.1199	6.1282	6.1365	6.1448	6.1521
3	3.7918	3.7874	3.7828	3.7778	3.7751	3.7724	63.7695	3.7666	3.7636	3.7609
4	3.0078	2.9959	2.9835	2.9704	2.9636	2.9567	2.9496	2.9423	2.9349	2.9282
5	2.6165	2.6006	2.5838	2.5662	2.5571	2.5477	2.5381	2.5282	2.5181	2.5090
6	2.3830	2.3643	2.3446	2.3239	2.3131	2.3021	2.2907	2.2790	2.2670	2.2561
7	2.2279	2.2072	2.1854	2.1623	2.1503	2.1379	2.1252	2.1120	2.0984	2.0861
8	2.1174	2.0952	2.0717	2.0468	2.0337	2.0202	2.0063	1.9920	1.9771	1.9635
9	2.0347	2.0112	1.9863	1.9598	1.9459	1.9316	1.9167	1.9013	1.8852	1.8706
10	1.9704	1.9459	1.9198	1.8920	1.8774	1.8622	1.8465	1.8301	1.8131	1.7975
11	1.9190	1.8936	1.8666	1.8376	1.8223	1.8065	1.7900	1.7728	1.7548	1.7383
12	1.8770	1.8508	1.8229	1.7929	1.7771	1.7606	1.7434	1.7254	1.7066	1.6893
13	1.8419	1.8151	1.7864	1.7556	1.7392	1.7221	1.7043	1.6857	1.6661	1.6479
14	1.8123	1.7849	1.7555	1.7238	1.7070	1.6894	1.6710	1.6517	1.6314	1.6125
15	1.7868	1.7589	1.7289	1.6965	1.6793	1.6613	1.6423	1.6224	1.6014	1.5818
16	1.7648	1.7364	1.7059	1.6728	1.6552	1.6367	1.6173	1.5968	1.5751	1.5549
17	1.7455	1.7167	1.6856	1.6520	1.6340	1.6151	1.5952	1.5742	1.5519	1.5311
18	1.7285	1.6993	1.6678	1.6335	1.6152	1.5960	1.5757	1.5542	1.5313	1.5098
19	1.7133	1.6838	1.6518	1.6171	1.5985	1.5789	1.5582	1.5362	1.5127	1.4907
20	1.6997	1.6699	1.6376	1.6023	1.5834	1.5635	1.5424	1.5200	1.4960	1.4737
21	1.6875	1.6574	1.6247	1.5890	1.5698	1.5496	1.5282	1.5053	1.4809	1.4577
22	1.6765	1.6460	1.6130	1.5769	1.5575	1.5370	1.5152	1.4920	1.4670	1.4433
23	1.6664	1.6357	1.6024	1.5659	1.5463	1.5255	1.5034	1.4798	1.4543	1.4301
24	1.6572	1.6263	1.5927	1.5559	1.5360	1.5149	1.4925	1.4685	1.4426	1.4179
25	1.6488	1.6177	1.5838	1.5466	1.5265	1.5052	1.4825	1.4582	1.4319	1.4067
26	1.6411	1.6097	1.5756	1.5381	1.5178	1.4962	1.4733	1.4486	1.4219	1.3962
27	1.6339	1.6023	1.5680	1.5302	1.5097	1.4879	1.4647	1.4397	1.4126	1.3864
28	1.6273	1.5955	1.5610	1.5228	1.5022	1.4802	1.4568	1.4315	1.4039	1.3773
29	1.6211	1.5892	1.5544	1.5160	1.4952	1.4730	1.4493	1.4237	1.3958	1.3688
30	1.6154	1.5833	1.5483	1.5097	1.4887	1.4663	1.4424	1.4165	1.3882	1.3608
40	1.5741	1.5408	1.5043	1.4637	1.4414	1.4175	1.3917	1.3635	1.3321	1.3009
60	1.5334	1.4988	1.4606	1.4176	1.3939	1.3682	1.3401	1.3088	1.2731	1.2362
120	1.4932	1.4571	1.4170	1.6715	1.3460	1.3180	1.2869	1.2514	1.2090	1.1613
10000	1.4539	1.4163	1.3741	1.3254	1.2978	1.2670	1.2318	1.1898	1.1349	1.0489

P = 0.2

	NF								
	1	2	3	4	5	6	7	8	9
1	9.4721	12.0000	13.0639	13.6443	14.0084	14.2577	14.4390	14.5767	14.6848
2	3.5556	4.0000	4.1563	4.2361	4.2844	4.3168	4.3401	4.3576	4.3712
3	2.6822	2.8860	2.9359	2.9555	2.9652	2.9707	2.9741	2.9763	2.9779
4	2.3507	2.4721	2.4847	2.4826	2.4780	2.4733	2.4691	2.4654	2.4623
5	2.1782	2.2591	2.2530	2.2397	2.2275	2.2174	2.2090	2.2021	2.1963
6	2.0729	2.1299	2.1126	2.0924	2.0755	2.0619	2.0508	2.0417	2.0342
7	2.0020	2.0434	2.0186	1.9937	1.9736	1.9575	1.9445	1.9339	1.9251
8	1.9511	1.9814	1.9513	1.9230	1.9005	1.8826	1.8682	1.8564	1.8466
9	1.9128	1.9349	1.9007	1.8700	1.8455	1.8262	1.8107	1.7979	1.7874
10	1.8829	1.8986	1.8614	1.8266	1.8027	1.7823	1.7658	1.7523	1.7411
11	1.8589	1.8697	1.8299	1.7955	1.7684	1.7470	1.7298	1.7157	1.7039
12	1.8393	1.8460	1.8042	1.7684	1.7403	1.7182	1.7003	1.6856	1.6734
13	1.8230	1.8262	1.7827	1.7458	1.7169	1.6941	1.6756	1.6605	1.6479
14	1.8091	1.8095	1.7646	1.7267	1.6971	1.6736	1.6547	1.6392	1.6262
15	1.7972	1.7952	1.7490	1.7103	1.6801	1.6561	1.6368	1.6209	1.6076
16	1.7869	1.7828	1.7355	1.6961	1.6653	1.6409	1.6212	1.6050	1.5915
17	1.7779	1.7719	1.7238	1.6837	1.6524	1.6276	1.6076	1.5911	1.5773
18	1.7699	1.7623	1.7134	1.6727	1.6410	1.6159	1.5956	1.5788	1.5648
19	1.7629	1.7538	1.7041	1.6630	1.6308	1.6054	1.5848	1.5679	1.5536
20	1.7565	1.7462	1.6958	1.6543	1.6218	1.5960	1.5752	1.5581	1.5436
21	1.7508	1.7393	1.6884	1.6464	1.6136	1.5876	1.5666	1.5492	1.5346
22	1.7457	1.7331	1.6817	1.6393	1.6062	1.5800	1.5587	1.5412	1.5265
23	1.7410	1.7275	1.6755	1.6328	1.5995	1.5730	1.5516	1.5339	1.5190
24	1.7367	1.7224	1.6699	1.6269	1.5933	1.5667	1.5451	1.5272	1.5122
25	1.7328	1.7176	1.6648	1.6215	1.5877	1.5609	1.5391	1.5211	1.5060
26	1.7292	1.7133	1.6601	1.6166	1.5825	1.5555	1.5336	1.5155	1.5003
27	1.7258	1.7093	1.6558	1.6120	1.5778	1.5506	1.5286	1.5103	1.4949
28	1.7227	1.7056	1.6517	1.6077	1.5733	1.5460	1.5238	1.5055	1.4900
29	1.7199	1.7022	1.6480	1.6038	1.5692	1.5418	1.5195	1.5010	1.4855
30	1.7172	1.6990	1.6445	1.6001	1.5654	1.5378	1.5154	1.4968	1.4812
40	1.6980	1.6760	1.6195	1.5737	1.5379	1.5093	1.4861	1.4668	1.4505
60	1.6792	1.6534	1.5950	1.5478	1.5108	1.4813	1.4572	1.4371	1.4201
120	1.6606	1.6312	1.5709	1.5222	1.4841	1.4536	1.4287	1.4078	1.3901
10000	1.6426	1.6097	1.5475	1.4975	1.4582	1.4267	1.4008	1.3791	1.3606

P = 0.2

	NF									
	10	12	15	20	24	30	40	60	120	1000
1	14.7719	14.9036	15.0365	15.1706	15.2381	15.3059	15.3740	15.4424	15.5111	15.5717
2	4.3822	4.3986	4.4151	4.4316	4.4399	4.4482	4.4565	4.4648	4.4731	4.4804
3	2.9791	2.9806	2.9819	2.9830	1.9834	2.9838	2.9841	2.9843	2.9845	2.9845
4	2.4596	2.4552	2.4503	2.4450	2.4421	2.4392	2.4361	2.4329	2.4295	2.4265
5	2.1914	2.1835	2.1751	2.1660	2.1612	2.1562	2.1511	2.1457	2.1402	2.1351
6	2.0278	2.0177	2.0068	1.9951	1.9889	1.9825	1.9758	1.9689	1.9618	1.9552
7	1.9176	1.9058	1.8930	1.8793	1.8721	1.8646	1.8567	1.8486	1.8402	1.8324
8	1.8383	1.8251	1.8109	1.7956	1.7875	1.7791	1.7703	1.7611	1.7515	1.7428
9	1.7784	1.7642	1.7488	1.7321	1.7233	1.7141	1.7044	1.6944	1.6839	1.6742
10	1.7316	1.7164	1.7000	1.6823	1.678	1.6629	1.6525	1.6417	1.6303	1.6198
11	1.6940	1.6780	1.6608	1.6420	1.6320	1.6215	1.6105	1.5990	1.5868	1.5756
12	1.6630	1.6464	1.6284	1.6088	1.5983	1.5873	1.5757	1.5635	1.5506	1.5387
13	1.6372	1.6200	1.6013	1.5809	1.5700	1.5585	1.5464	1.5336	1.5201	1.5075
14	1.6152	1.5975	1.5783	1.5572	1.5459	1.5339	1.5213	1.5080	1.4939	1.4806
15	1.5964	1.5782	1.5584	1.5367	1.5250	1.5127	1.4996	1.4858	1.4711	1.4573
16	1.5800	1.5614	1.5411	1.5189	1.5068	1.4941	1.4807	1.4664	1.4511	1.4367
17	1.5656	1.5467	1.5260	1.5031	1.4908	1.4778	1.4639	1.4492	1.4334	1.4185
18	1.5528	1.5336	1.5125	1.4892	1.4766	1.4632	1.4490	1.4339	1.4176	1.4022
19	1.5415	1.5220	1.5005	1.4768	1.4639	1.4502	1.4357	1.4202	1.4034	1.3875
20	1.5313	1.5115	1.4897	1.4656	1.4525	1.4385	1.4237	1.4078	1.3906	1.3742
21	1.5222	1.5021	1.4800	1.4555	1.4421	1.4280	1.4128	1.3965	1.3789	1.3621
22	1.5139	1.4936	1.4712	1.4463	1.4327	1.4183	1.4029	1.3863	1.3683	1.3510
23	1.5063	1.4858	1.4631	1.4379	1.4242	1.4095	1.3938	1.3769	1.3585	1.3408
24	1.4994	1.4787	1.4558	1.4302	1.4163	1.4014	1.3855	1.3682	1.3495	1.3314
25	1.4931	1.4721	1.4490	1.4232	1.4091	1.3940	1.3778	1.3603	1.3411	1.3226
26	1.4872	1.4661	1.4427	1.4167	1.4024	1.3871	1.3707	1.3529	1.3334	1.3145
27	1.4818	1.4605	1.4370	1.4106	1.3962	1.3807	1.3641	1.3460	1.3262	1.3069
28	1.4768	1.4554	1.4316	1.4050	1.3904	1.3748	1.3579	1.3396	1.3195	1.2999
29	1.4722	1.4506	1.4266	1.3998	1.3851	1.3693	1.3522	1.3336	1.3132	1.2932
30	1.4678	1.4461	1.4220	1.3949	1.3801	1.3641	1.3469	1.3280	1.3073	1.2870
40	1.4365	1.4137	1.3883	1.3596	1.3437	1.3264	1.3076	1.2869	1.2635	1.2401
60	1.4055	1.3816	1.3547	1.3241	1.3069	1.2881	1.2674	1.2441	1.2172	1.1891
120	1.3748	1.3496	1.3211	1.2882	1.2696	1.2489	1.2257	1.1989	1.1666	1.1296
10000	1.3446	1.3180	1.2878	1.2523	1.2319	1.2088	1.1823	1.1502	1.1075	1.0394

P = 0.3

	NF								
	1	2	3	4	5	6	7	8	9
1	3.8518	5.0556	5.5572	5.8298	6.0006	6.1174	6.2022	6.2666	6.3172
2	1.9216	2.3333	2.4835	2.5611	2.6084	2.6403	2.6632	2.6805	2.6940
3	1.5619	1.8472	1.9398	1.9845	2.0106	2.0276	2.0396	2.0484	2.0552
4	1.4151	1.6515	1.7215	1.7529	1.7701	1.7809	1.7881	1.7933	1.7972
5	1.3359	1.5466	1.6045	1.6286	1.6410	1.6481	1.6527	1.6557	1.6579
6	1.2863	1.4814	1.5318	1.5513	1.5605	1.5653	1.5680	1.5697	1.5706
7	1.2525	1.4370	1.4822	1.4985	1.5055	1.5086	1.5101	1.5107	1.5108
8	1.2280	1.4048	1.4463	1.4603	1.4655	1.4674	1.4679	1.4677	1.4671
9	1.2094	1.3804	1.4191	1.4312	1.4352	1.4361	1.4358	1.4349	1.4339
10	1.1948	1.3613	1.3977	1.4084	1.4114	1.4115	1.4105	1.4092	1.4076
11	1.1830	1.3459	1.3806	1.3901	1.3922	1.3917	1.3902	1.3883	1.3864
12	1.1733	1.3333	1.3664	1.3750	1.3764	1.3753	1.3733	1.3711	1.3689
13	1.1653	1.3227	1.3546	1.3623	1.3631	1.3616	1.3592	1.3567	1.3543
14	1.1584	1.3137	1.3446	1.3516	1.3519	1.3499	1.3473	1.3445	1.3417
15	1.1525	1.3060	1.3359	1.3424	1.3422	1.3399	1.3369	1.3339	1.3309
16	1.1473	1.2993	1.3284	1.3343	1.3338	1.3311	1.3279	1.3247	1.3215
17	1.1428	1.2934	1.3219	1.3273	1.3264	1.3235	1.3200	1.3166	1.3133
18	1.1389	1.2882	1.3160	1.3211	1.3198	1.3167	1.3130	1.3094	1.3059
19	1.1353	1.2836	1.3109	1.3155	1.3140	1.3106	1.3068	1.3030	1.2994
20	1.1321	1.2794	1.3062	1.3106	1.3088	1.3052	1.3012	1.2973	1.2935
21	1.1293	1.2757	1.3020	1.3061	1.3041	1.3003	1.2961	1.2921	1.2882
22	1.1267	1.2723	1.2983	1.3020	1.2998	1.2959	1.2916	1.2874	1.2834
23	1.1243	1.2693	1.2948	1.2983	1.2959	1.2918	1.2874	1.2831	1.2791
24	1.1222	1.2664	1.2917	1.2949	1.2924	1.2881	1.2836	1.2792	1.2750
25	1.1202	1.2639	1.2888	1.2918	1.2891	1.2847	1.2801	1.2756	1.2714
26	1.1184	1.2615	1.2861	1.2890	1.2861	1.2816	1.2768	1.2722	1.2680
27	1.1167	1.2593	1.2837	1.2863	1.2833	1.2787	1.2739	1.2692	1.2648
28	1.1151	1.2573	1.2814	1.2839	1.2807	1.2760	1.2711	1.2663	1.2619
29	1.1137	1.2554	1.2793	1.2816	1.2784	1.2736	1.2685	1.2637	1.2592
30	1.1123	1.2536	1.2773	1.2795	1.2761	1.2712	1.2661	1.2612	1.2567
40	1.1026	1.2409	1.2631	1.2643	1.2601	1.2545	1.2488	1.2434	1.2384
60	1.0930	1.2285	1.2491	1.2492	1.2442	1.2379	1.2316	1.2257	1.2202
120	1.0835	1.2161	1.2353	1.2343	1.2285	1.2215	1.2146	1.2081	1.2021
10000	1.0743	1.2041	1.2218	1.2198	1.2131	1.2054	1.1978	1.1908	1.1843

P = 0.3

	NF									
	10	12	15	20	24	30	40	60	120	1000
1	6.3579	6.4194	6.4815	6.5442	6.5757	6.6074	6.6392	6.6711	6.7031	6.7314
2	2.7049	2.7212	2.7375	2.7540	2.7622	2.7705	2.7787	2.7870	2.7953	2.8027
3	2.0607	2.0687	2.0766	2.0844	2.0883	2.0921	2.0960	2.0998	2.1035	2.1068
4	1.8002	1.8045	1.8086	1.8125	1.8143	1.8161	1.8178	1.8195	1.8211	1.8224
5	1.6595	1.6616	1.6634	1.6648	1.6654	1.6658	1.6662	1.6665	1.6667	1.6667
6	1.5712	1.5718	1.5720	1.5717	1.5713	1.5709	1.5703	1.5695	1.5686	1.5677
7	1.5107	1.5101	1.5090	1.5074	1.5063	1.5051	1.5038	1.5022	1.5004	1.4987
8	1.4664	1.4650	1.4629	1.4602	1.4586	1.4568	1.4548	1.4525	1.4500	1.4477
9	1.4327	1.4305	1.4277	1.4241	1.4219	1.4196	1.4170	1.4142	1.4111	1.4081
10	1.4061	1.4033	1.3998	1.3954	1.3929	1.3901	1.3871	1.3837	1.3801	1.3765
11	1.3846	1.3813	1.3772	1.3721	1.3692	1.3661	1.3626	1.3588	1.3546	1.3506
12	1.3668	1.3631	1.3584	1.3528	1.3496	1.3461	1.3422	1.3380	1.3334	1.3289
13	1.3519	1.3477	1.3427	1.3365	1.3330	1.3292	1.3250	1.3204	1.3153	1.3104
14	1.3392	1.3347	1.3292	1.3226	1.3189	1.3147	1.3102	1.3052	1.2998	1.2945
15	1.3282	1.3234	1.3176	1.3106	1.3066	1.3022	1.2974	1.2921	1.2862	1.2805
16	1.3186	1.3135	1.3074	1.3000	1.2958	1.2912	1.2861	1.2805	1.2743	1.2683
17	1.3102	1.3049	1.2984	1.2907	1.2863	1.2814	1.2761	1.2702	1.2637	1.2573
18	1.3028	1.2972	1.2905	1.2824	1.2778	1.2728	1.2672	1.2610	1.2542	1.2475
19	1.2961	1.2903	1.2834	1.2750	1.2703	1.2650	1.2592	1.2528	1.2457	1.2387
20	1.2901	1.2841	1.2770	1.2684	1.2634	1.2580	1.2520	1.2454	1.2379	1.2306
21	1.2847	1.2786	1.2712	1.2624	1.2573	1.2517	1.2455	1.2386	1.2309	1.2233
22	1.2798	1.2735	1.2659	1.2569	1.2516	1.2459	1.2395	1.2324	1.2244	1.2166
23	1.2754	1.2689	1.2612	1.2518	1.2465	1.2406	1.2340	1.2267	1.2186	1.2104
24	1.2713	1.2647	1.2568	1.2472	1.2418	1.2357	1.2290	1.2215	1.2130	1.2046
25	1.2675	1.2608	1.2527	1.2430	1.2374	1.2312	1.2244	1.2167	1.2080	1.1993
26	1.2640	1.2572	1.2490	1.2391	1.2334	1.2271	1.2201	1.2122	1.2033	1.1944
27	1.2608	1.2539	1.2455	1.2355	1.2297	1.2161	1.2161	1.2080	1.1989	1.1898
28	1.2579	1.2508	1.2423	1.2321	1.2262	1.2123	1.2123	1.2041	1.1948	1.1854
29	1.2551	1.2479	1.2393	1.2290	1.2230	1.2089	1.2089	1.2005	1.1910	1.1814
30	1.2525	1.2452	1.2365	1.2260	1.2199	1.2056	1.2056	1.1971	1.1874	1.1776
40	1.2338	1.2258	1.2163	1.2046	1.1979	1.1817	1.1817	1.1719	1.1606	1.1488
60	1.2152	1.2065	1.1959	1.1830	1.1754	1.1571	1.1571	1.1457	1.1321	1.1173
120	1.1966	1.1871	1.1754	1.1611	1.1526	1.1314	1.1314	1.1178	1.1007	1.0804
10000	1.1783	1.1678	1.1550	1.1390	1.1293	1.1045	1.1045	1.0875	1.0640	1.0242

〈표 7〉 χ^2 – 분포표

df / p	0.995	0.990	0.975	0.950	0.900	0.100	0.050	0.025	0.010	0.005
1	0.0000	0.0002	0.0010	0.0039	0.0158	2.7055	3.8415	5.0239	6.6349	7.8794
2	0.0100	0.0201	0.0506	0.1026	0.2107	4.6052	5.9915	7.3778	9.2103	10.5966
3	0.0717	0.1148	0.2158	0.3518	0.5844	6.2514	7.8147	9.3484	11.3449	12.8382
4	0.2070	0.2971	0.4844	0.7107	1.0636	7.7794	9.4877	11.1433	13.2767	14.8603
5	0.4117	0.5543	0.8312	1.1455	1.6103	9.2364	11.0705	12.8325	15.0863	16.7496
6	0.6757	0.8721	1.2373	1.6354	2.2041	10.6446	12.5916	14.4494	16.8119	18.5476
7	0.9893	1.2390	1.6899	2.1673	2.8331	12.0170	14.0671	16.0128	18.4753	20.2777
8	1.3444	1.6465	2.1797	2.7326	3.4895	13.3616	15.5073	17.5345	20.0902	21.9550
9	1.7349	2.0879	2.7004	3.3251	4.1682	14.6837	16.9190	19.0228	21.6660	23.5894
10	2.1559	2.5582	3.2470	3.9403	4.8652	15.9872	18.3070	20.4832	23.2093	25.1882
11	2.6032	3.0535	3.8157	4.5748	5.5778	17.2750	19.6751	21.9200	24.7250	26.7568
12	3.0738	3.5706	4.4038	5.2260	6.3038	18.5493	21.0261	23.3367	26.2170	28.2995
13	3.5650	4.1069	5.0088	5.8919	7.0415	19.8119	22.3620	24.7356	27.6882	29.8195
14	4.0747	4.6604	5.6287	6.5706	7.7895	21.0641	23.6848	26.1189	29.1412	31.3193
15	4.6009	5.2293	6.2621	7.2609	8.5468	22.3071	24.9958	27.4884	30.5779	32.8013
16	5.1422	5.8122	6.9077	7.9616	9.3122	23.5418	26.2962	28.8454	31.9999	34.2672
17	5.6972	6.4078	7.5642	8.6718	10.0852	24.7690	27.5871	30.1910	33.4087	35.7185
18	6.2648	7.0149	8.2307	9.3905	10.8649	25.9894	28.8693	31.5264	34.8053	37.1565
19	6.8440	7.6327	8.9065	10.1170	11.6509	27.2036	30.1435	32.8523	36.1909	38.5823
20	7.4338	8.2604	9.5908	10.8508	12.4426	28.4120	31.4104	34.1696	37.5662	39.9968
21	8.0337	8.8972	10.2829	11.5913	13.2396	29.6151	32.6706	35.4789	38.9322	41.4011
22	8.6427	9.5425	10.9823	12.3380	14.0415	30.8133	33.9244	36.7807	40.2894	42.7957
23	9.2604	10.1957	11.6886	13.0905	14.8480	32.0069	35.1725	38.0756	41.6384	44.1813
24	9.8862	10.8564	12.4012	13.8484	15.6587	33.1962	36.4150	39.3641	42.9798	45.5585
25	10.5197	11.5240	13.1197	14.6114	16.4734	34.3816	37.6525	40.6465	44.3141	46.9279
26	11.1602	12.1981	13.8439	15.3792	17.2919	35.5632	38.8851	41.9232	45.6417	48.2899
27	11.8076	12.8785	14.5734	16.1514	18.1139	36.7412	40.1133	43.1945	46.9629	49.6449
28	12.4613	13.5647	15.3079	16.9279	18.9392	37.9159	41.3371	44.4608	48.2782	50.9934
29	13.1211	14.2565	16.0471	17.7084	19.7677	39.0875	42.5570	45.7223	49.5879	52.3356
30	13.7867	14.9535	16.7908	18.4927	20.5992	40.2560	43.7730	46.9792	50.8922	53.6720
35	17.1918	18.5089	20.5694	22.4650	24.7967	46.0588	49.8018	53.2033	57.3421	60.2748
40	20.7065	22.1643	24.4330	26.5093	29.0505	51.8051	55.7585	59.3417	63.6907	66.7660
50	27.9907	29.7067	32.3574	34.7643	37.6886	63.1671	67.5048	71.4202	76.1539	79.4900
60	35.5345	37.4849	40.4817	43.1880	46.4589	74.3970	79.0819	83.2977	88.3794	91.9517
70	43.2752	45.4417	48.7576	51.7393	55.3289	85.5270	90.5312	95.0232	100.4252	104.2149
80	51.1719	53.5401	57.1532	60.3915	64.2778	96.5782	101.8795	106.6286	112.3288	116.3211
90	59.1963	61.7541	65.6466	69.1260	73.2911	107.5650	113.1453	118.1359	124.1163	128.2989
100	67.3276	70.0649	74.2219	77.9295	82.3581	118.4980	124.3421	129.5612	135.8067	140.1695
200	152.2410	156.4320	162.7280	168.2786	174.8353	226.0210	233.9943	241.0579	249.4451	255.2642

찾아보기

저자소개

나옥경

서울대학교 통계학과 이학사
서울대학교 통계학과 이학석사
서울대학교 통계학과 이학박사

남경현

충북대학교 수학교육학과 이학사
충북대학교 수학과 이학석사
몬타나대학교 수리과학과 통계학석사
네브라스카대학교 수리통계학과 통계학박사

이상은

남가주대 수학과 학사
샌디애고주립대 통계학과 석사
캘리포니아대 응용통계학과 박사

정유진

경상대학교 정보통계학 이학사
서울대학교 이학석사
University of Wisconsin at Mad 통계학 이학박사

최병진

고려대학교 통계학과 경제학사
고려대학교 통계학과 이학석사
고려대학교 통계학과 이학박사

최현집

경기대학교 응용통계학과 경제학사
성균관대학교 통계학과 경제학석사
성균관대학교 통계학과 경제학박사

최호식

서울대학교 통계학 이학사
서울대학교 이학석사
서울대학교 통계학 이학박사

통계학 입문 [이해와 응용]

지은이 · 나옥경 · 남경현 · 이상은 · 정유진 · 최병진 · 최현집 · 최호식
펴낸이 · 최재범
펴낸곳 · 도서출판 탐진
등록 1996호(倫). 1990. 1. 12.
서울시 마포구 신수로 27-1
Tel. 715-1092~3 / FAX. 701-6391
E-mail. tamjin1990@hanmail.net / www.tamjin.co.kr

저자와의 협의하에 인지 생략

1997. 2. 28. 초 판 발행
2019. 4. 5. 제4판 발행
2020. 4. 17. 제4판 2쇄 발행

ISBN 978-89-5540-591-0 93310

정가 20,000원